教育部 财政部职业院校教师素质提高计划成果系列丛书

教育部 财政部职业院校教师素质提高计划职教师资培养资源开发项目
"机械设计制造及其自动化"专业职教师资培养资源开发（VTNE007）

模具设计与制造技术

主　编　阳湘安

参　编　李玉忠　郑振兴

U0379689

机械工业出版社

本书按照职教师资培养的规律和要求，围绕目前应用较为广泛的冲模和注射模的设计与制造，以项目的形式编写。全书以模具的工艺结构特点为载体，按照从简单到复杂的原则，划分为 7 个项目，主要内容包括：矩形垫片冲孔模的设计与制造、安装板冲裁模的设计与制造、支架弯曲模的设计与制造、电位器接线片拉深模的设计与制造、旋转底座单分型面注射模具的设计与制造、鼠标上盖双分型面注射模具的设计与制造、盒形面壳侧向分型抽芯注射模具的设计与制造。各项目在自成体系的同时，又共同组成模具设计与制造知识的完整体系。

本书可作为机械、数控、机电类专业职教师资培养教材，也可作为相关本科专业高等院校的学生学习模具设计与制造的综合性教材。

图书在版编目（CIP）数据

模具设计与制造技术/阳湘安主编. —北京：机械工业出版社，2022.7
（2025.1 重印）
（教育部、财政部职业院校教师素质提高计划成果系列丛书）
ISBN 978-7-111-70538-3

Ⅰ.①模… Ⅱ.①阳… Ⅲ.①模具-设计-高等职业教育-教材②模具-制造-高等职业教育-教材 Ⅳ.①TG76

中国版本图书馆 CIP 数据核字（2022）第 058613 号

机械工业出版社（北京市百万庄大街 22 号 邮政编码 100037）
策划编辑：赵磊磊 责任编辑：王晓洁 王 良
责任校对：张晓蓉 王明欣 封面设计：陈 沛
责任印制：张 博
北京建宏印刷有限公司印刷
2025 年 1 月第 1 版第 3 次印刷
184mm×260mm · 15.5 印张 · 408 千字
标准书号：ISBN 978-7-111-70538-3
定价：49.80 元

电话服务　　　　　　　　　　网络服务
客服电话：010-88361066　　机 工 官 网：www.cmpbook.com
　　　　　010-88379833　　机 工 官 博：weibo.com/cmp1952
　　　　　010-68326294　　金 书 网：www.golden-book.com
封底无防伪标均为盗版　　　机工教育服务网：www.cmpedu.com

丛书编委会

主　任： 刘来泉

副主任： 王宪成　郭春鸣

成　员：（按姓氏笔画排列）

刁哲军　王乐夫　王继平　邓泽民　石伟平　卢双盈

米　靖　刘正安　刘君义　汤生玲　李仲阳　李栋学

李梦卿　吴全全　沈　希　张元利　张建荣　周泽扬

孟庆国　姜大源　郭杰忠　夏金星　徐　流　徐　朔

曹　晔　崔世钢　韩亚兰

序

《国家中长期教育改革和发展规划纲要（2010—2020 年）》颁布实施以来，我国职业教育进入加快构建现代职业教育体系、全面提高技能型人才培养质量的新阶段。加快发展现代职业教育，实现职业教育改革发展新跨越，对职业学校"双师型"教师队伍建设提出了更高的要求。为此，教育部明确提出，要以推动教师专业化为引领，以加强"双师型"教师队伍建设为重点，以创新制度和机制为动力，以完善培养培训体系为保障，以实施素质提高计划为抓手，统筹规划，突出重点，改革创新，狠抓落实，切实提升职业院校教师队伍整体素质和建设水平，加快建成一支师德高尚、素质优良、技艺精湛、结构合理、专兼结合的高素质专业化的"双师型"教师队伍，为建设具有中国特色、世界水平的现代职业教育体系提供强有力的师资保障。

目前，我国虽共有 60 余所高校正在开展职教师资培养，但教师培养标准的缺失和培养课程资源的匮乏，制约了"双师型"教师培养质量的提高。为完善教师培养标准和课程体系，教育部、财政部在《职业院校教师素质提高计划》框架内专门设置了职教师资培养资源开发项目，中央财政划拨 1.5 亿元，用于系统开发本科专业职教师资培养标准、培养方案、核心课程和特色教材等系列资源，其中包括 88 个专业项目、12 个资格考试制度开发等公共项目。该项目由 42 家开设职业技术师范专业的高等学校牵头，组织近千家科研院所、职业学校、行业企业共同研发，一大批专家学者、优秀校长、一线教师、企业工程技术人员参与其中。

经过三年的努力，培养资源开发项目取得了丰硕成果。一是开发了中等职业学校 88 个专业（类）职教师资的本科培养资源项目，内容包括专业教师标准、专业教师培养标准、评价方案，以及一系列专业课程大纲、主干课程教材及数字化资源；二是取得了 6 项公共基础研究成果，内容包括职教师资培养模式、国际职教师资培养、教育理论课程、质量保障体系、教学资源中心建设和学习平台开发等；三是完成了 18 个专业大类职教师资资格标准及认证考试标准开发。上述成果，共计汇成了 800 多本正式出版物。总体来说，培养资源开发项目实现了高效益，形成了一大批资源，填补了相关标准和资源的空白；凝聚了一支研发队伍，强化了教师培养的"校—企—校"协同；引领了一批高校的教学改革，带动了"双师型"教师的专业化培养。职教师资培养资源开发项目是支撑专业化培养的一项系统化、基础性工程，是加强职教教师培养培训一体化建设的关键环节，也是对职教师资培养培训基地教师专业化培养实践、教师教育研究能力的系统检阅。

自 2013 年项目立项开题以来，各项目承担单位、项目负责人及全体开发人员做了大量深入细致的工作，结合职教教师培养实践，研发出很多填补空白、体现科学性和前瞻性的成果，有力推进了"双师型"教师专门化培养向更深层次发展。

同时，专家指导委员会的各位专家以及项目管理办公室的各位同志，克服了许多困难，按照"两部"对项目开发工作的总体要求，为实施项目管理、研发、检查等投入了大量时间和心血，也为各个项目提供了专业的咨询和指导，有力地保障了项目实施和成果质量。在此，我们一并表示衷心的感谢。

广东技术师范大学非常重视项目研究工作，专门成立了"机械设计制造及其自动化"主要专业课教材编写委员会，由项目负责人李玉忠任主任委员，其成员有王晓军、姚屏、杨永、罗永顺、阳湘安、宋雷。在专家委员会尤其是在刘来泉、姜大源、吴全全、张元利、韩亚兰、王乐夫等专家的具体指导下，多次召开了编写大纲和书稿审定会议，反复修改教材结构和内容，最终才形成了现在的教材。另外，邝卫华、侯文峰、何七荣、刘晓红、刘修泉等也多次参与各教材书稿的审核工作，并提出很多建设性的意见。在这里一并表示衷心的感谢。

编写委员会

前　言

模具是现代工业生产的主要工艺装备，模具工业是国民经济的基础产业，广泛应用于电子电器、汽车、仪表、机械、军事和航天航空等领域，通过模具进行产品生产具有优质、高效、节能、节材、成本低廉等显著优点。当前我国模具行业发展迅猛，但与模具设计和制造相关的职教师资的培养则相对滞后，这一方面体现在专业理论教学与专业实践教学、专业内容的教学与教育教学理论的脱节上，另一方面则体现在教学内容的陈旧性上，未能及时将生产实践中的新技术纳入专业教学内容。

本书综合了模具设计与制造专业中"冲压工艺与模具设计""塑料成型工艺与模具设计""模具制造工艺学"和"冲压与塑压成形设备"等课程的主要内容，围绕应用较为广泛的冲模和注射模的结构与设计，结合编者多年的企业工作经验编写。本书采用项目教学法，将工艺知识、模具结构知识、模具设计知识融入具体的项目之中，并针对项目中每一具体任务的实施提出了建议采用的教学方法。其中：

"冲压模具的结构与设计"共有四个项目，内容包括：单工序冲裁模、复合冲裁模、级进冲裁弯曲模和级进冲裁拉深模，并对实际应用中最广泛的级进冲压模具的关键内容"排样设计"进行了详细阐述。

"注射模具的结构与设计"共有三个项目，内容包括：单分型面注射模、双分型面注射模和侧向分型抽芯注射模。在内容的细节上，根据企业目前注射模具结构与设计的实际情况和侧重点，对典型结构塑料件注射模的各类分型进行了详细的介绍。

限于篇幅对于部分大专院校非模具专业需要了解的模具制造工艺方面的拓展内容，读者可通过微信扫描各项目后的二维码下载阅读，其重点是介绍电极的拆分和加工。在本书的学习中，建议结合三维模具设计软件同步进行学习。

本书由广东技术师范大学阳湘安主编并负责全书的统稿。全书编写分工如下：阳湘安和李玉忠编写了项目2、项目3、项目4、项目6和项目7，郑振兴编写了项目1和项目5。

由于编者水平有限，书中难免存在不足之处，希望广大读者提出宝贵意见。

编　者

目　　录

绪　　论

一、模具的基本概念和作用

1. 模具的基本概念

模具是工业产品生产用的一种工艺装备，主要应用于制造和加工业。模具与冲压、锻造、铸造，以及塑料、橡胶、陶瓷等非金属的成形机械相配套使用。通过使用不同的模具，在各种必要的外部条件（如温度、压力等）作用下，来得到所期望的产品。

2. 模具在现代生产中的作用

现代产品生产中，模具由于其加工效率高、互换性好、节约原材料的优点，广泛应用于冲压、成形锻造、压铸成形、塑料注射或其他成形加工方法。经单工序或多道成形工序，使材料或坯料成为符合产品要求的零件，或成为精加工前的半成品件。如汽车覆盖件，须采用多副模具进行冲孔、拉深、翻边、弯曲、切边、修边、整形等多道工序，加工为合格零件；电视机外壳、洗衣机内桶是采用塑料注射方法，经一次注射成型为合格零件的；发动机的曲轴、连杆是采用锻造成形模具，经滚锻和模锻成形加工为精密机械加工前的半成品的。

大批量生产用模具：高精度、高效率、长寿命的冲模及塑料注射成型模具，可加工几十万件，甚至几千万件产品零件，如一副硬质合金模具可冲压硅钢片零件上亿件。

通用、经济模具：适用于多品种、少批量，或产品试制的模具，有组合冲模、快换冲模、叠层冲模、成型模具或低熔点合金成型模具等，在现代加工业中具有重要的经济价值。

大型模具：质量在 10t 以上的模具很常见，有些模具质量已达 30t。如大型汽车覆盖件冲模、大型曲轴锻模、大尺寸电视机外壳塑料注射模等质量都在 10t 以上。

随着现代工业和科学技术的发展，模具的应用越来越广泛，其适应性也越来越强，已成为工业国制造工艺水平的标志和独立的基础工业体系。

二、模具的应用特点

模具的功能和应用与模具的类别、品种有着密切的关系。因为模具和产品零件的形状、尺寸、精度、材料、表面状态、质量、生产批量等都要符合，要满足零件要求的技术条件，即每一个产品零件相对应的生产用模具，只能是一副或一套特定的模具。为适应模具不同的功能和用途，每一副模具都需进行创造性设计，由此造成模具结构形式多变，从而造成了模具类别和品种繁多，并具有单件生产的特征。这都是由于模具具有以下一系列特点：

（1）**模具的适应性强**　针对产品零件的生产规模和生产形式，可采用不同结构和档次的模具与之相适应。例如为适应产品零件的大批量生产，可采用高效率、高精度、高寿命和自动化程度高的模具；为适应产品试制或多品种、小批量的产品零件，可采用通用模具，如组合冲模、快换模具以及各种经济模具。根据不同产品零件的结构、性质、精度和批量，以及零件的材料性质、供货形式，可采用不同类别和种类的模具与之相适应。例如锻件需采用锻模，冲压件需采用冲模，塑件需采用塑料成型模具，薄膜或薄壳塑件需采用吸塑或吹塑模具等。

（2）**制件的互换性好**　即在模具一定使用寿命范围内，合格制件（冲压件、塑料件、锻件等）的相似性好，可完全互换。

（3）生产效率高 采用模具加工成形，产品零件的生产效率高。高速冲压可达 1800 次/min，由于模具寿命和产品产量等因素限制，常用冲模也可以达到 200～600 次/min。塑件注射循环时间可在 1～2min 内成型，若采用热流道模具进行连续注射成型，生产效率则更高，可满足塑件大批量生产的要求。采用模具进行加工成形与机械加工相比，不仅生产效率高，而且生产消耗低，可大幅度节约原材料和人力资源，是进行产品生产的一种优质、高效、低耗的生产技术。

（4）社会效益高 模具是具有高技术含量的社会产品，其价值和价格主要取决于模具材料、加工、外购件的劳动与消耗三项直接发生的费用和模具设计与试模等技术费用。后者是模具价值和市场价格的主要组成部分，其中一部分技术价值计入了市场价格，而更大一部分价值，则由模具用户和产品用户受惠变为社会效益。如电视机用模具，其模具费用仅为电视机产品价格的 1/5000～1/3000，尽管模具的一次投资较大，但在大批量生产中每台电视机的成本仅占极小部分，甚至可以忽略不计。

三、关于本课程的学习

本课程是专业课程，综合性较强，且对实践经验要求比较高，学习时要注意以下几个方面：

1）要具备扎实的相关基础知识。机械制图（手工绘图、AutoCAD，CAXA、Pro/E、UG 等）、公差与配合、工程材料及热处理、机械设计、机械制造等内容应熟练掌握。

2）熟知各种模具的典型结构及各主要部分的作用，能举一反三。

3）熟悉各种国家标准和行业标准，设计时尽可能采用标准件。

4）设计零部件时，要考虑其机械加工工艺性。

5）注意实践经验的积累，理论联系实际，特别要注重实训、实习等实践教学环节。

项目1　矩形垫片冲孔模的设计与制造

项目目标

1）了解常用冲压工艺和工序，能够根据典型冲压件的结构判断其冲压工艺。

2）了解冲压件和冲模的常用材料、性能要求和材料选择原则，能够根据冲压工艺选择正确的冲压件和冲模材料。

3）了解冲压设备的结构及其与冲模的关系，能够在曲柄压力机上装卸冲模。

4）初步了解冲模的典型结构组成和设计流程，具备拆装和设计简单单工序冲压模具的能力。

5）掌握圆形工作零件的加工工艺。

项目分析

垫片是机械行业常用的产品，其结构尺寸如图 1-1 所示，大批量生产。垫片的形状为矩形，材料为热轧钢板 SPHC，厚度为 2mm，垫片的外形已经冲裁成形，现需要冲裁出方形钢板中间的圆形孔，其直径为 $\phi(10\pm0.5)$mm。矩形垫片的圆孔结构简单，形状对称，便于初学者掌握冲裁的基本知识。该项目要求制订出该冲压件的合理成形工艺方案，设计出相应的冲压模具。

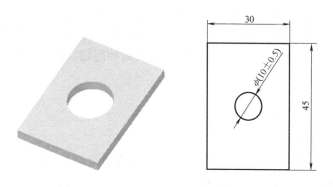

图 1-1　矩形垫片零件图

知识链接

知识点①　冲压成形工艺基础

• 教学目标

通过本节的学习，掌握冲压成形的概念、特点及分类；熟悉冲压常用材料的种类、要求及其选择；具备选择冲压件材料的基本能力；能够根据简单冲压件的结构分析其冲压工艺。

● 教学重、难点

　　重点：冲压工艺和工序的特点和分类；冲压件的常用材料。

　　难点：冲压工艺和工序的特点；冲压板材成形性的评价。

● 建议教学方法

　　本节的内容主要是建立冲压工艺和工序的概念，采用问题法结合分组讨论教学法比较合适。其中，板材冲压成形的力学性能指标涉及力学概念问题，宜采用讲授法，而板材冲压成形的工艺试验评价在条件允许的前提下，可以选取部分进行试验，以增强感性认识。

● 问题导入

　　日常生活中的许多冲压产品，如图1-2中的不锈钢饭盒、计算机机箱背板等，都是利用金属板材，通过安装在压力机上的冲压模具加工而成的。

图 1-2　常见冲压产品

　　产品的结构形状主要是由产品的功能来决定的，其结构变化多样。当接收到客户的产品加工定单后，首先需要考虑的问题是：该产品能否采用冲压工艺进行生产？可以采用何种冲压工艺生产？采用何种材料能够满足产品的功能且便于加工生产？这就涉及对冲压工艺和工序相关知识和冲压件材料知识的了解，运用所学知识分析矩形垫片冲孔的加工工艺性。

　　对于结构复杂的产品，还需要考虑产品的结构工艺性，即这种结构的产品能否采用冲压工艺经济有效地生产出来？冲压生产中产品可能会出现何种问题，如何避免和应对？这部分内容将在项目2~4中详述。

一、冲压加工工艺及其特点

1. 冲压加工工艺的概念

　　冲压成形是指在压力机上通过模具对板材（金属或非金属）加压，使其产生分离或发生塑性变形，从而得到一定形状、尺寸和性能要求的零件的加工方法。它属于塑性加工方法之一，常温下的这种加工方法又称为冲压或板材冲压。冲压模具设计是实现冲压工艺的核心。

2. 冲压加工工艺的特点

　　冲压成形是一种先进的加工方法，与机械加工的方法相比，具有以下特点：

　　1）可以获得其他加工方法不能加工或难以加工的形状复杂的零件，如汽车覆盖件等。

　　2）冲压生产的零件的尺寸精度主要是靠冲压模具来保证的，加工出的冲压零件质量稳定，一致性好，具有"一模一样"的特性。

　　3）材料的利用率高，属于少、无切屑加工。

　　4）可以利用金属材料的塑性变形来提高工件的强度。

　　5）生产率高，易实现自动化生产。

　　6）模具使用寿命长，生产成本低。

二、冲压工艺和工序分类

按照变形的性质和特点，冲压工序可以分为两大类，即分离工序和成形工序（表1-1）。

分离工序：板材在压力作用下，其应力超过材料的抗剪强度而沿着一定轮廓线断裂成制件的工序。通常分离工序又称为冲裁。

成形工序：板材在压力作用下，其应力超过屈服强度（未达到抗剪强度）而产生塑性变形，从而获得一定形状和尺寸的制件的工序。

表1-1 冲压工序分类

类别	组别	工序名称	工序简图	工序特点
分离工序	冲裁	切断		将板材沿不封闭的轮廓分离
		落料		沿封闭的轮廓将制件或毛坯与板材分离
		冲孔		在毛坯或板材上，沿封闭的轮廓分离出废料得到带孔制件
		切舌		沿不封闭轮廓将部分板材切开并使其折弯
		切边		切去成形制件多余的边缘材料
		剖边		沿不封闭轮廓将半成品制件切离为两个或数个制件
成形工序	弯曲	折弯		将毛坯或半成品制件沿弯曲曲线弯成一定角度和形状
		卷边		把板材端部弯曲成接近封闭的圆筒状

（续）

类别	组别	工序名称	工序简图	工序特点
成形工序	拉深	拉深		把平板毛坯拉压成空心体，或者把空心体拉压成外形更小的空心体
	成形	起伏	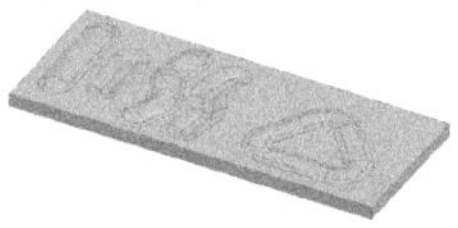	使半成品发生局部塑性变形，按凸模与凹模的形状变成凹凸形状
		翻边	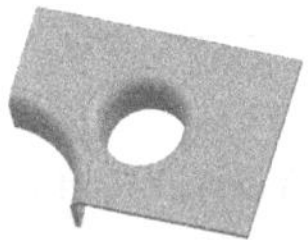	在预先制好的半成品或未经制孔的板材上冲制出竖立孔边缘的制件
		胀形	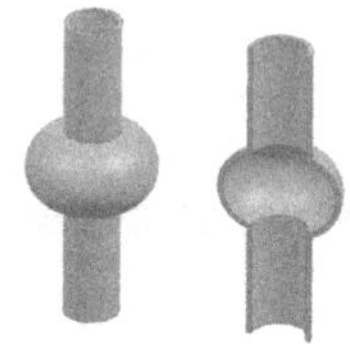	使空心毛坯内部在双向拉应力作用下，产生塑性变形，得到凸形制件
		缩口		使空心毛坯或管状毛坯端部的径向尺寸缩小而得到制件

三、冲压工艺对板材性能的要求

冲压所用的材料，首先要满足冲压件的使用功能要求。一般来说，对于机器上的主要冲压件，要求材料具有较高的强度和刚度；电机电器上的某些冲压件，要求有较好的导电性和导磁性；汽车、飞机上的冲压件，要求有足够的强度，并尽可能减轻重量；化工容器使用的材料则要求耐腐蚀。所以，不同的使用要求就决定了应选用不同的材料。其次，从冲压工艺的角度来说，材料还应满足冲压工艺要求，以保证冲压过程顺利完成。冲压工艺对冲压板材的要求主要体现在以下方面：

1）良好的冲压成形性能。板材的冲压成形性能是指板材对各种冲压方法的适应能力，综合表现为板材的抗破裂性、抗起皱性、贴模性和定形性。材料的冲压成形性能是与其力学性能密切相关的。一般来说，伸长率大、屈强比小、弹性模量大、硬化指数高和厚向异性指数大有利于各种冲压成形工序。

2）良好的表面质量。板材表面不能有划伤、缩孔、麻点或断面分层，否则，在冲压过程中会造成应力集中而产生破裂。板材表面若扭曲不平，会引起毛坯定位不稳定而造成冲压废品。按表面质量等级板材可分为Ⅰ（高质量表面）、Ⅱ（较高质量表面）和Ⅲ（一般质量表面）三种。

3）符合国家标准规定的厚度公差。在制件的冲压中，如对于冲裁工艺，凸、凹模之间的间隙主要是根据板材的厚度和公差来确定的，所以板厚必须符合标准，否则，不仅会影响制件的质量，还可能引起模具或压力机的损坏。我国对板材厚度公差的要求规定有A（高级）、B（较高级）和C（普通级）三种。

4）满足后续加工的要求，如切削加工、电镀、焊接等。

四、冲压板料成形性的评价

板材的冲压成形性能也可以通过试验进行测定和评价。试验的方法通常分为三类，即力学试验、金属学试验和工艺试验，其中通过力学试验得到的板料冲压成形的力学性能指标是最基础的。

由于板材的成形方式多种多样，每一种成形方式的应力状态、变形特点等情况都不相同，目前还不能用一个统一的指标来判别其成形性能的好坏，不过，可通过对板材拉伸试验中测得的一些力学性能数据进行分析来判断板材的冲压成形性能。

从拉伸试验可以获得板料的一些力学性能指标：下屈服强度 R_{eL}、抗拉强度 R_m、最大力总伸长率 A_{gt}、断裂总伸长率 A_t、加工硬化指数 n、弹性模量 E、厚向异性指数 r、板平面各向异性指数 Δr 等。

（1）下屈服强度 R_{eL}　下屈服强度 R_{eL} 小，材料容易变形，则变形抗力小，所需变形力小，在压缩类变形时，因易于变形而不易出现起皱，弯曲变形后回弹也小。

（2）屈强比 R_{eL}/R_m　屈强比对冲压影响比较大。屈强比小，说明 R_{eL} 小而 R_m 大，允许的塑性变形区间大，即易于产生塑性变形而不易破裂。尤其对拉深变形而言，屈强比小，意味着变形区易于变形而不易起皱，且传力区又不易拉裂，有利于提高拉深变形程度。

（3）伸长率　拉伸试验中，试样拉断时的伸长率称断裂总伸长率 A_t。试样在屈服阶段之后达到所能抵抗最大力时，即试样开始产生局部集中变形时（颈缩时）的伸长率称最大力总伸长率 A_{gt}。

A_{gt} 表示材料产生均匀的或稳定的塑性变形的能力，它直接决定材料在伸长类变形中的冲压成形性能。从试验中得到验证，大多数材料的翻边变形程度都与 A_{gt} 成正比。可以得出结论：伸长率是影响翻边或扩孔成形性能的主要参数。

（4）硬化指数 n 和弹性模量 E　n 值表示材料在塑性变形中的硬化程度。n 值大，材料在变形中加工硬化，真实应力增大。在拉伸类变形中，n 值大，变形抗力增大，从而使变形趋于均匀，板材厚度方向变薄量减小，厚度分布均匀，表面质量好，成形极限增大，制件不易产生裂纹。

弹性模量 E 越大，材料抗压失稳能力越强，卸载后回弹越小，冲压件质量越高。

（5）厚向异性指数 r　由于钢锭结晶和板材轧制时出现纤维组织等原因，板材的塑性会因方向不同而出现差导，这种现象称为板材的塑性各向异性。厚度方向的各向异性用厚度异性指数 r 表示，其表达式为

$$r = \varepsilon_b / \varepsilon_t$$

式中，r 是厚向异性指数；ε_b、ε_t 是试样宽度和厚度方向的应变。

由式可知，当 $r>1$ 时，板材宽度方向较厚度方向容易产生变形，即板材不易变薄或增厚。在拉深变形工序中，加大 r 值，毛坯宽度方向易于变形，切向易于收缩，不易起皱，有利于提高变形程度和保证产品质量。故 r 值越大，材料的拉深性能越好。

（6）板平面各向异性指数 Δr　板材轧制后，在板平面内也会出现各向异性，因此沿不同方向，其力学性能和物理性能均不同。板平面的这种各向异性用板平面各向异性指数 Δr 表示，其表达式为

$$\Delta r = (r_{0°} + r_{90°} - 2 r_{45°})/2$$

式中，$r_{0°}$、$r_{45°}$、$r_{90°}$ 是与板材轧制纤维方向成 0°、45°、90° 角时测得的试样厚度方向异性

指数。

五、常用冲压材料

冲压件所使用的材料通常取决于产品设计及其功能要求，同时，冲压材料还必须具有良好的冲压工艺性、强度和刚度等。在选择冲压件材料时，要科学合理地评估材料的冲压性能，正确掌握板材冲压性能与冲压成形工艺的关系，要求在既能发挥冲压材料的特性，又能降低板料成本的同时，保证冲压生产的稳定性。

1. 热轧钢板

热轧钢是一种优质碳素结构钢，其碳的质量分数为 0.10%～0.15%，属于低碳钢。与冷轧钢板相比，热轧钢板价格便宜，强度较高，因此在冲压领域有较广泛的适用性，特别是在汽车冲压件中，热轧钢板占有相当大的比例，常用于横梁、纵梁、底盘结构件、支承件和制造成形性要求较高的零部件。

热轧冷成形用钢板按用途可分为一般用、冲压用和深冲压用三类，其特点见表1-2。

表 1-2　热轧冷成形用钢板分类

用　途	特　点	牌号示例
一般用	具有足够的塑性，能向任何方向弯曲180°，适用于制造简单成形、弯曲或焊接加工的零部件	SPHC
冲压用	具有比一般用热轧冷成形钢板更大的塑性，适用于制造冲压成形及复杂变形加工的零部件	SPHD
深冲压用	具有比冲压用热轧冷成形钢板更大的塑性，适用于制造深冲压成形及复杂、剧烈变形加工的零部件	SPHE

在表1-2中，牌号示例的含义为：SPHC表示一般用热轧钢板及钢带；SPHD表示冲压用热轧钢板及钢带；SPHE表示深冲压用热轧钢板及钢带。

热轧钢板及钢带可保证良好的力学性能（如强度、伸长率、冲击韧度等）及工艺性能（如弯曲），并具有良好的焊接性能，适用于简单加工后焊接或铆接制造的构件，可用作汽车的一些承载结构件。

2. 冷轧钢板

冷轧钢板的分类方法很多，按脱氧方式可分为沸腾钢、镇静钢和半镇静钢；按钢种与合金成分可分为低碳钢、低合金高强度钢、加磷钢、超低碳无间隙原子钢等；按强度级别可分为普通强度级和高强度级；按冲压级别或用途可分为一般用、冲压用、深冲压用、特深冲压用、超深冲压用，其特点见表1-3。

冷轧钢也是一种优质碳素结构钢，其碳的质量分数为 0.08%～0.12%，属于低碳钢。常见的冲压用冷轧钢有以下三种：SPCC是冷轧钢中的代表钢种，SPCD和SPCE的拉深性能优于SPCC。

表 1-3　冷轧钢板按冲压级别分类

用　途	特　点	牌号示例
一般用	具有足够的塑性，适用于制造简单成形、弯曲或焊接加工的零部件	SPCC
冲压用	具有比一般用冷轧钢板更大的塑性，适用于制造冲压成形及复杂变形的零部件	SPCD

（续）

用　途	特　点	牌号示例
深冲压用	具有比冲压用冷轧钢板更大的塑性和更为均匀的性能,适用于制造深冲压成形及复杂变形的零部件	SPCE
特深冲压用	具有比深冲压用冷轧钢板更大的塑性和更为均匀的性能,适用于制造特深冲压成形及复杂、剧烈变形的零部件	DC04
超深冲压用	具有比特深冲压用冷轧钢板更大的塑性,适用于制造超深冲压成形及变形极为复杂的零部件	DC06

3. 不锈钢

不锈钢是指铬的质量分数达到 11% 以上的高合金钢,其主要的特征是具有较高的耐腐蚀性及耐热性,具有不锈性和表面光辉性。在冲压成形中应用的不锈钢有铁素体不锈钢、奥氏体不锈钢及马氏体不锈钢。铁素体不锈钢的冲压性能接近于冷轧钢板,在这种不锈钢生产过程中也可利用热轧、冷轧与退火的方法获得织构组织,具有良好的拉深性能。但是它的硬化指数约为 0.2,伸长率为 25%~30%,均小于奥氏体不锈钢,所以它的伸长类冲压成形性能较差。其中可用于冲压成形的有以 SUS430 为代表的铁素体不锈钢和以 SUS304 为代表的奥氏体不锈钢。

4. 涂镀层钢板

为防止各种酸性或碱性的空气、湿气、水、油等物质对冲压件的腐蚀,美国、日本等国家提出了汽车车体表面耐腐蚀 5 年、耐穿孔 10 年的目标,开发出了新的镀层钢板。目前国内的大部分汽车也要求采用不同规格数量的镀层钢板。

涂镀层钢板在冲压成形中的抗粉化剥落性会影响其冲压成形性。镀层剥落有两种类型:第一种是由于镀层内部失效而形成颗粒物,颗粒尺寸一般小于镀层厚度,以粉末形式脱落,称为粉化;第二种是由于镀层与基板之间的附着失效而形成片状颗粒,颗粒的尺寸一般与镀层相近或大于镀层的厚度,以鳞片状脱落,称为剥落。镀层粉化、剥落量的大小及形式与镀层成分、性能、结构、厚度及成形条件等因素有关。

知识点② 单工序冲裁模结构和装配

● **教学目标**

通过本节的学习,了解单工序冲压模具的结构组成,能够独立拆装冲压模具;了解冲压设备的种类、结构和主要技术参数,能够在曲轴压力机上独立装卸冲压模具;了解冲压模各零件通常所采用的材料及其选择原则,具备选择冲模各零件材料的能力。

● **教学重、难点**

重点:简单单工序冲模的结构组成;理解冲压设备的结构和主要技术参数含义。

难点:冲模在曲轴压力机上的装卸及两者的关联结构,尤其是模柄安装结构、打杆机构和模具行程调节机构。

● **建议教学方法**

本节内容具有实践性强的特点,教学内容的先后次序要符合冲模的认知规律。在通过讲授法初步了解冲模和冲压设备的结构后,建议先在曲柄压力机上进行整套冲模的示范性装卸试验,并通过现场教学法进一步了解冲模和冲压设备的结构,然后才进行冲模结构组成的示范性拆装试验,以进一步了解冲模的内部结构,增强感性认识。

● 问题导入

在对产品进行冲压工艺分析，即解决冲压工艺的可行性问题以后，下一步则是具体确定产品的冲压工艺方案，即如何经济有效地将产品冲压出来。

为此，必须了解冲模的结构及其各组成部分的功能，了解冲压设备的结构尤其是与冲模安装相关联的结构，这是冲模设计的前提。在初步确定冲模的结构后，则可以选定冲模各组成部分的材料。需要提醒的是，在企业的冲模实际设计时，往往有其各自的标准件和材料供应商，除了冲模工作零件的选材比较重要之外，冲模其他组成零件的材料选择一般相对稳定。

本节所需完成的任务是针对矩形垫片的冲孔确定其工艺方案，初步确定模具的总体结构。

一、单工序冲裁模的典型结构

1. 冲裁模的结构组成

根据零部件在模具中的作用，冲裁模具结构一般由以下 5 部分组成，如图 1-3 所示。

（1）工作零件 工作零件指实现冲裁变形，使板料分离，保证冲裁件形状的零件。包括：凸模、凹模、凸凹模。工作零件直接影响冲裁件的质量，并且影响模具寿命、冲裁力和推卸力等。

（2）定位零件 定位零件指保证条料或毛坯在模具中的位置正确的零件。包括：导料板、挡料销、导正销、侧刃、固定板（半成品的定位）等。

（3）卸料及推件零件 卸料及推件零件指将冲裁后由于弹性回复而卡在凹模孔口内或紧箍在凸模上的工件或废料脱卸下来的零件。

（4）导向零件 导向零件指保证上模和下模正确位置和运动导向的零件。一般由导柱和导套组成。采用导向装置可保证冲裁时，凸模和凹模之间间隙均匀，有利于提高冲裁件质量和模具寿命。

（5）连接固定类零件 连接固定类零件是指将凸、凹模固定于上、下模座以及将上、下模座固定在压力机上的零件。如固定板（凸、凹模），上、下模座，模柄，推板，紧固件等。

典型冲裁模结构一般由上述 5 部分零件组成，但不是所有的冲裁模都包含这 5 部分零件。冲模的结构取决于工件的要求、生产批量、生产条件和模具制造技术水平等诸多因素，因此模具结构是多种多样的，作用相同的零件其形状也不尽相同。

2. 单工序冲裁模典型结构

单工序冲裁模是指在压力机的一次行程中，只完成一道工序的冲裁模。根据模具导向装置的不同，可分为三类：

（1）导柱式单工序冲裁模 这类模具靠分别安装在上、下模板（座）内的导套、导柱两者的良好配合，实现对凸模的导向。其特点有：模具导向精度高，凸、凹模之间的冲裁间隙容易保证，从而能保证制件的精度；模具安装方便，运行可靠，模具寿命长；但结构较为复杂一些。主要适用于制件精度高、大批量生产等场合，一般工厂均已广泛使用。图 1-3 所示为导柱式单工序冲裁模。

（2）导板式单工序冲裁模 导板式冲裁模是以导板上的导向孔对凸模进行导向，如图 1-4所示。其特点有：导板兼卸料作用，省去了卸料装置；导板和凸模的配合间隙必须小于凸、凹模的冲裁间隙，导板的导向孔与凸模工作端采用 H7/h6 间隙配合，导向孔的表面粗糙度值通常为 $Ra0.8\mu m$，并要求淬火，因此导板应选用较好的材料制作，这种模具多安装在偏心压力机上使用；模具结构简单，但冲裁过程中凸模的工作端要始终与导板上的导向孔保持接触。主要适用于材料较厚、制件精度要求较高的场合，圆形和简单、规则形状制件的冲裁模多采用此结构。

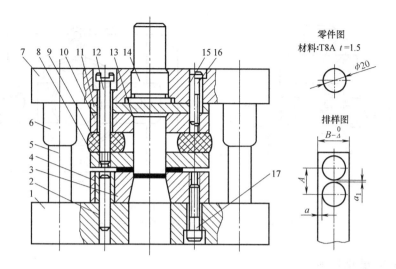

图 1-3 导柱式单工序冲裁模

1—下模座 2、15—销 3—凹模 4—销套 5—导柱 6—导套 7—上模座 8—卸料板 9—橡胶
10—凸模固定板 11—垫板 12—卸料螺钉 13—凸模 14—模柄 16、17—螺钉

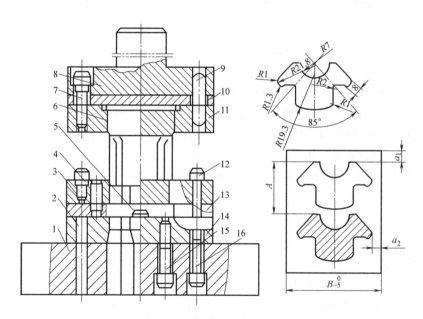

图 1-4 导板式单工序冲裁模

1—下模座 2、4、9—销 3—导板 5—挡料销 6—凸模 7、12、15、16—螺钉
8—上模座 10—垫板 11—凸模固定板 13—导料板 14—凹模

（3）无导向单工序冲裁模 该类模具上、下模之间没有导向装置，完全依靠压力机的滑块和导轨的配合导向，来保证冲裁间隙的均匀性，这种模具也可以简单地将橡胶套在凸模上实现卸料。

其优点是模具结构简单，易于制造和维修。缺点是在压力机上安装时，调整间隙的均匀度困难，模具的导向精度低，使用安全性差，不适于薄板料的冲裁。适合于形状简单、制件精度要求低、生产批量小及试制产品制件的冲裁，一些条件较差的小企业采用较多。图 1-5 所示为常见的无导向单工序冲裁模。

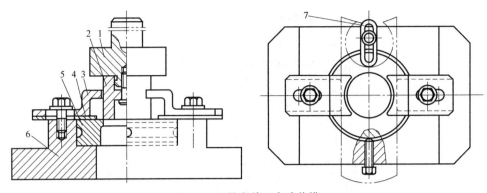

图 1-5　无导向单工序冲裁模
1—模柄　2—凸模　3—卸料板　4—导尺　5—凹模　6—下模座　7—定位板

二、冲压模具常用材料

1. 冲模材料的选择原则

根据冲压模具的工作特点，冲压模具材料应具有较高的强度、韧性、硬度、耐磨性，并具有较好的淬硬性、淬透性和较低的脱碳敏感性等热处理性能以及较好的淬火不变形性和可加工性。

冲压模具材料与模具寿命和模具制造成本及模具总成本都有直接关系，在选择冲压模具材料时应充分考虑以下几点：

1）根据被冲压零件的性质、工序种类及冲模零件的工作条件和作用来选择模具材料。如冲模工作零件的工作条件是否存在应力集中、冲击载荷等，这就要求所选用的模具材料具有较高的强度和硬度、高耐磨性及足够的韧性；导向零件要求具有较高的耐磨性和较好的韧性，一般常采用低碳钢，表面渗碳淬火。

2）根据冲压件的尺寸、形状和精度要求来选择模具材料。一般来说，对于形状简单、冲压件尺寸不大的模具，其工作零件常用高碳工具钢制造；对于形状比较复杂、冲压件尺寸较大的模具，其工作零件选用热处理变形较小的合金工具钢制造；而冲压件精度要求很高的精密冲模的工作零件，常选用耐磨性较好的硬质合金钢等材料制造。

3）冲压零件的生产批量。对于大批量生产的零件，其模具材料应采用质量较好的、能保证模具耐用度的材料；反之，对于小批量生产的零件，则采用较便宜的、耐用度较差的材料。

4）根据我国模具材料的生产和供应情况，兼顾本单位材料状况与热处理条件选材。

2. 冲模常用材料及热处理

由于用于制造凸、凹模的材料均为工具钢，价格较高，且加工困难，故常根据凸、凹模的工作条件和制件生产批量的大小来选用最合适的材料。由于外资企业在国内冲模制造企业有大量订单，也可参考国产牌号的冲模材料与美国标准 AISI 和 ASTM 以及日本标准 JIS 的材料。

三、冲压设备

常用的冲压设备种类很多，其分类方法也很多。如按驱动滑块力的种类可分为机械的、液压的、气动的等；按滑块数量可分为单动的、双动的、三动的等；按驱动滑块机构的种类又可分为曲柄式的、肘杆式的、摩擦式的；按机身结构形式可分为开式的、闭式的等。下面介绍两种常用的冲压设备。

1. 曲柄压力机

（1）曲柄压力机的结构及工作原理　曲柄压力机是冲压生产中应用最为广泛的一种机械压力机，习惯称之为冲床。图 1-6 所示为曲柄压力机的外形图，图 1-7 所示为工作原理。电动机 1 通过带轮 2、3 及大小齿轮带动曲轴 7 旋转，曲轴通过连杆带动滑块 10 沿导轨作上下往复运动，从而带动模具实施冲压。模具安装在滑块与工作台之间。

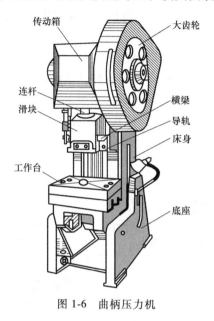

图 1-6　曲柄压力机

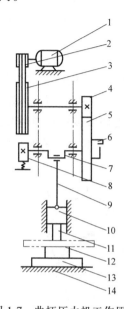

图 1-7　曲柄压力机工作原理

1—电动机　2—小带轮　3—大带轮　4—小齿轮　5—大齿轮
6—离合器　7—曲轴　8—制动器　9—连杆　10—滑块
11—上模　12—下模　13—垫板　14—工作台

曲柄压力机结构包括工作机构、传动机构、操作机构、支承机构和辅助机构等。

1）工作机构。工作机构主要由曲轴 7、连杆 9 和滑块 10 组成。其作用是将电动主轴的旋转运动变为滑块的往复直线运动。滑块底平面中心设有模具安装孔，大型压力机滑块底面还设有 T 形槽，用来安装和压紧模具，滑块中还设有退料装置（如图 1-6 中所示横梁），用以在滑块回程时将工件或废料从模具退出。

2）传动机构。传动机构由电动机 1、小带轮 2、大带轮 3、小齿轮 4 和大齿轮 5 等组成。其作用是将电动机的运动和能量按照一定要求传给曲柄滑块机构。

3）操作机构。操作机构包括空气分配系统、离合器、制动器、电气控制箱等。离合器是用来接通或断开大齿轮与曲轴间运动传递的机构，即控制滑块是否产生冲压动作，由操作者操纵。制动器可以确保离合器脱开时，滑块可以比较准确地停在曲轴运动的止点位置上。

4）支承机构。支承机构包括机身、工作台、拉紧螺栓等。

此外压力机还具有气路和润滑等辅助系统，以及安全保护、气垫、顶料等附属装置。

（2）曲柄压力机的基本技术参数　曲柄压力机的基本技术参数标明压力机的工艺性能和应用范围，是选用压力机和设计模具的主要依据。压力机的主要技术参数介绍如下：

1）公称压力 F（kN）。压力机滑块的压力 p 在全行程中不是一个常数，而是随着曲轴转角 α 的变化而变化，如图 1-8 所示。压力机的公称压力 F，是指滑块离下止点前某一特定距离，或曲轴转角离下止点前某一角度时（曲柄压力机一般为 25°～30°）所产生的最大压力（即 $F = p_{max}$），这个角度称为工作角。和工作角对应的滑块运动的那一段距离称为公称压力行程。公称压力应与模具设计所需的总压力相适应，它是选择压力机的主要依据。

2）滑块行程 H。滑块行程是指滑块上、下止点间的距离。对于曲柄压力机，其值等于曲柄长度的两倍（即 $H=2R$），如图 1-8 所示。滑块行程与加工制件的最大高度有关，应能保证制件的放入与取出。对于拉深件，滑块行程一般应大于制件高度的 2 倍。

3）滑块行程次数。滑块行程次数是指滑块空载时，每分钟上下往复运动的次数。有负载时，实际滑块行程次数小于空载次数。对于自动送料曲柄压力机，滑块行程次数越多，生产效率越高。

4）装模高度。压力机装模高度是指压力机滑块处于下止点位置时，滑块下表面到工作台上表面的距离。当装模高度调节装置将滑块调整到最上位置时（即当连杆调至最短时），装模高度达到最大值，称为最大装模高度（用 $H_{\max}$ 表示）。反之，即为最小装模高度（用 $H_{\min}$ 表示）。装模高度调节装置所能调节的距离，称为装模高度调节量。模具的闭合高度 h 应在压力机的最小装模高度和最大装模高度之间，如图 1-9 所示。

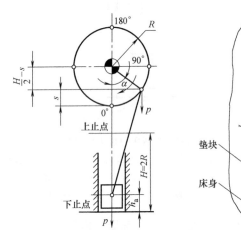

图 1-8　曲柄压力机的工作状况图

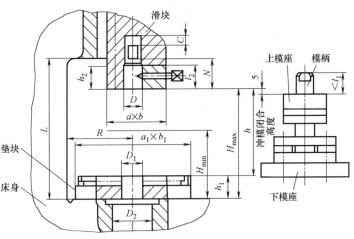

图 1-9　冲模与压力机尺寸的关系

5）工作台尺寸和滑块底面尺寸。压力机工作台面尺寸应大于冲模的相应尺寸 $a_1 \times b_1$。一般情况下，工作台面尺寸应大于下模座尺寸 50~70mm，为固定下模留下足够的空间。上模座的平面尺寸一般不应该超过滑块底面尺寸 $a \times b$。

6）模柄孔和漏料孔尺寸。如图 1-10 所示，模柄直径应略小于滑块内模柄安装孔的直径 D，模柄的长度应小于模柄孔的深度 l_1。在自然漏料的模具中，要考虑工作台面上的漏料孔直径 D_1 尺寸能保证漏料。

2. 液压机

液压机冲压速度较慢、工作平稳，压力大，操作空间大，设备结构简单，在冲压生产过程中广泛应用于拉深、成形等工艺过程，也可以用于塑料制品的加工过程中。

（1）液压机的结构及工作原理　液压机是根据帕斯卡原理，利用液体压力来传递动力的，其结构图和实物图分别如图 1-11 和图 1-12所示。工作时，模具安装在活动横梁 4 和下梁 6 之间，主缸 3 带动活动横梁 4 对模具施加压力；工作结束时，主缸 3 回复，打开模具，需要时顶出缸 7 可将工件顶出。

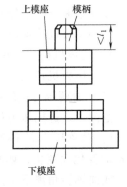

图 1-10　冲模

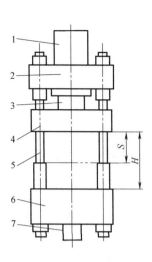

图 1-11　液压机结构简图

1—充液罐　2—上梁　3—主缸及活塞　4—活动横梁
5—立柱　6—下梁　7—顶出缸

图 1-12　液压机实物图

（2）液压机的技术参数　液压机的技术参数是根据其工艺用途和结构特点确定的，反映了液压机的工作能力及特点，是设计和选用液压机的重要依据。液压机的主要参数介绍如下：

1）公称压力（公称吨位）。液压机的公称压力（吨位）是指液压机名义上能产生的最大力量，在数值上等于工作液体压力和工作活塞有效面积的乘积，它反映了液压机的主要工作能力

$$F_p = p_0 A_0$$

式中，F_p 是公称压力（N）；p_0 是工作液压力（Pa）；A_0 是工作缸活塞的有效面积（mm^2）。

2）最大净空距（开口高度）。最大净空距是指活动横梁停止在上限位置，从工作台上表面到活动横梁下表面的距离，如图 1-11 中的 H。最大净空距反映了液压机高度方向上工作空间的大小。

3）最大回程力。液压机活动横梁在回程时要克服各种阻力和运动部件的重力。液压机的最大回程力一般为公称压力的 20%～50%。

4）最大行程。最大行程是指活动横梁能够移动的最大距离，如图 1-11 中的 S。

5）允许最大偏心距。允许最大偏心距是指工件变形阻力接近公称压力时所能允许的最大偏心值。

6）顶出器公称压力及行程。有些液压机下横梁装有顶出器，其压力和行程可按工艺要求确定。

7）活动横梁运动速度（滑块速度）。活动横梁运动速度可分为工作行程速度、空行程速度和回程速度。工作行程速度由工艺要求来确定，空行程速度和回程速度可以高一些，以提高生产率。

8）工作台尺寸（长×宽）。工作台尺寸是指工作台面上可以利用的有效尺寸，一般指立柱之间的工作台面区域。模具的总体尺寸必须与工作台尺寸相适应，以保证模具的安装和运行。

3. 压力机的型号表示

压力机的型号是用汉语拼音字母、英文字母和数字表示。各表示参数的意义如下：

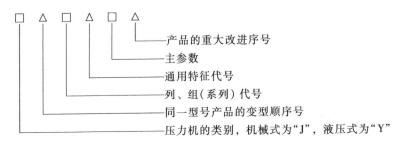

其中，压力机列别、组别的含义如下：

列 1：单柱偏心压力机。其中列 1 组 1 为单柱固定台式压力机；列 1 组 2 为单柱活动台式压力机。

列 2：开式双柱压力机。其中列 2 组 3 为开式双柱可倾式压力机。

列 3：闭式曲轴压力机。其中列 3 组 1 为闭式单点压力机；列 3 组 6 为闭式双点压力机；列 3 组 9 为闭式四点压力机。

列 4：拉深压力机。其中列 4 组 3 为开式双动拉深压力机；列 4 组 4 为底传动双柱拉深压力机；列 4 组 5 为闭式上传动双动拉深压力机。

列 5：摩擦压力机。其中列 5 组 3 为双盘摩擦压力机。

通用特征代号含义见表 1-4。

表 1-4　压力机通用特征代号

通用特性	自动	半自动	数控	液压	缠绕结构	高速	精密	长行程或长杆	冷挤压	温热挤压
字母代号	Z	B	K	Y	R	G	M	C	L	W

例如 YA32-315 型号的意义如下：

第 1 个字母为类别代号，"Y"表示液压机。

第 2 个字母代表代表同一型号产品的变型顺序号，"A"表示该型号产品的初次变型号。

第 3、4 个数字为列、组代号，"32"表示四柱立式液压机。

横线后的数字代表主参数，"315"表示 315tf（3150kN）。

四、冲压模具结构的装配

1. 模具装配的工艺方法

（1）互换装配法　互换装配法是通过严格控制零件制造加工误差来保证装配精度。该方法具有零件加工精度高、难度大等缺点，但由于具有装配简单、质量稳定、易于流水作业、效率高、对装配钳工技术要求低、模具维修方便等优点，适合于大批量生产的模具装配。

（2）修配装配法　修配装配法是指装配时修去指定零件的预留修配量，达到装配精度要求的方法。这种方法广泛应用于单件小批量生产的模具装配。常用的修配方法有以下两种。

1）指定零件修配法。在装配尺寸链的组成环中，预先指定一个零件作为修配件，并预留一定的加工余量，修配时再对该零件进行精密切削加工，达到装配精度要求的加工方法。

如图 1-13 所示为注射模具滑块和锁紧块的贴合面修配，通常将滑块斜面预留一定的余量，根据装配时分型面的间隙 a，可用公式 $b=(a-0.2)\sin\theta$ 计算得到修配量。

2）合并加工修配法。将两个或两个以上的配合零件装配后，再进行机械加工，以达到装配精度要求的方法。如图 1-14 所示，当凸模和凸模固定板组合后，要求凸模上端面和凸模固定板的上平面为同一平面。采用合并加工修配法在单独加工凸模和凸模固定板时，对 A_1 和 A_2 尺寸不用严格控制，而是将两者组合在一起后，配磨上平面，以保证装配要求。

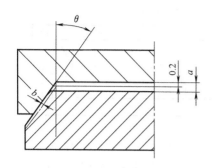

图 1-13 修配滑块和锁紧块贴合面

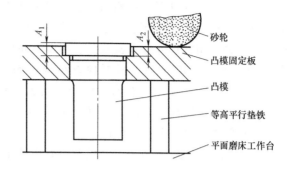

图 1-14 修配凸模和凸模固定板上平面

修配法的优点是放宽了模具零件的制造精度，可获得很高的装配精度；缺点是装配中增加了修配工作量，装配质量依赖于工人的技术水平。

（3）调整装配法 调整装配法是用改变模具中可调整工件的相对位置，或变化一组定尺寸零件（如垫片、垫圈）来达到装配精度要求的方法。图 1-15 所示为冲压模具上顶出工件的弹性顶件装置，通过调整旋转螺母、压缩橡胶，使顶件力增大。

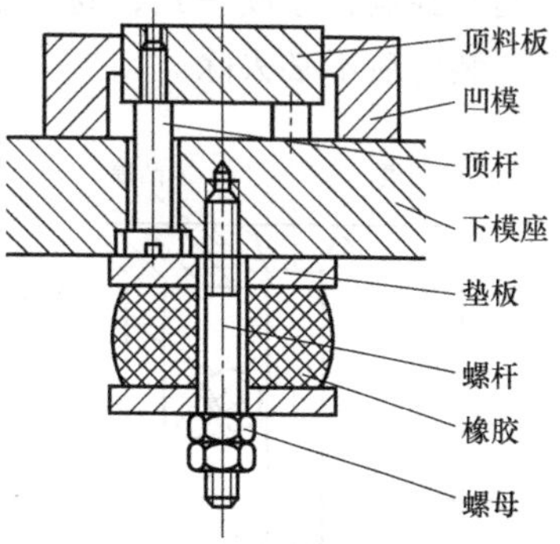

调整法可以放宽零件的制造公差，但装配时同样费工费时，并要求工人有较高的技术水平。

由于模具制造属于单件小批量生产，具有成套性和装配精度高等特点，目前模具装配常用修配法和调整法。但随着模具加工设备的现代化，零件制造精度达到互换法的要求，互换法的应用也越来越广泛。

2. 冲压模具间隙和位置的控制方法

图 1-15 调整装配法调整顶件力

冲压模具装配的关键是如何保证凸、凹模之间具有正确、合理、均匀的间隙。为保证凸、凹模之间的位置正确和间隙均匀，装配时总是依据图样要求先选择其中某一主要件（如凸模或凹模或凸凹模）作为装配基准件，然后以该基准件位置为基准，用找正间隙的方法来确定其他零件的相对位置，以确保其相互位置的正确性和间隙的均匀性。控制冲压模具间隙均匀性常用的方法有如下几种：

（1）垫片法 垫片法是根据凸、凹模配合间隙的大小，在凸、凹模配合间隙四周内垫入厚度均匀、相等的薄铜片 8 来调整凸模Ⅰ、凸模Ⅱ和凹模的相对位置，保证配合间隙均匀，如图 1-16 所示。

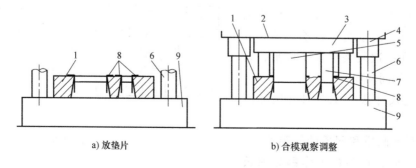

a) 放垫片　　　　　　　　b) 合模观察调整

图 1-16 垫片法调整间隙

1—凹模　2—上模座　3—凸模固定板　4—导套　5—凸模Ⅰ　6—导柱　7—凸模Ⅱ　8—薄铜片　9—下模座

（2）测量法　测量法是将凸模组件、凹模 1 分别固定于上模座 9、下模座 3 的合适位置，然后将凸模 4 插入凹模 1 型孔内，用塞尺 6 分别检查凸、凹模不同部位的配合间隙，如图 1-17 所示，根据检查结果调整凸、凹模之间的相对位置，使间隙在水平四个方向上一致。该方法只适用于凸、凹模配合间隙（单边）在 0.02mm 以上，且四周间隙为直线形状的模具。

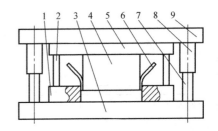

图 1-17　测量法调整间隙

1—凹模　2—等高平行垫铁　3—下模座　4—凸模　5—凸模固定板　6—塞尺　7—导柱　8—导套　9—上模座

（3）透光法　透光法是将上、下模合模后用灯光照射，观察凸、凹模刃口四周的光隙大小来判断间隙是否均匀，若不均匀则进行调整，如图 1-18 所示。该方法适合于薄料冲裁模，对装配钳工技术水平要求高。

（4）镀铜法　镀铜法是在凸模的工作端刃口部位镀一层厚度等于凸、凹模单边配合间隙的镀铜层，使凸、凹模装配后获得均匀的配合间隙，如图 1-19 所示。镀铜层厚度用电流及电镀时间来控制，厚度一致，易保证模具冲裁间隙均匀。镀铜层在模具使用过程中可以自行脱落，在装配后不必去除。

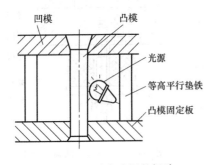

图 1-18　透光法调整间隙

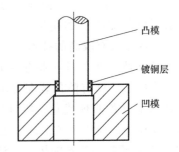

图 1-19　镀铜法调整间隙

（5）涂层法　涂层法原理与镀铜法相同，是在凸模上涂一层涂料（如磁漆或氨基醇酸绝缘漆等），其厚度等于凸、凹模的单边配合间隙，再将凸模插入凹模型孔，以获得均匀的配合间隙，不同的只是涂层材料。该方法适用于小间隙冲模的调整。

（6）工艺定位器法　工艺定位器法如图 1-20a 所示。

装配时用一个工艺定位器来保证凸、凹模的相对位置，保证各部分的间隙均匀。其中，如图 1-20b 所示的工艺定位器 d_1 与冲孔凸模滑配，d_2 与落料凹模滑动配合，d_3 与冲孔凹模滑动配合，d_1、d_2 和 d_3 尺寸应在一次装夹中加工成形，以保证三个直径的同轴度。

（7）工艺尺寸法　工艺尺寸法如图 1-21 所示。

为调整圆形凸模和凹模的间隙均匀，可在制造凸模时，将凸模工作部分加长

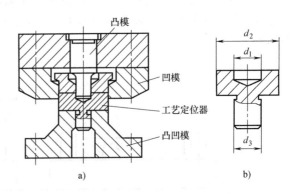

图 1-20　用工艺定位器调整间隙

1~2mm，凸模加长部分的直径尺寸为凹模内孔的实测尺寸，与凹模内孔是精密的滑动配合，

以便装配时凸、凹模对中、同轴，并保证模具间隙均匀。待装配完后，再将凸模加长部分去除。

（8）工艺定位孔法　工艺定位孔法如图 1-22 所示，是在凹模和凸模固定板相同的位置上加工两个工艺孔，装配时，在定位孔内插入定位销以保证模具间隙的方法。该方法加工简单、方便（可将工艺孔与型腔用线切割方法一次装夹出），间隙容易控制。

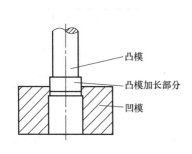

图 1-21　用工艺尺寸调整间隙

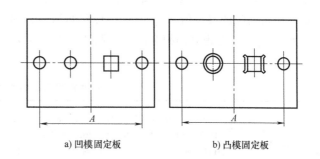

a) 凹模固定板　　　　　b) 凸模固定板

图 1-22　用工艺定位孔法调整间隙

知识点③　单工序模冲裁的工艺计算

- **教学目标**

　　通过本节的学习，了解简单形状冲压件的工艺计算项目和流程，掌握相关的工艺计算方法，具备针对简单形状冲压件进行冲裁工艺计算的能力。

- **教学重、难点**

　　重点：用查表法确定冲裁间隙，用互换加工法凸、凹模刃口尺寸的计算，形状简单冲裁件压力中心的计算，排样设计，冲裁工序力的计算。

　　难点：互换加工法凸、凹模刃口尺寸的计算。

- **建议教学方法**

　　本节中"互换加工法凸、凹模刃口尺寸的计算"的内容比较难以理解，建议通过讲授法从原理上进行详细的讲解，并结合启发性问答法，调动思维，积极参与问题的讨论；"排样设计"的内容涉及的概念较多，可以通过讲授法结合讨论法来讲解，其他章节的内容相对来说比较简单，可以灵活地采取简单的讲授法或自学法来学习。

- **问题导入**

　　确定冲裁的工艺方案之后，需要对冲裁工艺进行必要的计算，以作为冲模的具体设计和最终确定压力机之用。一般是先确定冲裁间隙，这是计算出凸、凹模的刃口尺寸的前提，在确定冲裁件的压力中心后对冲压件的标注尺寸进行调整，再进行排样设计，而冲裁工序力的计算则是后续确定相关零部件结构尺寸的设计依据和最终选择压力机的重要依据。

　　本节所需完成的任务是针对矩形垫片的冲孔进行工艺计算，得到凸、凹模的刃口尺寸和排样图以及冲裁工序力，确定压力机的具体吨位。

一、查表法确定冲裁间隙

　　冲裁间隙是指冲裁模具中凸、凹模刃口部分的尺寸之差，如图 1-23 所示，一般用 Z 表示。

查表法确定冲裁间隙就是通过对各种条件下的冲裁试验得到若干合理冲裁间隙的数据并制成表格，实际使用中则根据表格来进行查询，从而确定冲裁间隙。

为保证冲裁模有一定的使用寿命，设计时的初始间隙就必须选用适中间隙范围内的最小冲裁间隙 Z_{min}。表1-5所提供的经验数据为落料、冲孔模具的初始值，可用于一般条件下的冲裁。表中初始间隙的最小值 Z_{min} 为最小合理间隙值，而初始间隙的最大值 Z_{max} 是考虑到凸模和凹模的制造误差，在 Z_{min} 的基础增加一个数值。

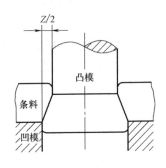

图1-23　冲裁间隙示意图

表1-5　冲裁模刃口初始值间隙　（单位：mm）

材料名称	45；T7，T8（退火）；磷青铜（硬）；铍铜（硬）		10，15，20冷轧钢带；30钢板；H62，H68（硬）；2A12，硅钢片		Q215，Q235；08，10，15；H62，H68（半硬）；磷青铜、铍铜（软）		H62，H68（软）；纯铜（软）；3A12，5A02，1060，1050A，1035，1200，8A06，2A12		酚醛环氧层压玻璃布板、酚醛层压纸板、酚醛层压布板		钢纸板、绝缘纸板、云母板、橡胶板	
力学性能	HBW≥190 R_m≥600MPa		HBW=140~190 R_m≥400~600MPa		HBW=70~140 R_m≥300~400MPa		HBW≤70 R_m≤300MPa		—		—	
厚度	初始间隙											
	Z_{min}	Z_{max}	Z_{min}	Z_{max}	Z_{min}	Z_{max}	Z_{min}	Z_{max}	Z_{min}	Z_{max}	Z_{min}	Z_{max}
0.1	0.015	0.035	0.01	0.03	—	—	—	—	—	—	—	—
0.2	0.025	0.045	0.015	0.035	0.01	0.03	—	—	—	—		
0.3	0.04	0.06	0.03	0.05	0.02	0.04	0.01	0.03	—	—		
0.5	0.08	0.10	0.06	0.09	0.04	0.06	0.025	0.045	0.01	0.02		
0.8	0.13	0.16	0.10	0.13	0.07	0.10	0.045	0.075	0.015	0.03		
1.0	0.17	0.20	0.13	0.16	0.10	0.13	0.065	0.095	0.025	0.04		
1.2	0.21	0.24	0.16	0.19	0.13	0.16	0.075	0.105	0.035	0.05		
1.5	0.27	0.31	0.21	0.25	0.15	0.19	0.10	0.14	0.04	0.06	0.01~0.03	0.015~0.045
1.8	0.34	0.38	0.27	0.31	0.20	0.24	0.13	0.17	0.05	0.07		
2.0	0.38	0.42	0.30	0.34	0.22	0.26	0.14	0.18	0.06	0.08		
2.5	0.49	0.55	0.39	0.45	0.29	0.35	0.18	0.24	0.07	0.10		
3.0	0.62	0.68	0.49	0.55	0.36	0.42	0.23	0.29	0.10	0.13		
3.5	0.73	0.81	0.58	0.66	0.43	0.51	0.27	0.35	0.12	0.16	0.04	0.06
4.0	0.86	0.94	0.68	0.76	0.50	0.58	0.32	0.40	0.14	0.18		

二、互换加工法凸、凹模刃口尺寸的计算

冲裁件的尺寸精度是靠冲裁模具来保证的，主要取决于凸、凹模刃口部分的尺寸，并且合理的冲裁间隙也是靠凸、凹模刃口尺寸来保证的。按照互换性原则组织生产的方法即是分别制造法，也称为互换加工法。

1. 凸、凹模刃口尺寸的计算原则

由于冲裁时凸、凹模之间存在间隙，所以所落的料和冲出的孔的断面都是带有锥度的。落料时工件的大端尺寸近似等于凹模的刃口尺寸；冲孔时，工件的小端尺寸近似等于凸模的刃口尺寸，因此，在计算刃口尺寸时，应按落料、冲孔两种情况分别进行，同时，要考虑磨损后的尺寸变化情况。

进行凸、凹模刃口尺寸计算时应考虑以下几个方面的问题：

（1）基准问题 落料时，工件的大端尺寸近似等于凹模的刃口尺寸，所以落料工序应以凹模为基准件，先确定凹模尺寸，凸模尺寸按凹模尺寸减去最小冲裁间隙确定。

冲孔时，工件的小端尺寸近似等于凸模的刃口尺寸，所以冲孔工序应以凸模为基准件，先确定凸模尺寸，凹模尺寸按凸模尺寸加上最小冲裁间隙确定。

（2）磨损问题 磨损遵照"实体减小"的原则，磨损后，凸模尺寸减小，凹模尺寸增大，因此就会出现"料越落越大""孔越冲越小"的现象。为了保证冲裁模具有一定的寿命，需要区分两种情况讨论。

1）落料时，为了保证凹模磨损后（尺寸变大）仍能冲出合格零件（料越落越大），凹模刃口尺寸应取制件公差允许范围内的最小值。

2）冲孔时，为了保证凸模磨损后（尺寸变小）仍能冲出合格零件（孔越冲越小），凸模刃口尺寸应取制件公差允许范围内的最大值。

（3）合适的制造公差 凸、凹模刃口的制造精度应比冲裁件的精度要求高 2~3 级。一般圆形件可按 IT6~IT7，其他见表 1-6 选取，也可以按制件公差的 1/4 来考虑（即 $\Delta/4$）。

为了使新模具的间隙不小于最小合理间隙（$Z_{\min}$），一般凹模公差标成$+\delta_{\mathrm{d}}$，下极限偏差为0，凸模公差则标成$-\delta_{\mathrm{p}}$，上极限偏差为 0。

表 1-6 模具制造精度与冲裁件精度的关系

冲模制造精度	材料厚度 t/mm								
	0.5	0.8	1.0	1.5	2	3	4	5	6~12
IT6~IT7	IT8	IT8	IT9	IT10	IT10				
IT7~IT8		IT9	IT10	IT10	IT12	IT12	IT12		
IT9				IT12	IT12	IT12	IT12	IT12	IT14

2. 互换加工法凸、凹模刃口尺寸的计算

在模具制造中，凸、凹模的加工如果按照互换性原则组织生产，即凸、凹模分别独立制造，则称之为互换加工法。根据刃口尺寸计算原则，互换加工法中凸、凹模刃口尺寸的计算如下：

冲孔时以凸模为基准件进行计算，设冲裁件孔的直径为 $d_0^{+\Delta}$，计算公式为

凸模
$$d_{\mathrm{p}} = (d + x\Delta)_{-\delta_{\mathrm{p}}}^{0}$$

凹模
$$d_{\mathrm{d}} = (d + x\Delta + Z_{\min})_{0}^{+\delta_{\mathrm{d}}}$$

落料时以凹模为基准件进行计算，设落料件的落料尺寸为 $D_{-\Delta}^{0}$，计算公式为

凹模
$$D_{\mathrm{d}} = (D - x\Delta)_{0}^{+\delta_{\mathrm{d}}}$$

凸模
$$D_{\mathrm{p}} = (D - x\Delta - Z_{\min})_{-\delta_{\mathrm{p}}}^{0}$$

式中，D、d 是落料、冲孔工件的基本尺寸（mm）（注：对落料件为最大尺寸，对冲孔件为最

小尺寸）；D_p、D_d 是落料凸模、凹模的刃口尺寸（mm）；d_p、d_d 是冲孔凸、凹模的刃口尺寸（mm）；δ_p、δ_d 是凸、凹模的制造公差（mm）；Δ 是工件公差（mm）；x 是磨损系数，见表 1-7。

表 1-7　磨损系数

材料厚度 t/mm	非圆形工件 x 值			圆形工件 x 值	
	1	0.75	0.5	0.75	0.5
	工件公差 Δ/mm				
≤1	<0.16	0.17～0.35	≥0.36	<0.16	≥0.16
1～2	<0.20	0.21～0.41	≥0.42	<0.20	≥0.20
2～4	<0.24	0.25～0.49	≥0.50	<0.24	≥0.24
>4	<0.30	0.31～0.59	≥0.60	<0.30	≥0.30

采用互换加工法进行刃口尺寸计算时，应注意以下两点：

1）考虑到工件的形状、厚度不一样，模具的磨损情况也不一样，因此，引入一个系数，即磨损系数 x。

2）为了保证冲裁间隙在合理的范围内，必须保证 $\delta_p + \delta_d \leq Z_{\max} - Z_{\min}$，否则，模具初始间隙将超出 $Z_{\max}$。当 $\delta_p + \delta_d > Z_{\max} - Z_{\min}$ 时，应提高凸、凹模的制造精度，以减小 δ_p、δ_d 的值。

一般情况下，取　　　$\delta_p = 0.4(Z_{\max} - Z_{\min})$　　　$\delta_d = 0.6(Z_{\max} - Z_{\min})$

三、形状简单冲裁件压力中心的计算

冲裁压力中心就是指冲裁的合力作用点。在冲压生产中，为保证压力机和模具正常工作，必须使冲裁模具的压力中心和压力机滑块的中心线相重合。否则，在冲裁过程中，会使滑块、模柄及导柱承受附加弯矩，使模具与压力机滑块产生偏斜，凸、凹模之间的间隙分布不均匀，从而造成导向零件的加速磨损，模具刃口及其他零件损坏，甚至会引起压力机磨损，影响压力机精度。因此，在设计模具时，必须确定模具的压力中心，并使之与模柄轴线重合，从而保证模具的压力中心与压力机的滑块中心相重合。

对于形状简单的冲裁件，其凸模压力中心的确定如下：

（1）直线段　其压力中心为直线段的中心。

（2）圆弧线段　图 1-24 所示，对于圆心角为 2α 的圆弧线段，其压力中心可按下式计算

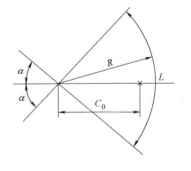

$$C_0 = (57.29/\alpha)R \times \sin\alpha$$

$$L = 2R\alpha/57.29$$

式中，C_0 是圆弧线段的压力中心坐标值（mm）；R 是圆弧线段的半径（mm）；α 是圆弧线段的中心角的一半（°）；L 是圆弧线段的弧长（mm）。

图 1-24　圆弧冲裁压力中心

（3）形状对称的零件　其凸模的压力中心位于刃口轮廓的几何中心，如圆形的压力中心在圆心上，而矩形的压力中心在对称中心。

四、排样设计

1. 排样的基本概念

排样设计是指冲裁件在条料、带料或板料上的布置方式。合理的排样设计是提高材料利用

率、降低生产成本、保证工件质量及模具寿命的有效措施。

需要强调的是，排样时所用零件的尺寸标注，对于冲孔件来说采用的是凸模的尺寸，对于落料件来说采用的是凹模的尺寸。

2. 排样的分类和方式

（1）冲裁废料　冲裁废料可分为结构废料和工艺废料两种。图 1-25 为冲裁垫片时产生的废料。结构废料是由制件本身的形状决定，一般是固定不变的；工艺废料决定于搭边值、排样形式和冲压方法等。

（2）材料利用率　冲压工件的成本中，材料费用约占 60%以上，因此材料的经济利用具有非常重要的意义。衡量排样经济性的指标是材料的利用率，可用下式计算

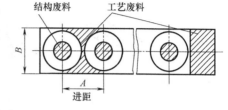

图 1-25　冲裁废料

$$\eta = F/F_0 \times 100\% = F/AB \times 100\%$$

式中，η 是材料利用率（%）；F 是冲压工件的实际面积（mm^2）；F_0 是所用材料面积（包括工件面积与废料面积）（mm^2）；A 是送料步距，即相邻两个冲压件对应点之间的距离（mm）；B 是条料宽度（mm）。

从上式可以看出，由于结构废料由工件的形状决定，一般不能改变，所以只有设计合理的排样方案，减少工艺废料，才能有效提高材料的利用率。

（3）排样的分类　按照材料的利用程度，排样可分为以下三类：

1）有废料排样：在冲裁件与冲裁件之间，冲裁件与条料侧边之间均有工艺废料，冲裁是沿冲裁件的封闭轮廓进行的，如图 1-26a 所示。

2）少废料排样：只在冲裁件之间，或只在冲裁件与条料之间有搭边值，冲裁只沿冲裁件的部分轮廓进行，如图 1-26b 所示。

3）无废料排样：在冲裁件之间、冲裁件与条料侧边之间都无搭边存在，冲裁件实际上是由切断条料获得的，如图 1-26c 所示。

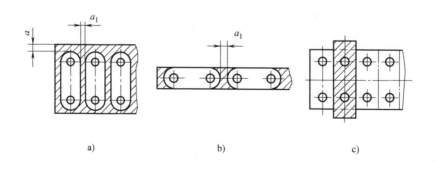

a)　　　　　　　　　b)　　　　　　　　　c)

图 1-26　排样分类

有废料排样时，冲裁件的质量和模具寿命较高，但材料的利用率低；少废料排样和无废料排样时，材料的利用率高，且可以简化模具结构，但制件的尺寸精度不易保证，且制件还必须具备特定的形状。在实际生产中，有废料排样使用的较多。

（4）排样的形式　排样有直排、单行排、多行排、斜排、对排等多种形式，见表 1-8。

表 1-8　排样形式

排样形式	有废料排样		少废料或无废料排样	
	制件图	排样图	制件图	排样图
直排	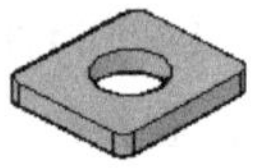	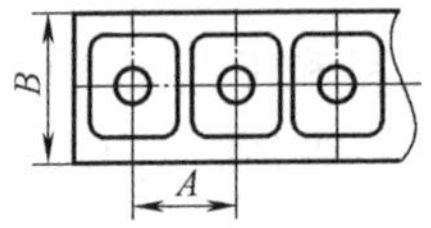	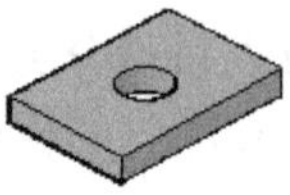	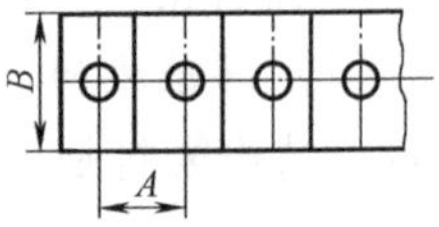
斜排	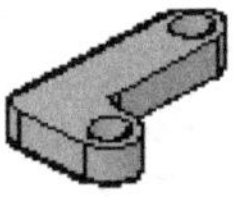	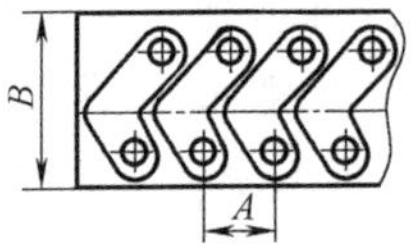	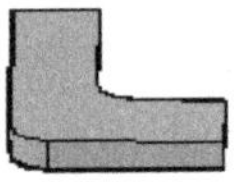	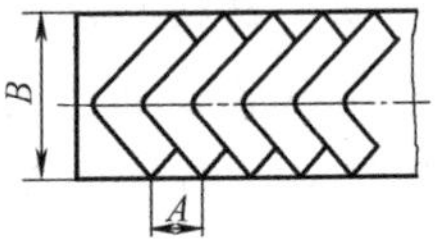
直对排	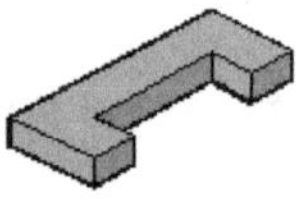	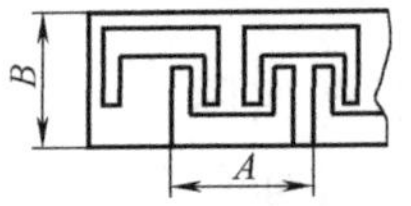	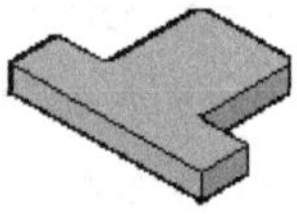	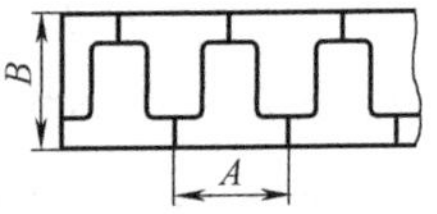
斜对排	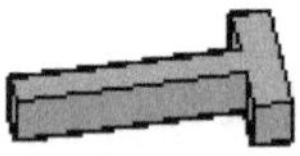	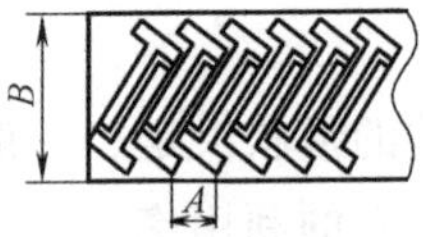		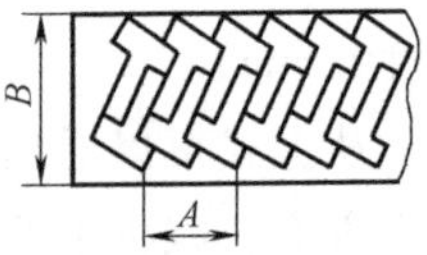
混合排		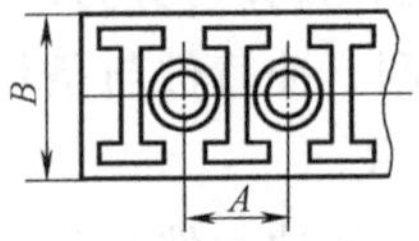		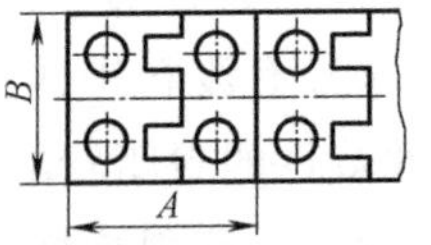
多行排	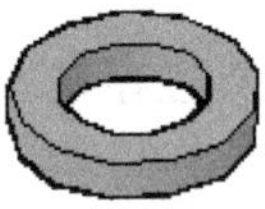	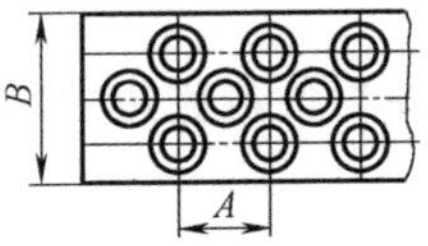	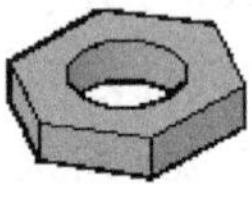	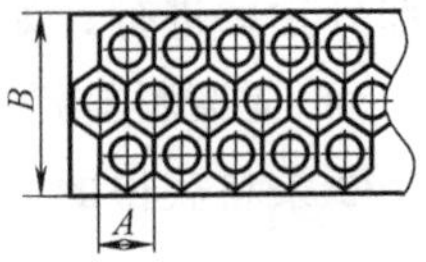
裁搭边	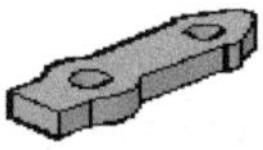	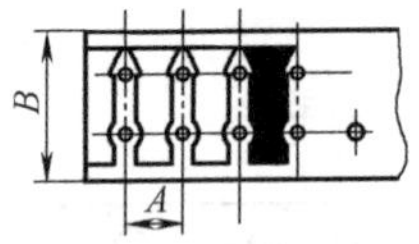	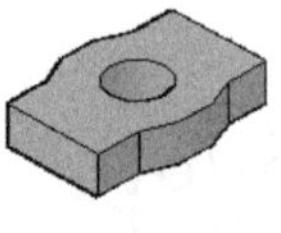	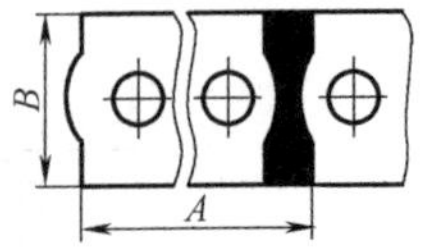

3. 排样设计

（1）搭边（a、a_1）　冲裁件之间、冲裁件与条料侧边之间的工艺废料称为搭边。如图 1-26 所示的 a 和 a_1 就是搭边值。搭边过大，材料浪费、利用率低；搭边过小，起不到搭边应有的作用，条料易被拉断，降低模具寿命。搭边值的大小，通常由经验确定。低碳钢冲裁时，常用的最小搭边值见表 1-9。

（2）送料进距　模具每冲裁一次，条料在模具上前进的距离称为送料进距。单个进距内只冲裁一个零件时，送料进距为

$$A = D + a_1$$

式中，A 是送料进距（mm）；D 是在送料方向上冲裁件的宽度（mm）；a_1 是冲裁件之间的搭边值（mm）。

表 1-9　最小工艺搭边值（低碳钢）　　　（单位：mm）

材料厚度	圆件及 $r>2t$ 的工件		矩形工件边长 $L<50$mm		矩形工件边长 $L>50$mm 或 $r<2t$ 的工件	
	工件间 a_1	侧边 a	工件间 a_1	侧边 a	工件间 a_1	侧边 a
≤0.25	1.8	2.0	2.2	2.5	2.8	3.0
0.25~0.5	1.2	1.5	1.8	2.0	2.2	2.5
0.5~0.8	1.0	1.2	1.5	1.8	1.8	2.0
0.8~1.2	0.8	1.0	1.2	1.5	1.5	1.8
1.2~1.6	1.0	1.2	1.5	1.8	1.8	2.0
1.6~2.0	1.2	1.5	1.8	2.0	2.0	2.2
2.0~2.5	1.5	1.8	2.0	2.2	2.2	2.5
2.5~3.0	1.8	2.2	2.2	2.5	2.5	2.8
3.0~3.5	2.2	2.5	2.5	2.8	2.8	3.2
3.5~4.0	2.5	2.8	2.5	3.2	3.2	3.5
4.0~5.0	3.0	3.5	3.5	4.0	4.0	4.5
5.0~12	0.6t	0.7t	0.7t	0.8t	0.8t	0.9t

（3）条料的宽度（B）

1）条料的下料公差规定为负偏差。冲裁所使用的条料是用板料按要求剪切成的，一般在冲裁模具上都有导料装置，有时还有侧压装置。为了防止发生送料时的"卡死"现象，条料的下料公差，规定为负偏差，导料装置之间的尺寸公差规定为正偏差。

2）条料的下料方式分为纵裁、横裁两种。纵裁是沿板料长度方向剪切下料，这种裁剪方式得到的条料较长，可降低工人的劳动程度，应尽可能选用；横裁是沿板料宽度方向剪切下料。

3）条料的宽度计算。当条料在无侧压装置的导料板之间送料时，按下式计算条料宽度

$$B = \left[L+2a+b_0 \right]_{-\Delta}^{0}$$

当条料在有侧压装置或要求于手动保持条料紧贴单侧导料板送料时，按下式计算条料宽度

$$B = \left[L+2a \right]_{-\Delta}^{0}$$

式中，B 是条料宽度（mm）；L 是冲裁件与送料方向垂直的最大尺寸（mm）；a 是冲裁件与条料侧边之间的搭边（mm）；b_0 是条料与导料板之间的间隙（mm）；Δ 是条料下料时的下极限偏差值（mm）。

（4）排样图　排样图是排样设计的最终表达形式，是编制冲裁工艺与设计冲裁模具的重要工艺文件。一张完整的冲裁模具装配图，也应在其右上侧画出冲裁件图形及排样图。在排样图上，应注明条料宽度及偏差、送料进距、搭边值等，其送料方向应和装配图中的送料方向一致。

五、冲裁工序力的计算

冲裁工序力一般是指向下冲压时压力机所需施加力的最小值，包括冲裁力、卸料力、推件力、顶件力等。

1. 冲裁力

冲裁力是指冲裁时所需要的压力，即在凸模和凹模的作用下，使板料在厚度方向分离的剪切力。它与板料的剪切面积有关，一般用 F_e 来表示。冲裁刃口分为平刃和斜刃两种情况，这里只介绍常用的平刃冲裁。平刃冲裁时，冲裁力 F_e 可按下式计算

$$F_e = KA\tau_b = KLt\tau_b$$

为了简化计算，也可用材料的抗拉强度 R_m 按下式进行估算

$$F_e = KLtR_m$$

式中，F_e 是冲裁力（N）；K 是系数，常取 $K=1.3$；A 是冲裁断面面积（mm）；τ_b 是材料的抗剪强度（MPa）；L 是冲裁断面的周长（mm）；t 是材料厚度（即冲裁件的厚度）（mm）。

2. 卸料力 F_x、推件力 F_t、顶件力 F_d 的计算

（1）卸料力　冲裁后，从凸模上将零件或废料卸下来所需的力，称为卸料力 F_x。冲裁后，带孔的板料紧箍在凸模上，为连续生产，需用卸料力 F_x 把带孔板料卸掉。

（2）推件力　顺冲裁方向将零件或废料从凹模型腔中推出的力，称为推件力 F_t。

（3）顶件力　逆冲裁方向将零件或废料从凹模型腔中推出的力称为顶件力 F_d。

要想准确计算出这些力是很困难的，在生产中常用下式进行估算

$$F_x = K_x F_e \qquad F_t = K_t F_e \qquad F_d = K_d F_e$$

式中，K_x、K_t、K_d 是卸料力、推件力、顶件力系数，其值可查表 1-10 得到；F_e 是冲裁力（N）。

表 1-10　卸料力、推件力、顶件力系数

材料厚度 t/mm		K_x	K_t	K_d
钢	≤0.1	0.065~0.075	0.1	0.14
	0.1~0.5	0.045~0.055	0.063	0.08
	0.5~2.5	0.04~0.05	0.055	0.06
	2.5~6.5	0.03~0.04	0.045	0.05
	>6.5	0.02~0.03	0.025	0.03
纯铝、铝合金		0.025~0.08	0.03~0.07	0.03~0.07
纯铜、黄铜		0.02~0.06	0.03~0.09	0.03~0.09

3. 冲裁工序力 F 的计算

1）如图 1-27a 所示，当采用刚性卸料装置和下出件时，卸料力是在冲压结束后回程时由模具施加的，所以不予考虑。则冲裁工序力为

$$F = F_e + F_t$$

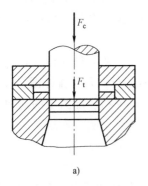
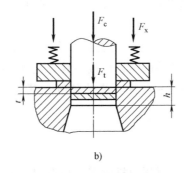
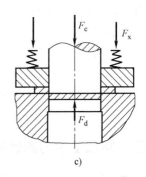

a)　　　　　　　　　b)　　　　　　　　　c)

图 1-27　卸料、推件示意

2）如图 1-27b 所示，当采用弹性卸料装置和下出件时，冲裁工序力为

$$F = F_e + F_t + F_x$$

3）如图 1-27c 所示，当采用弹性卸料装置和上出件时，冲裁工序力为

$$F = F_e + F_d + F_x$$

选择压力机时，应根据冲裁工序力 F 来确定。一般所选压力机的公称压力 $F_p \geqslant 1.2F$。

知识点④　单工序冲裁模的设计

● 教学目标

通过本节内容的学习，了解单工序冲裁模各功能零部件的具体结构和类型及应用特点，进一步熟悉单工序冲模的结构，具备设计简单单工序冲裁模结构的能力。

● 教学重、难点

重点：各功能零部件的结构和类型及应用特点。

难点：凸模长度的计算。

● 建议教学方法

本节的内容易于理解，但前提是必须对冲模的结构比较熟悉，因此，建议通过结合冲模的三维结构动画仿真或者是冲模的实体模型进行简单讲解后，再采用讨论教学法分组讨论。

● 问题导入

在确定冲压工艺和方案，并得到必要的工艺数据后，就可以设计冲模的具体结构。冲模各功能零部件的结构和类型较多，而且各有其应用特点，因此，了解这方面的知识，掌握冲模各功能零部件的设计方法是很重要的。需要指出的是，在实际冲模的设计中，模架通常外购标准模架，即使是非标准模架，也一般是外协加工，而其他的如导向件、推杆、冲头的功能零部件，也有很多是外购后针对自身的应用进行简单加工而成的。

本节所需完成的任务是针对矩形垫片的冲孔确定其具体冲模结构。

一、模具零件的分类

尽管各类冲裁模的结构形式和复杂程度各不相同，组成模具的零件又多种多样，但组成模具的零件种类是基本相同的，根据它们在模具中的作用和特点，可以分成两类：

（1）工艺零件　这类零件直接参与完成工艺过程并和毛坯直接发生作用，包括：工作零件，定位零件，压料、卸料及出件零件。

（2）结构零件　这类零件不直接参与完成工艺过程，也不和毛坯直接发生作用，包括：导向零件，固定零件。

应该指出，由于新型模具结构不断涌现，尤其是自动模、多工位级进模等不断发展，所以模具零件也在增加。

冲模零件的详细分类见表 1-11。

表 1-11　冲模零件的分类

分　类		定　义	所含零件
工艺零件	工作零件	直接完成冲裁工作的零件	凸模、凹模、凸凹模
	定位零件	能保证工件在送进和冲裁时在模具上有正确位置的零件	定位板、定位销；导料销、导料板、侧压装置；侧刃、侧刃挡块；承料板、卸料装置

（续）

分　类		定　义	所含零件
工艺零件	压料、卸料及出件零件	用于保证在一次冲压完毕后将工件和废料排除，以保证下次冲压的顺利进行	压料装置；顶件装置；推件装置；废料切刀；弹性件
结构零件	导向零件	保证模具各相对运动部位具有正确位置及良好运动状态的零件	导柱；导套；导板
	固定零件	固定凸模和凹模，并与冲床滑块和工作台相连接的零件	模柄；凸、凹模固定板；垫板；限位支承装置；上、下模座；螺钉、销钉；键

二、形状简单制件冲裁模的工作零件设计

1. 圆形凸模的结构设计

（1）圆形凸模的结构形式　圆形凸模的形式很多，从结构上分有整体式、组合式。

其典型形式分为 3 种，如图 1-28 所示。从结构上看，图 1-28a 和图 1-28b 所示凸模为整体式；图 1-28c 所示凸模为组合式。图 1-28a 所示凸模适用于冲制直径小于 8mm 的工件；图 1-28b 所示凸模适用于冲制 $\phi8 \sim \phi30$mm 的工件；图 1-28c 所示凸模适用于冲裁较大的工件。

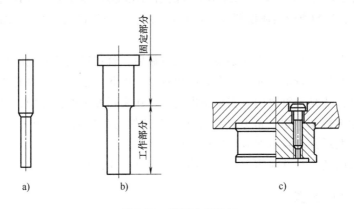

图 1-28　圆形凸模结构

对于在较厚的板料上冲制小直径工件的凸模，为避免凸模在冲裁时折断，可在凸模外加装凸模保护套。凸模保护套较常用的有图 1-29 所示的两种形式：如图 1-29a 所示，凸模与保护套铆接，保护套固定在凸模固定板上；如图 1-29b 所示，用芯柱将凸模压入保护套内，保护套固定在凸模固定板上。

（2）凸模的固定方法

1）台阶式固定法。台阶式固定法是应用较为普遍的一种方法，多用于圆形及规则凸模的安装。其固定部分设计有台阶，以防止凸模从固定板中脱落（即轴向定位），凸模与固定板之间多

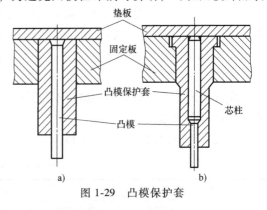

图 1-29　凸模保护套

采用 H7/m6 配合（过渡配合），装配稳定性好。凸模压入凸模固定板后应磨平，如图 1-30 所示。

2）铆接式固定法。一般用于直通式凸模，多为不规则形状断面的小凸模，或较细的圆形

凸模。如图 1-31 所示，凸模压入凸模固定板后，将凸模上端铆出（1.5～2.5）mm×45°的斜面，以防止凸模从固定板中脱落，铆接后应将端面磨平。

3）螺钉及销钉固定法。对于一些大、中型凸模，由于其自身的安装基面较大，一般可用螺钉及销钉将凸模直接固定在凸模固定板上，如图 1-32 所示；对于一些轮廓形状复杂的直通式凸模，为便于拆装，也将螺钉从下往上紧固。当制件精度要求较低时，也可直接将凸模固定在模座上，如图 1-28c 所示。

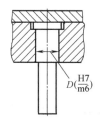

图 1-30　台阶式固定

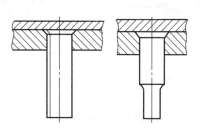

图 1-31　铆接式固定

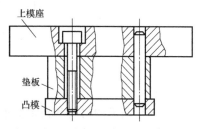

图 1-32　螺钉及销钉固定

4）浇注黏结固定法。此法指采用低熔点金属、环氧树脂、无机黏结剂等进行浇注黏结固定。固定板和凸模之间有很明的间隙，固定板和凸模的固定部位都不需进行精加工，简化了机械加工工作量，适用冲制厚度小于 2mm 的冲裁件。图 1-33a 为环氧树脂固定；图 1-33b 为低熔点合金固定；图 1-33c 为无机黏结剂固定。

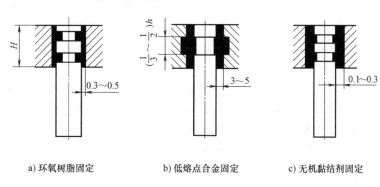

a) 环氧树脂固定　　　b) 低熔点合金固定　　　c) 无机黏结剂固定

图 1-33　浇注黏结固定

（3）凸模长度的计算　凸模长度的计算，一般是按模具结构来确定的。

1）使用刚性卸料装置，如图 1-34a 所示，凸模长度用下式计算

$$L = h_1 + h_2 + h_3 + A$$

式中，h_1 是凸模固定板厚度（mm）；h_2 是固定卸料板厚度（mm）；h_3 是导料板厚度（mm）；A 是自由尺寸（mm），它包括 3 部分：闭合状态时固定板和卸料板之间的距离，凸模的修磨量，凸模进入凹模的距离（0.5～1mm）。

2）使用弹性卸料装置，如图 1-34b 所示，导料板的厚度对凸模长度没什么影响，凸模长度应按下式进行计算

$$L = h_1 + h_2 + t + A$$

式中，h_1 是凸模固定板厚度（mm）；h_2 是弹性卸料板厚度（mm）；t 是导料板的厚度（mm）；A 是自由尺寸（mm），它同样包括 3 部分：闭合状态时固定板和卸料板之间的距离，凸模的修磨量，凸模进入凹模的距离（0.5～1mm）。

弹性卸料装置的自由尺寸 A 相对刚性卸料要长一些，因为要考虑弹性元件的压缩量。

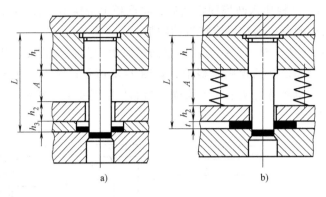

图 1-34　凸模长度计算

（4）凸模的材料和技术要求　凸模材料常用的有：T10A、9Mn2V、Cr12、Cr6WV 等冷作模具钢。热处理要 58~62HRC，尾部回火至 40~50HRC。

技术要求按 JB/T 7653—2020《冲模　零件　技术条件》执行。一般凸模的通用技术条件如下：凸模尾部端面与凸模固定板装配后一体磨平；保持刃口锋利，不得倒钝；刃口部位的表面粗糙度值为 $Ra0.4~0.8\mu m$；小直径凸模的刃口端面不允许钻中心孔。

2. 凹模的结构设计

（1）凹模的结构形式　凹模的结构分为整体式、组合式、镶拼式三种形式。

1）整体式凹模。整体式凹模如图 1-35a 所示，优点是模具结构简单，强度好，制造精度高。缺点是非工作部分也用模具钢制造，制造成本较高；若刃口损坏，需更换整个凹模。其主要适用于中小型及尺寸精度要求高的制件。

2）组合式凹模。组合式凹模如图 1-35b 所示，凹模工作部分采用模具钢制造，固定板部分采用普通材料制造，制造成本低，维修方便。缺点是结构稍复杂，制造精度比整体式有所降低。其主要适用于大中型及精度要求不是特别高的制件。

3）镶拼式凹模。镶拼式凹模如图 1-35c 所示，凹模型腔由两个或两个以上的组成部分镶拼而成。这种结构使零件加工方便，降低了复杂模具的加工难度，易损部分维修费用低。缺点是制件的精度低，装配要求高。其主要适用于窄臂制件和形状复杂的制件。

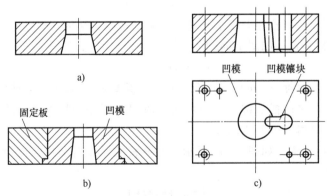

图 1-35　凹模的结构形式

（2）凹模的刃口形式　大体上可以把凹模的刃口分为 3 种形式。

1）直筒式。如图 1-36 所示的三种刃口均为直筒式。其刃口加工方便、强度高，且刃口尺寸不会因修磨而有过大变化，适用于冲裁形状复杂或精度要求高的制件。其缺点是冲裁部分的制件或废料积存在刃口部位，增大了推件力和凹模的胀裂力，会加快刃口磨损。图 1-36a、b 所示形式的刃口高度一般按板料厚度选取：$t \leq 0.5mm$，$h = 3 \sim 5mm$；$0.5mm < t \leq 5mm$，$h = 5 \sim 10mm$；$t > 5 \sim 10mm$，$h = 10 \sim 15mm$，一般用于单工序冲裁模或连续冲裁且采用下出料的情况。图 1-36c 所示形式用于带有顶出装置的复合冲裁模。

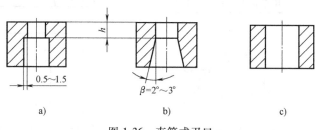

图 1-36　直筒式刃口

2）锥形。锥形模刃口如图 1-37 所示。其优点是冲落的工件后废料容易漏下，凸模对凹模孔壁的摩擦及压力也较小。图 1-37a 所示结构因刃口为锐角，刃口强度较差，修磨刃口尺寸易增大，适合冲裁形状简单、精度要求不高的制件。图 1-37b 所示结构的设计参数 α、β、h 值的大小与板料的厚度有关：当 $t \leq 2.5mm$，$\alpha = 15'$，$\beta = 2°$，$h = 4 \sim 6mm$；$t > 2.5mm$，$\alpha = 30'$，$\beta = 3°$，$h \geq 8mm$。

3）凸台式。凸台式凹模刃口如图 1-38 所示，适于冲裁厚度在 0.3mm 以下的薄料工件。凹模的淬火硬度较低，一般为 35 ~ 40HRC，装配时，可以通过捶打凸台斜面来调整间隙，直到冲出合格的工件为止。

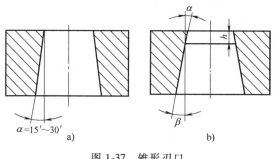
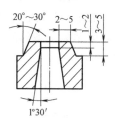

图 1-37　锥形刃口　　　　　　　　　　　　图 1-38　凸台式刃口

（3）固定方法　凹模的固定方法如图 1-39 所示，图 1-39a 所示凹模与固定板采用 H7/m6 配合，常用于带肩圆凹模的固定；图 1-39b 所示凹模与固定板采用 H7/m6 或 H7/s6 配合，一般只用于小型制件的冲裁；图 1-39c、d 所示凹模直接固定在模座上，图 1-39c 适用于冲裁大型制件，为便于拆装，将螺钉从上往下紧固；图 1-39d 适合冲裁小批量的简单形状的制件。

（4）外形设计　凹模的外形尺寸应保证凹模有足够的强度、刚度和修磨量，一般有矩形和圆形两种，视具体情况而定。如图 1-40 所示，凹模外形尺寸可按如下经验公式计算

凹模厚度：$H_a = \sqrt[3]{0.1F}$，且 $H_a \geq 15mm$

凹模壁厚：$c = (1.3 \sim 2.0)H_a$，且 $c \geq 30 \sim 40mm$

式中，H_a 是凹模厚度（mm）；F 是冲裁力（N）；c 是凹模壁厚（指最小壁厚，mm）。

（5）凹模的材料和技术要求　凹模所用材料与凸模的选材基本相同。热处理要求比凸模的硬度稍高一些，为 60 ~ 64HRC。技术要求按 JB/T 7653—2020《冲模 零件 技术条件》执行，通用技术条件和凸模材料类似。

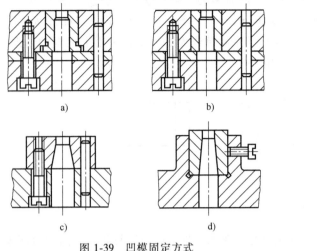

a)　　　　　　　　　b)

c)　　　　　　　　　d)

图 1-39　凹模固定方式

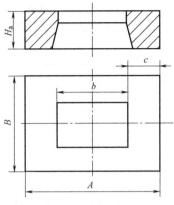

图 1-40　凹模外形尺寸

三、单工序冲裁模定位装置设计

定位装置的作用是确定条料或半成品在模具中的位置，以保证冲压件的质量，使冲压生产连续顺利地进行。

1. 条料的定位

纵向定位：控制条料的送料进距，包括挡料销、导正销、定距侧刃等零件。

横向定位：保证条料的送进方向，包括导料板、导料销等零件。

在单工序冲裁模中，多采用挡料销+导料板的定位形式。

（1）挡料销　挡料销的作用是保证条料有准确的送进位置，一般用 45 钢制造（43～48HRC），高度稍大于条料的厚度。挡料销的类型有多种，对于单工序模，常用的有固定挡料销，如图 1-41 所示。

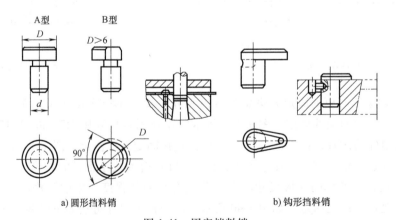

a) 圆形挡料销　　　　　　　　　　　b) 钩形挡料销

图 1-41　固定挡料销

固定挡料销一般安装在凹模或凹模固定板上，但安装孔会造成凹模强度的削弱。形式主要有圆头挡料销、钩形挡料销。当挡料销孔与凹模刃口距离太近时，为增大刃口强度，采用钩形挡料销。但钩形挡料销由于不对称，需要另加定向装置，适用于冲制较大、较厚材料的工件。

（2）导料板　导料板的作用是引导条料沿正确的方向前进，属于横向定位零件。

1）导料板形式。按固定方式，可分为整体式和分离式两种。分离式的导料板和固定卸料板是分开的，如图 1-42a 所示。整体式的导料板和固定卸料板连成一体，如图 1-42b 所示。导料板一般安装固定在凹模或凹模固定板上。

2）设计要点。导料板之间的导料距离，要大于条料的宽度 0.1~1.0mm，视条料的厚度而定。当条料较薄、宽度较小时，间隙要小一些；当条料较厚、宽度较大时，间隙要大一些。

导料板的厚度要大于挡料销顶端高度与条料厚度之和，并有 2~8mm 的间隙。

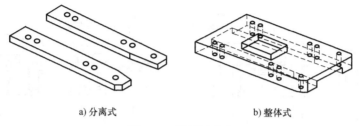

a) 分离式　　　　　　　　b) 整体式

图 1-42　导料板形式

2. 半成品的定位

在冲裁生产过程中，并不是每一个冲裁件都是一次冲裁成形的，对下道工序面言，就存在一个半成品的定位问题。半成品的定位分内孔定位（图 1-43）和外形定位（图 1-44）两种方式。定位板或定位钉一般用 45 钢制造，淬火硬度为 43~48HRC。

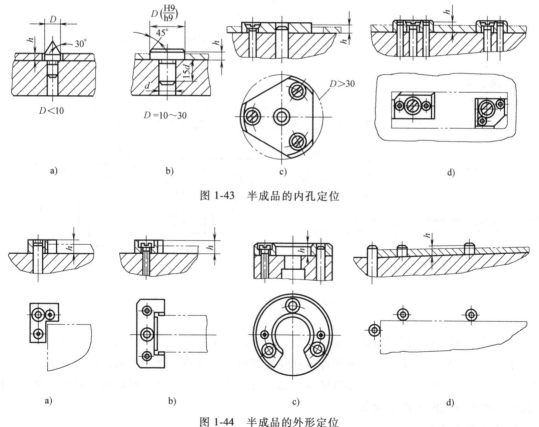

图 1-43　半成品的内孔定位

图 1-44　半成品的外形定位

四、卸料装置设计

卸料装置的作用是卸去冲裁后紧箍在凸模上的条料或制件。可分为刚性卸料装置和弹性卸料装置两类。

1. 刚性卸料装置

刚性卸料板直接固定在凹模（或凹模固定板上），卸料力大，常用于材料较硬、厚度较大、精度要求不太高的工件的冲裁（当 t 大于或等于 3mm 时，一般采用刚性卸料）。刚性卸料板分为封闭式、悬臂式、钩形三种形式，如图 1-45 所示。

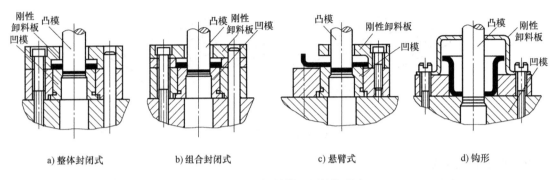

a) 整体封闭式　　　　b) 组合封闭式　　　　c) 悬臂式　　　　d) 钩形

图 1-45　刚性卸料装置的结构形式

封闭式卸料板和导料板可做成整体形式，也可做成组合形式。在冲裁模中，组合式应用得比较广泛。悬臂式卸料板一般用于窄长零件的冲孔或切口。钩形卸料板又称拱形卸料板，用于空心件或弯曲件底部的冲孔（考虑成形件的高度，取件距离较大）。

采用刚性卸料装置的冲模在冲裁时板材没有受到压料力的作用，因此冲裁后的条料或制件有翘曲现象。

2. 弹性卸料装置

弹性卸料装置是借助于弹性元件（橡胶或弹簧）推动卸料板动作而实现卸料的装置。弹性卸料装置可安装在上半模，如图 1-46a、b 所示，也可安装在下半模，如图 1-46c、d 所示。

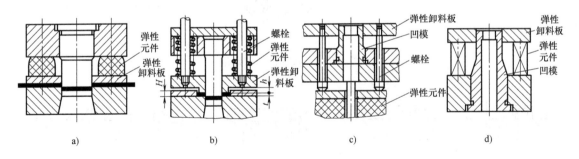

a)　　　　b)　　　　c)　　　　d)

图 1-46　弹性卸料装置的结构形式

工作时，弹性卸料板先将条料压紧，然后再冲裁，冲裁完成后模具回复时，弹性元件的弹力推动卸料板完成卸料动作。由于在冲裁时弹性卸料板对条料有预压作用，因此冲裁后的带孔部分表面平整，精度较高。弹性卸料装置的卸料力靠弹性元件提供，因此相对较小，常用于材料较薄、硬度较低的工件的冲裁。

3. 卸料板的设计

卸料板的设计应考虑以下几个方面的内容：

1）外形尺寸。卸料板的外形尺寸要与凹模（或凹模固定板）的外形尺寸一致。

2）内形尺寸。卸料板的内形型孔形状基本上与凹模孔形状相同，内形型孔和凸模之间要有一定的间隙。一般地，对于弹性卸料板，其单面间隙取 0.05~0.1mm，对于固定卸料板，其单面间隙取 0.2~0.5mm。卸料板兼起弹压导板作用时，凸模与成形孔的配合应取 H7/h6。

3）厚度。可按下式计算

$$H_x = (0.8 \sim 1.0)H_a$$

式中，H_x 是卸料板厚度（mm）；H_a 是凹模厚度（mm）。

当条料较厚时，系数取较大值；当条料较薄时，系数取较小值。

4）卸料板的上下两面应光清（磨床加工），与板料接触面上的孔不应倒角。材料一般选用 45 钢或 Q235，不需要进行热处理。

4. 废料切刀卸料

对于大、中型零件冲裁，还常采用废料切刀的形式，将废料切断分开，达到卸料的目的，如图 1-47 和图 1-48 所示。

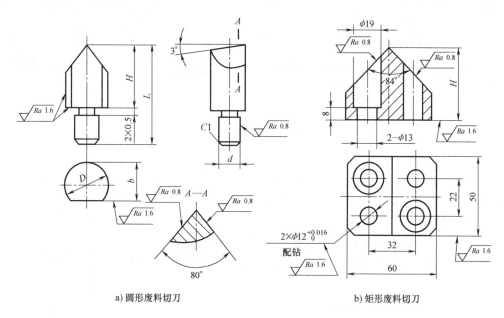

a) 圆形废料切刀　　　　　b) 矩形废料切刀

图 1-47　废料切刀形式

五、固定零件设计

冲裁模的固定零件包括模架、模柄、固定板、垫板、紧固件等。

1. 模架

模架是模具的基础，由上模座、下模座、导柱和导套 4 部分组成。模具的所有零件都要直接或间接地安装在模架上，以此构成完整的冲裁模具。模架的上模座通过模柄和曲柄压力机的滑块相连，或直接固定在液压压力机的活动横梁上；模架的下模座固定在压力机的工作台面上。

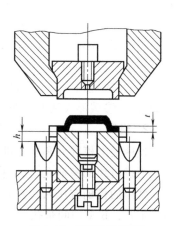

图 1-48　废料切刀原理

常用的模架有滑动导向模架和滚动导向模架两大类，其中滑动导向模架应用得最为广泛，图 1-49 所示均为滑动导向模架。在滚动导向模架中，导套内镶有成行的滚珠，通过滚珠与导柱实现无间隙配合，导向精度高，广泛应用于精密冲裁模具中。

（1）模架分类　按照导柱的布置形式，模架可分为对角导柱模架、中间导柱模架、后侧导柱模架和四导柱模架4种，如图1-49所示。除中间导柱模架只能沿前后方向送料外，其他3种模架均可以沿纵、横两个方向送料。其中，中间导柱模架和对角导柱模架在中、小型冲裁模中应用非常广泛，并且为了防止误装，还常将两种导柱设计成直径相差2～5mm大小不等。四导柱模架的导向性能好，受力均匀，刚性好，适合于大型模具。

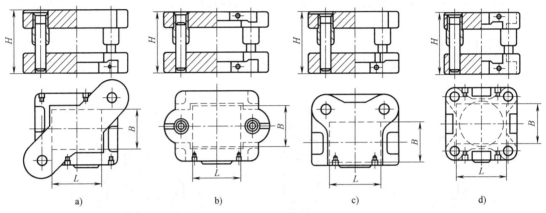

图1-49　模架形式

（2）设计要点

1）导柱和导套。导柱安装在下模座，导套安装在上模座，其设计尺寸如图1-50所示，有的导柱的导滑段上还开设有储油槽。导柱和导套的设计已经标准化，设计时应尽量选用标准件。

2）下模座。往下自然漏料时，漏料孔的尺寸要比漏料尺寸大些，形状可简化以便于加工。自行设计时，下模座厚度为

$$h_x = (1.0 \sim 1.5)H_a$$

3）上模座。在平面开设浅槽，和安装导套的间隙相连，防止出现真空，如图1-50所示。自己设计时，上模座厚度为

$$h_s = h_x - 5$$

式中，H_a是凹模厚度（mm）；h_s是上模座厚度（mm）；h_x是下模座厚度（mm）。

4）材料选用。上、下模座为HT200或Q235。导柱导套为20钢，渗碳淬火硬度为60～62HRC。

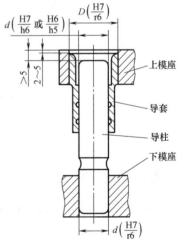

图1-50　滑动式导柱导套

2. 模柄

模柄是上模部分和压力机滑块的连接零件。其下部固定在上模座上；工作时，其上部固定在压力机滑块的模柄孔内。模柄的标准结构共有7类11种，如图1-51所示。

常用的模柄有压入式和旋入式等。压入式和旋入式又各分为A、B两种型号，其中A型中间不带孔，B型中间带孔，用于刚性推件装置。

浮动式模柄由于采用了浮动机构，可以消除压力机导轨对冲模导向精度的影响，从而提高了冲裁精度，常用于冲裁精度要求较高的薄壁工件及使用滚动导向模架的精密冲裁模具中。

模柄直径根据所选压力机的安装孔尺寸而定，材料一般选用45钢或Q235。

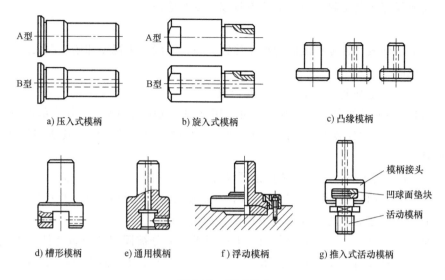

a) 压入式模柄　　b) 旋入式模柄　　c) 凸缘模柄

d) 槽形模柄　　e) 通用模柄　　f) 浮动模柄　　g) 推入式活动模柄

图 1-51　模柄形式

3. 固定板

固定板是用来固定凸模、凹模或凸凹模的，固定好之后模具再和模座相连接。一般采用台阶式固定方式，选用 H7/m6 的过渡配合，如图 1-30、图 1-39a 所示。

固定板的外形尺寸与凹模的外轮廓尺寸基本一致，材料一般选用 45 钢或 Q235。其厚度按下式计算

$$H_g = (0.8 \sim 0.9) H_a$$

式中，H_g 是固定板厚度（mm）；H_a 是凹模厚度（mm）。

4. 垫板

垫板的作用是直接承受和扩散凸模传递过来的压力，以减小模座所承受的单位压力，保护凸模顶面处的模座平面不被压陷损坏，如图 1-52 所示。

垫板的外形多与凸模固定板一致。厚度一般取 5 ~ 12mm（条料硬度高、厚度大时，垫板厚度取较大值）。材料可选用 T7、T8，淬火硬度为 52 ~ 56HRC；选用 45 钢，淬火硬度为 43 ~ 48HRC。

5. 紧固件

模具中使用的紧固件主要是螺钉和销钉。紧固件应尽量选用标准件，选用时应注意以下两点：

1）选用螺钉时，应尽量选用内六角圆柱头螺钉，这种螺钉的头部可以埋入模板内，占用空间小，且拆装方便，外形还美观。

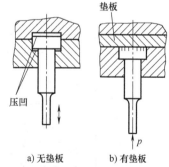

a) 无垫板　　b) 有垫板

图 1-52　垫板的受力情况

2）选用销钉时，一般应选用圆柱销以便于拆装。销钉数量不能少于两个；销钉之间的距离不能太小，否则会降低模具的强度。

六、绘制模具总装配图和零件图

冲模图样由模具总装配图和模具零件图两部分组成。总装配图的绘制应尽量采用 1∶1 的

比例，同时还要保存相关资料，以备拆绘模具零件图时使用。

1. 视图

装配应能清楚地表达各零件之间的相互位置关系，一般用主视图和俯视图表示，必要时可另外加画局部视图。

（1）主视图　一般画冲压结束时的工作位置。

1）应尽可能将模具的所有零件画出，可采用全剖视或阶梯剖视，另加局部剖视的画法。

2）若下模座上有弹顶装置，可以不全部画出，只画出顶杆等零件，其他零件从画出的零件上用引件号标出。

3）当剖视位置较小时，螺钉和圆柱销可以各画一半，各引一个件号标出。

4）剖视图中所剖切到的凸模、顶杆、顶件块等旋转体，其剖面不画剖面线。

（2）俯视图　一般是把上模拿开后下模部分的投影图。

当模具对称时，可上、下视图各画一半；当下模部分被固定卸料板遮挡，虚线太多时，可以画去掉刚性卸料板后下模部分的投影图，但技术要求中要注明俯视图是去掉刚性卸料板后的下模视图。

2. 零件图和排样图

零件图是指经模具冲压生产后所得到的冲压件图形，即用该套模具生产的冲压件的图样。排样图是排样设计的最终表达形式。

1）在冲压模的总装配图上，应画出零件图；有落料工序的模具，还应画出排样图。

2）零件图和排样图一般放在总装配图的右上角位置，若图面位置不够，或零件较大时，可在另一页画出。

3）排样图要按送料方向画出。

3. 图形的标注

由于模具图一般需要标注的定位尺寸和形状尺寸较多，一般采用坐标标注法，以免标注线的相互交叉影响到视觉，如图 1-53 所示。

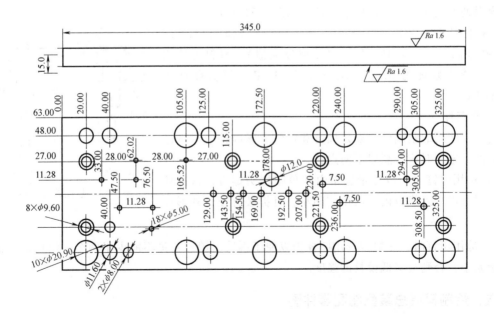

图 1-53　坐标标注法

项目实施及评价

项　　目	序号	技术要求	配分	评分标准	得分
冲压成形工艺分析 （15%）	1	成形工艺分析合理	5	不合理每处扣1分	
	2	技术要求分析合理	5	不合理每处扣1分	
	3	结构工艺分析合理	5	不合理每处扣1分	
模具结构和工艺方案拟订 （10%）	1	工序安排合理	5	不合理每处扣1分	
	2	模具总体结构可行	5	不合理每处扣1分	
工艺计算 （40%）	1	凸、凹模间隙合理	5	不合理每处扣1分	
	2	凸、凹模刃口尺寸准确	15	不正确每处扣1分	
	3	排样设计合理	10	不合理每处扣1分	
	4	其他工艺计算合理	10	不合理每处扣1分	
模具零部件结构设计 （25%）	1	凸、凹模设计合理	10	不合理每处扣1分	
	2	定位装置设计合理	5	不合理每处扣1分	
	3	卸料装置设计合理	5	不合理每处扣1分	
	4	固定零件设计合理	5	不合理每处扣1分	
相关知识及职业能力 （10%）	1	理论知识	2	视情况酌情给分	
	2	图样整洁性和报告撰写能力	2		
	3	自学能力	2		
	4	表达沟通能力	2		
	5	合作能力	2		

拓展训练

一、列举生活中的若干产品，判断其是否可以冲压成形，如果可以确定其属于哪类冲压工序。

二、进行典型单工序冲模结构的装配及在曲柄压力机上进行装卸实训。

项目 1　扩展任务——冲裁模圆形工作零件的制造

项目 2   安装板冲裁模的设计与制造

项目目标

通过本项目的实施和相关知识的掌握，要求达到以下目标：

1）了解冲裁工艺和过程及冲裁件断面特征，能够对典型冲裁件进行工艺性分析，判断可能出现的质量问题并提出合理的解决方案。

2）了解多工序冲裁模包括复合冲裁和级进冲裁模的典型结构以及冲压工艺方案的拟订流程和内容，能够针对结构复杂的冲裁件拟订合理的冲裁工艺方案。

3）了解复杂冲裁件的工艺计算流程和内容，能够对复杂冲裁件进行正确的工艺计算。

4）了解多工序冲裁模各组成零部件的结构设计，具备设计多工序冲裁模的能力。

5）掌握非圆形工作零件的加工工艺。

项目分析

安装板冲裁加工包括内孔和外形的冲裁，结构简单，如图 2-1 所示。产品材料为 SPHC 钢板，板厚 $t=2$mm。安装板的外形较为规整，中间带有两个直径 $\phi9$mm 的孔，孔的尺寸极限偏差为 ±0.2mm，两孔中心距位置尺寸极限偏差为 ±0.3mm，要求较高，大批量生产。该项目要求制订出该冲压件的合理成形工艺方案，设计出相应的冲压模具。

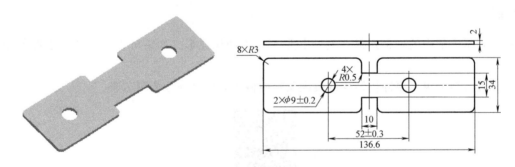

图 2-1   安装板零件图

知识链接

知识点① 冲 裁 工 艺

● **教学目标**

通过本节的学习，详细了解冲裁工艺和过程、冲裁件的断面特征、冲裁件可能出现的主要质量问题并能对冲裁件进行工艺分析，对于比较复杂的冲裁件具备独立分析其冲裁成形工艺的能力。

- **教学重、难点**

重点：冲裁件的断面特征；冲裁件的主要质量问题；冲裁件的工艺分析。

难点：冲裁件的断面特征；冲裁件的主要质量问题。

- **建议教学方法**

本节主要是对冲裁工艺和冲裁件工艺性的详细叙述，建议采用讲授法教学，同时，在教学过程中针对难理解的"冲裁件的断面特征"和"冲裁件的主要质量问题"穿插运用启发性问答的教学法，以调动积极性，训练分析问题的逻辑思维。

- **问题导入**

对于形状较复杂且质量要求较高的冲裁件，需要对其进行更详细的工艺分析，一方面需要对冲裁件进行工艺评价，即冲裁件的具体细节要求是否适合冲裁工艺，另一方面需要判断冲裁件可能出现的质量问题，从而预先对冲裁件的结构进行优化修改，并考虑在后续的冲模设计中采取相应措施来保证冲裁件的质量。因此，有必要先详细了解冲裁的工艺过程和特点，并据此分析冲裁件可能的主要质量问题及冲裁件的工艺性。

本节的任务是通过学习冲裁的工艺知识，完成对安装板冲裁成形的工艺分析。

一、冲裁工艺及其过程

1. 冲裁工艺

冲裁主要有冲孔、落料、切边、切口等工序。冲裁工艺分为普通冲裁和精密冲裁两大类。这里只介绍普通冲裁。冲裁工序的种类很多，最常用的是冲孔和落料。

板材经过冲裁以后，分为冲落部分和带孔部分，如图 2-2 所示。从板材上冲下所需形状的零件（毛坯）叫落料；在工件上冲出所需形状的孔叫冲孔（冲去部分为废料）。如图 2-3 所示垫片冲裁件，冲制外形属于落料；冲制内形属于冲孔。

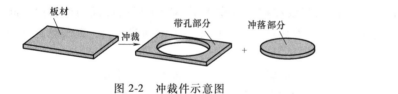

图 2-2　冲裁件示意图　　　　　　　　　　图 2-3　垫片冲裁件

2. 冲裁变形过程

当冲裁间隙正常时，板材的冲裁变形过程可以分为以下 3 个阶段，即弹性变形阶段、塑性变形阶段、断裂分离阶段，如图 2-4 所示。

（1）弹性变形阶段　如图 2-4a 所示，当凸模开始接触板材并下压时，变形区内产生弹性压缩、拉伸与弯曲等变形，凸模和凹模刃口分别略微挤入板材中。当凸模切入深度达到一定程度时，板材内应力达到弹性极限。

现象：凸模下面的板材略有弯曲，凹模上面的板材开始上翘，若卸去凸模压力，板材能够恢复原状，不产生永久变形。

（2）塑性变形阶段　如图 2-4b 所示，凸模继续下压，板材的内应力达到屈服强度，板材在与凸、凹模刃口接触处产生塑性变形，此时凸模切入板材，板材挤入凹模，产生塑性剪切变形，形成光亮的剪切断面。随着塑性变形加大，变形区的材料硬化加剧，冲裁变形力不断增大，当刃口附近的材料由于拉应力的作用出现微裂纹时，标志着塑性变形阶段结束。

现象：凸模和凹模都切入板材，形成光亮的剪切断面。此时，虽然发生塑性剪切变形，形成光亮带，但没有产生分离，没有裂纹，板材还是一个整体。

（3）断裂分离阶段　如图2-4c所示，凸模继续下压，当板材的内应力达到强度极限时，在凸模、凹模的刃口接触处，板材产生微小裂纹。

现象：应力作用下，裂纹不断扩展，当上、下裂纹汇合时，板材发生分离；凸模继续下压，将分离的材料从板材中推出，完成冲裁过程。

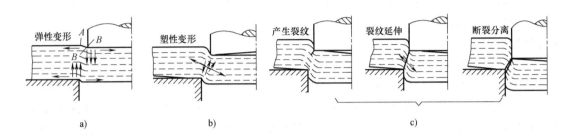

图2-4　冲裁变形过程

二、冲裁件的断面特征

冲裁件的断面具有明显的区域性特征，在断面上明显地分为圆带角、光亮带、断裂带和飞边四部分。如图2-5所示为冲孔件和落料件断面的四个区域。

（1）圆角带（塌角区）　圆角带是板材弹性变形时，刃口附近的板材被牵连，产生弯曲和拉深变形而形成的。它在弹性变形时产生，塑性变形时定形，软材料比硬材料的圆角大。

（2）光亮带　光亮带是板材在塑性剪切时，凸、凹模刃口侧压力将毛料压平而形成的光滑垂直的断面，通常光亮带在整个断面上所占的比例小于1/3，是断面质量最好的区域。板材的塑性越好，冲裁模间隙越大，光亮带的宽度就越宽。

（3）断裂带　断裂带是由刃口处的微裂纹在拉应力作用下不断扩展而形成的撕裂面。断裂带是断面质量较差的区域，表面粗糙，且有斜度。塑性越差，冲裁间隙越大，断裂越宽且斜度越大。

（4）飞边（又称环状飞边）　飞边是因为微裂纹产生的，位置不是正对刃口，而是在刃口附近的侧面上，加之凸、凹模之间的间隙及刃口不锋利等因素，使金属拉断成飞边而残留在冲裁件上。普通冲裁件的断面飞边难以避免。凸模刃口磨钝后，在落料件边缘产生较大飞边；凹模刃口磨钝后，在冲孔件边缘会产生较大飞边；间隙不均匀，会使冲裁件产生局部飞边。

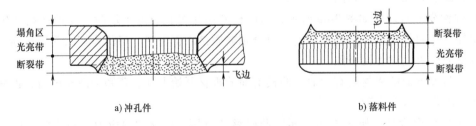

图2-5　冲裁件断面特征

三、冲裁件的主要质量问题

冲裁件质量主要是指冲裁件的尺寸精度、断面质量、几何误差。

1. 冲裁件尺寸精度

冲裁件尺寸精度是指冲裁件实际尺寸与设计要求尺寸相符合的程度。影响冲裁件尺寸精度的因素，主要有冲裁模间隙、模具的制造精度、材料性质和冲裁件的形状等。

（1）冲裁模间隙　当间隙较大时，材料所受拉伸作用增大，冲裁结束后，因材料的弹性恢复，使冲孔件的尺寸增大，落料件的尺寸变小；当间隙较小时，材料受凸、凹模挤压力大，压缩变形大，冲裁完毕后材料的弹性恢复使落料件尺寸增大，而冲孔件的孔径则变小。

（2）模具的制造精度　冲裁模的精度越高，冲裁件精度就越高。冲裁模的精度应高于冲裁件的精度 2～3 级。表 2-1 列出了当冲裁模具有合理的间隙与锋利的刃口时，其制造精度和冲裁件尺寸精度的关系。

（3）材料的性质　材料的性质对该材料在冲裁过程中的弹性变形量有很大的影响。对于比较软的材料，弹性变形量较小，冲裁后的回弹值也小，对于制件精度要求较高且硬的材料，情况正好相反。

（4）冲裁件的形状　冲裁件的形状越简单，其精度越高。

表 2-1　冲裁件精度

冲模制造精度	材料厚度/mm											
	0.5	0.8	1.0	1.5	2	3	4	5	6	8	10	12
IT6～IT7	IT8	IT8	IT9	IT10	IT10	—	—	—	—	—	—	—
IT7～IT8	—	IT9	IT10	IT10	IT12	IT12	IT12	—	—	—	—	—
IT9	—	—	—	IT12	IT12	IT12	IT12	IT12	IT14	IT14	IT14	IT14

注：精度越高、公差等级越低。

2. 冲裁件断面质量

冲裁件断面应平直、光滑，无裂纹、撕裂、夹层和毛刺等缺陷，影响冲裁件断面质量的因素主要有模具间隙、材料力学性能、模具刃口状态等，其中起决定作用的是模具间隙。

（1）模具间隙的影响　模具间隙对冲裁件的断面质量影响很大，当间隙过小时，裂纹成长受到抑制而成为滞留裂纹，在上下裂纹中间将产生二次剪切。这样，在光亮带中部夹有残留的断裂带，如图 2-6a 所示；当间隙过大时，材料的弯曲和拉伸增大，接近于胀形破裂状态，容易产生裂纹，且材料在凸、凹模刃口处产生的裂纹会错开一段距离而产生二次拉裂，毛刺大

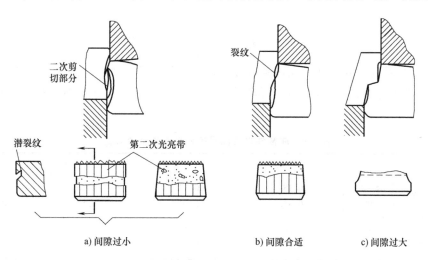

a) 间隙过小　　　　　　　　　b) 间隙合适　　　　　　　　　c) 间隙过大

图 2-6　模具间隙对断面质量的影响

而厚，冲裁件的断面质量下降，如图 2-6c 所示。

（2）材料力学性能的影响　材料塑性好，冲裁裂纹出现的较迟，材料被剪切的深度较大，所得冲裁件断面光亮带所占的比例就大，圆角也大；而塑性差的材料则与之相反，大部分是粗糙的断裂面。

（3）模具刃口状态的影响　模具刃口越锋利则拉力越集中，毛刺越小。若落料凹模型孔有倒锥，则当落料件从凹模孔通过时，制件边缘被挤出毛刺。

3. 冲裁件毛刺

影响毛刺大小的因素主要有以下几种：

（1）冲裁模具间隙　间隙过小，部分材料被挤出材料表面，形成高而薄的毛刺；间隙过大，材料易被拉入间隙中，形成拉长的毛刺。

（2）模具刃口锋利程度　当模具工作部分由于长期磨损而出现圆角时，就不能起到很好的材料分离作用，整个断面的断裂不规则，会产生较大的毛刺。当刃口磨损后，压缩力增大，毛刺按照磨损后的刃口形状，成为根部很厚的大毛刺，尤其是在落料时的凸模刃口及冲孔时的凹模刃口不锋利时，所产生的毛刺更为严重。

（3）凸模和凹模轴线不重合　由于长期受振动冲击，凸模与凹模的中心线发生变化，则易产生单面毛刺。

四、冲裁件的工艺分析

1. 冲裁件的结构工艺性

1）形状设计应力求简单、对称，同时应减少排样废料。如图 2-7a 所示零件的外形要求不高，只有三个孔位要求较高，就可改为图 2-7b 所示形状，仍然保证三个孔的位置精度，这样冲裁时就可以节省材料。

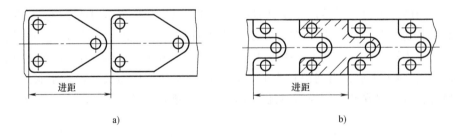

a)　　　　　　　　　　　　　　　　b)

图 2-7　冲裁件形状对工艺性的影响

2）外形和内孔应避免尖角，用圆弧过渡，这样可便于模具加工，减少热处理变形或冲压时模具工作零件的开裂，减少冲裁时尖角处的崩刃和过快磨损。过渡圆弧的最小圆角半径 r_{min} 见表 2-2。

表 2-2　冲裁件过渡圆弧的最小圆角半径 r_{min}

零件种类			黄铜、纯铜、铝	合金钢	软　钢	备　注
落料	交角	≥90°	0.18t	0.35t	0.25t	≥0.25mm
		<90°	0.35t	0.70t	0.50t	≤0.50mm
冲孔	交角	≥90°	0.20t	0.45t	0.30t	≥0.30mm
		<90°	0.40t	0.90t	0.60t	≤6mm

注：t 为材料厚度，t<1mm 时，均以 t=1mm 计。

3）要保证冲裁件的强度、凸模和凹模的强度。冲裁件尽量避免狭长的槽与过长的悬臂，图 2-8 所示的凸起和凹槽的宽度应保证 $b > 2t$。若 b 值太小，则相应的凸模很薄，强度不足，甚至无法生产。应保证孔与孔之间的距离 $c' \geqslant 1.5t$，孔与边缘之间的距离 $c \geqslant t$，否则会严重降低凹模的强度。

4）冲孔时，孔径不能太小，以防止凸模折断或弯曲。可冲压的最小的孔径有两种情况：表 2-3 为无导向凸模可冲孔的最小孔径；表 2-4 为带保护套凸模可冲孔的最小孔径。

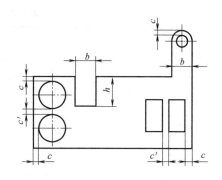

图 2-8　冲裁件的结构工艺性

表 2-3　无导向凸模可冲孔的最小孔径

材　料	圆形孔（直径 d）	方形孔（孔宽 b）	长圆形孔（直径 d）	矩形孔（孔宽 b）
钢，$\tau > 700\text{MPa}$	$d \geqslant 1.5t$	$b \geqslant 1.35t$	$d \geqslant 1.1t$	$b \geqslant 1.2t$
钢，$\tau = 400 \sim 700\text{MPa}$	$d \geqslant 1.3t$	$b \geqslant 1.2t$	$d \geqslant 0.9t$	$b \geqslant 1.0t$
钢 $\tau < 400\text{MPa}$	$d \geqslant 1.0t$	$b \geqslant 0.9t$	$d \geqslant 0.7t$	$b \geqslant 0.8t$
黄铜、铜	$d \geqslant 0.9t$	$b \geqslant 0.8t$	$d \geqslant 0.6t$	$b \geqslant 0.7t$
铝、锌	$d \geqslant 0.8t$	$b \geqslant 0.7t$	$d \geqslant 0.5t$	$b \geqslant 0.6t$
纸胶板、布胶板	$d \geqslant 0.7t$	$b \geqslant 0.7t$	$d \geqslant 0.4t$	$b \geqslant 0.5t$
纸	$d \geqslant 0.6t$	$b \geqslant 0.5t$	$d \geqslant 0.3t$	$b \geqslant 0.4t$

注：τ 为材料抗剪强度。

表 2-4　带保护套凸模可冲孔的最小孔径

材　料	圆形孔（直径 d）	矩形孔（孔宽 b）
硬钢	$d \geqslant 0.5t$	$b \geqslant 0.4t$
软钢及黄铜	$d \geqslant 0.35t$	$b \geqslant 0.3t$
铝、锌	$d \geqslant 0.3t$	$b \geqslant 0.28t$

2. 冲裁件的尺寸精度和表面粗糙度

（1）尺寸精度　金属冲裁件的经济精度的公差等级不低于 IT11，对于经济精度要求高的制件，外形尺寸公差等级应高于 IT10；内形尺寸应高于 IT9。内形尺寸精度取决于凸模刃口尺寸，制造容易一些，尺寸精度可比外形尺寸的精度高一级。冲裁件的尺寸公差、孔中心距的尺寸极限偏差及孔对外缘轮廓的偏移极限偏差分别见表 2-5～表 2-7。

非金属冲裁件内、外形的经济精度的公差等级为 IT14、IT15。

表 2-5　冲裁件内外形所能达到的经济精度

材料厚度 t/mm	公称尺寸/mm				
	$\leqslant 3$	$3 \sim 6$	$6 \sim 10$	$10 \sim 18$	$18 \sim 500$
$\leqslant 1$	IT11～IT13			IT11	
$> 1 \sim 2$	IT14	IT12～IT13		IT11	
$> 2 \sim 3$	IT14			IT12～IT13	
$> 3 \sim 5$	—	IT14		IT12～IT13	

表 2-6　两孔中心距尺寸极限偏差

材料厚度 t/mm	孔距公称尺寸/mm					
	一般精度			较高精度		
	≤50	50~150	150~300	≤50	50~150	150~300
≤1	±0.10	±0.15	±0.20	±0.03	±0.05	±0.08
>1~2	±0.12	±0.30	±0.30	±0.04	±0.06	±0.10
>2~4	±0.15	±0.25	±0.35	±0.06	±0.08	±0.12
>4~6	±0.20	±0.30	±0.40	±0.08	±0.10	±0.15

表 2-7　孔中心与边缘距离尺寸极限偏差

材料厚度 t/mm	孔距公称尺寸(孔中心与边缘距离)/mm			
	≤50	50~120	120~220	220~360
≤1	±0.05	±0.05	±0.05	±0.08
>1~2	±0.06	±0.06	±0.06	±0.10
>2~4	±0.08	±0.08	±0.08	±0.12

（2）断面表面粗糙度　冲裁件的断面表面粗糙度一般为 $Ra12.5\sim50\mu m$，见表 2-8。

表 2-8　一般冲裁件断面的表面粗糙度

材料厚度 t/mm	≤1	1~2	2~3	3~4	4~5
断面表面粗糙度 Ra/μm	3.2	6.3	12.5	25	50

3. 尺寸标注

尺寸标注应符合冲压工艺的要求，如图 2-9a 所示的标注形式不合理，因为这样标注，尺寸 S_1、S_2 必须考虑到模具的磨损而相应给以较宽的公差，结果造成孔心距的不稳定；图 2-9b 所示的标注形式，孔心距不受模具磨损的影响，比较合理。所以孔位置尺寸基准应尽量选择在冲裁过程中始终不受变形影响的面或线上，且不要与受变形影响的部分联系起来。

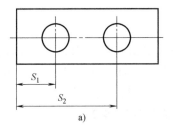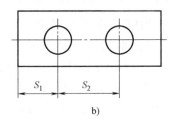

图 2-9　尺寸标注示意图

知识点② 复合冲裁模结构和工艺方案的拟订

●**教学目标**

通过本节的学习，了解具体的冲压工艺方案所包含的项目，了解多工序冲裁模（包括复合冲裁模和连续冲裁模）的典型结构，能够针对比较复杂的冲裁件，根据其实际情况制订出合理的冲裁工艺。

- **教学重、难点**

　　重点：复合冲裁模和连续冲裁模的典型结构。

　　难点：冲压工艺方案的具体制订。

- **建议教学方法**

　　本节内容中的"冲压工艺方案的拟订"中相关概念的定义，建议以简单的讲授法来教学，在教学过程中结合案例分组讨论，以加强这方面的训练；"复合冲裁模和连续冲裁模的典型结构"的内容具有直观性强的特点，在讲授法教学的同时，建议配合三维仿真教学或实体模型进行教学。

- **问题导入**

　　对于比较复杂的冲压件，由于可能有多种冲压成形方案供选择，因而往往需要详细分析其冲压工艺方案，而且应尽可能采取多工序冲模结构以节约模架费用。因此，对于冲裁工艺来说，掌握这方面的知识是必要的。

　　本节的任务就是掌握冲裁工艺方案拟订的相关知识，确定安装板的冲裁工艺方案。

一、冲压工艺方案的拟订

　　具体来说，冲压工艺方案的拟订是指确定零件冲压时所需工序的性质、数量、顺序和组合方式，是在对冲压件进行工艺性分析的基础上进行的。通过对各种方案的综合分析和比较，从企业现有的生产技术条件出发，确定出经济上合理、技术上切实可行的最佳工艺方案。

1. 工序的性质

　　工序的性质是指所选用的基本冲压工序的种类，如分离工序中的冲孔、落料、切边，成形工序中的弯曲、拉深等。

　　工序性质的确定主要取决于冲压件的结构形状、尺寸精度，同时还要考虑工件的变形性质和具体的生产条件。在一般情况下，可以从工件图上直观地确定出冲压工序的性质。

2. 工序数量

　　工序的数量是指冲压加工过程中所需工序数量的总和。工序的数量主要取决于冲压件的材料性能、几何形状和尺寸精度。在保证冲压件质量的前提下，为提高经济效益和生产率，工序数量应尽可能少些，具体的确定原则如下：

　　1）冲裁工序主要是考虑冲裁凹模的强度，如两个非常靠近的孔，若凹模的强度不足，就不能一次冲出，而应分两次冲出。

　　2）弯曲工序主要考虑弯曲角的多少、相对位置及弯曲方向。

　　3）拉深、翻边、胀形等工序由于受极限变形程度的限制，工序的数量应通过计算而定。

3. 工序顺序

　　工序顺序是指各工序的先后次序。其主要取决于冲压变形的规律和零件的质量要求，在安排冲压件工序的顺序时，要充分考虑定位问题，前后工序应尽可能使用同一基准。工序安排的一般原则如下：

　　1）所有的孔，只要其形状和尺寸不受后续工序变形的影响，都应在平板毛坯上冲出（主要是考虑模具的结构、坯料定位等因素）。当工件上有位置靠近、大小不一的两个孔时，应先冲大孔，后冲小孔，以免冲裁大孔时的材料变形引起小孔的变形。

　　2）对于有孔（或切口）的冲裁件，如果采用单工序模具，应先落料、后冲孔（切口）；若采用复合模具，则应同时进行；若采用连续模具，则应先冲孔、后落料。

　　3）带孔的弯曲件一般应先冲孔后弯曲。但是当孔在弯曲影响区内或孔位尺寸要求严格时，则应先弯曲、后冲孔；多角弯曲件应从材料变形和弯曲时材料运动两方面安排弯曲的顺序。一般应先弯外角，后弯内角。

4）带孔的拉深件，应先拉深，后冲孔。当孔在拉深件底部，且孔径尺寸要求不高时，也可以先冲孔，后拉深；形状复杂的拉深件，为便于材料的流动和变形，应先拉深成形内部形状，再拉深成形外部形状。

5）整形、矫正、切口等工序应安排在冲压件基本成形后进行。

4. 工序的组合

工序的组合就是工序的分散与集中，即是采用工序分散的单工序模具还是采用工序集中的复合模具或连续模具，这主要取决于冲压件的生产批量。

二、复合冲裁模典型结构

复合模是在压力机的一次行程中，在同一个工位上完成两道或两道以上的冲压工序。按照落料凹模安装的位置，复合模可分为正装与倒装两种形式。

1. 正装复合模

正装复合模的凹模安装在下模，也就是说凸凹模安装在上模，如图 2-10 所示。

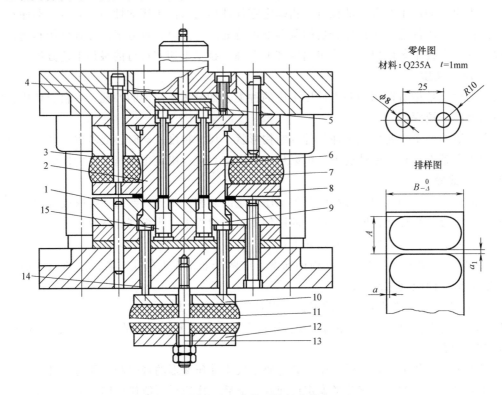

图 2-10　冲裁正装复合模

1—落料凹模　2—凸凹模　3、7、8—弹性卸料装置　4—打料杆　5—推板　6—推杆
9、10、11、12、13、14—弹顶装置　15—冲孔凸模

对于冲裁正装复合模，在冲裁时制件部分材料及外部的余料均处于压紧状态下进行分离的，所以制件冲出来更平整，尺寸精度也高，适合于薄板冲裁。但制件和废料都是从分型面排出的，需要及时进行清除，操作不方便且不太安全，此外，正装复合模需在底座下增设弹顶装置，方可将制件从凹模中顶出。

图 2-10 所示模具结构紧凑，也较简单。凹模 1 采用螺钉紧固，凸模 15 则通过凸模固定板紧固，凸凹模 2 则通过凸凹模固定板紧固；弹性卸料装置用于卸料，冲孔废料则由推杆 6 推出；凹模 1 中的制件则通过弹顶装置顶出；上模通过模柄固定在压力机滑块上。

2. 倒装复合冲模

倒装复合模的凹模是装在上模，其凸凹模安装在模具下模座上，如图 2-11 所示，倒装复合模冲孔的废料由下模部分直接漏下，而制件是从上模的凹模内由顶出器推出，使两者自然分开，无须二次清理，比较简便，因此操作方便安全。倒装复合模易于安装送料装置，生产效率较高，一般企业多采用倒装复合模结构。由于在冲裁时制件部分材料无压紧力，制件的平整度不如正装复合模。对于一些薄料冲裁件有更严格的平面度要求时，可在上模内增设足够的弹压力，如碟形弹簧等。

冲裁时，弹性卸料板 18 先压住条料起矫平作用。凹模继续下行时，落料凹模 3 将弹性卸料板 18 压下，套入凸凹模 2 的落料凸模中，冲孔凸模 4、6 也进入凸凹模 2 的冲孔凹模孔中，于是同时完成冲孔与落料。当上模回程时，弹性卸料板在弹簧作用下将条料从凸凹模 2 上卸下，而打料杆 9 受到压力机的顶件横杆的推动，通过推板 10、连接推杆 11 与推件块 12 将冲裁件从落料凹模上自上而下推出，冲孔废料则直接由凸凹模孔中漏到压力机台面下。

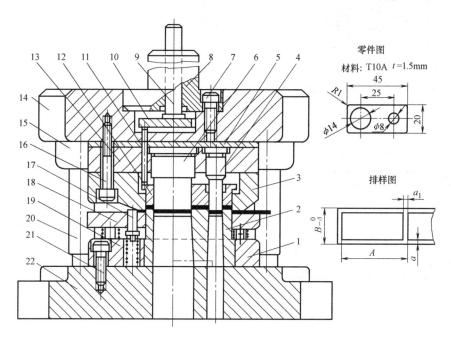

图 2-11　冲裁倒装复合模

1—凸凹模固定板　2—凸凹模　3—凹模　4、6—凸模　5—垫板　7、16、21—螺钉　8—模柄　9—打料杆
10—推板　11—连接推杆　12—推件块　13—凸模固定板　14—上模座　15—导套　17—活动挡料销
18—卸料板　19—弹簧　20—导柱　22—下模座

3. 复合模的特点

1）冲制出的产品精度较高，特别是内形和外形之间的位置精度容易得到保证。当采用复合模冲压时，其复合工序之间不存在再定位误差，所以冲制的制件精度相比于单工序模具冲出的精度要高，一般冲裁件的冲制公差等级可达到 IT10~IT11。复合模的特点是其中必定有一个（或几个）凸凹模。

2）复合模冲出的制件均由模具型口中推出（一般称上出件），所以制件比较平整。

3）复合模往往受冲压件形状等因素所限，凸凹模的强度较弱，所以其适合薄板冲制，过厚的材料不宜采用复合模。

4）复合模结构比较复杂，各种机构都围绕模具工作部位设置，所以其闭合高度往往偏高，在设计时尤其要引起注意。

5）模具结构紧凑，生产率也高，但复合模的成本偏高，制造周期偏长，制造难度较大，一般适合生产较大批量的冲压件。

三、级进冲裁模典型结构

级进冲模是指在压力机的一次行程中，在一副模具的不同工位同时完成多种工序的冲压，也称为连续模、跳步模。在连续冲压中，不同的冲压工序分别按一定的次序排列，坯料按步距逐步移动，在等距离的不同工位上完成不同的冲压工序，在冲制结束后得到完整的制件或半成品，如图 2-12 所示。

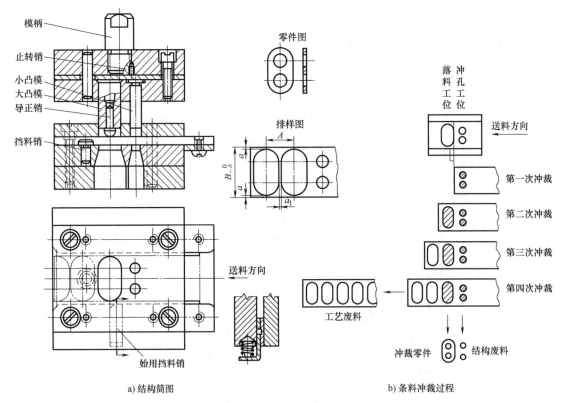

图 2-12　多工位级进模结构

1. 级进冲模的类型

（1）按设计方案分类　级进模按照模具的设计方案可分为封闭形孔连续式级进模和分段切除式级进模。前者是指级进模的各个工作形孔与被冲制件的各个形孔以及外形的形状一致，并把它们分别设置在一定的工位上，材料沿各工位经过连续冲压，最后得到所需制件，如图2-13所示。后者是指对冲压件的较为复杂的异形孔和整个制件外形采取分段切除余料的方式进行，在前一工位先切除一部分余料，在以后的工位再切除一部分余料，经过逐工位的连续冲制，最后获得完整的制件或半成品，如图 2-14 所示。

封闭形孔连续式级进模和分段切除式级进模是两种截然不同的设计方法。封闭形孔级进模

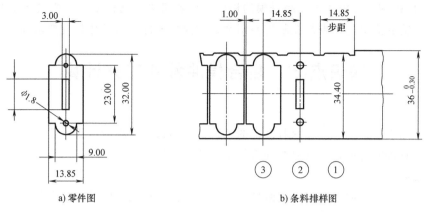

a) 零件图　　　　　　　　　　　　b) 条料排样图

图 2-13　封闭形孔连续式

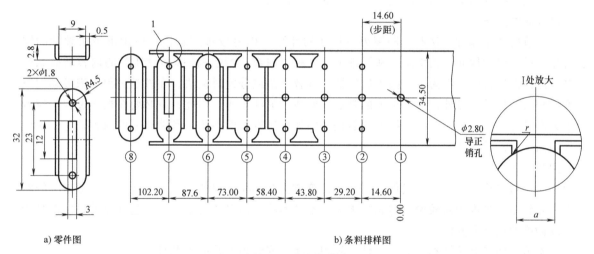

a) 零件图　　　　　　　　　　　　b) 条料排样图

图 2-14　分段切除式

适用于手工送料，模具精度偏低，而且会产生累积误差，只适合冲制形状简单、公差等级在 IT12~IT14 的零件。如果零件形状复杂，会使凸模和凹模加工困难甚致无法加工，所以局限性较大。分段切除式级进模可全自动连续冲压，在分段切除余料的过程中可伴随着对零件进行弯曲、拉深、成形等冲压加工，所以能冲出完整的零件，每段切除的形孔简单，给模具设计和制造创造了有利条件。有时也把两者结合起来考虑，以解决生产中的实际问题。

　　（2）**按冲压工序性质分类**　可分为以下几种类型：

　　1）冲裁级进模。

　　2）冲裁弯曲多工位级进模，冲裁拉深多工位级进模，冲裁成形多工位级进模。

　　3）冲裁弯曲拉深多工位级进模，冲裁弯曲成形多工位级进模，冲裁拉深成形多工位级进模。

　　4）冲裁弯曲拉深成形多工位级进模。

　　2．级进模的特点

　　1）级进模生产率高、操作安全、易于实现自动化，可实现高速冲压。

　　2）可以在一套级进模中实现复杂形状制件的生产，节省了模架的费用。

　　3）模具寿命长，对于批量非常大且厚度较薄的中、小型冲压件特别适宜采用多工位级进模来生产。

4）单工序模和复合模相比，级进模的构成零件数量多，结构复杂，模具制造与装配难度大，模具零件精度要求高，步距控制需要精确，对模具零件材料及热处理要求高。

知识点③　复合模冲裁的工艺计算

● **教学目标**

通过本节的学习，进一步加深对冲裁的工艺计算项目和流程的认识，了解复杂形状冲裁件的工艺计算，具备针对形状比较复杂冲裁件工艺计算的能力。

● **教学重、难点**

重点：经验法确定冲裁间隙；配制加工法凸、凹模刃口尺寸的计算；形状复杂冲裁件压力中心的计算；级进模排样设计。

难点：配制加工法凸、凹模刃口尺寸的计算；级进模排样设计。

● **建议教学方法**

本节的"配制加工法凸、凹模刃口尺寸的计算"内容较难理解，在使用讲授法教学的同时建议插入启发性问答教学法，从原理上讲述相关内容；"级进模排样设计"的内容新概念较多，建议以讲授法教学为主，插入启发性问答教学法或分组讨论法，在教学过程中积极动用三维动画仿真教学。另外，这一小节的难点主要在于灵活运用，因此，有必要在教学过程中对若干案例进行分组讨论，并在后续的拓展任务中加强这方面的训练；其他小节的内容较易，建议采用简单的讲授法教学。

● **问题导入**

对于形状比较复杂的冲裁件，其工艺计算方法与形状简单的冲裁件有所不同，考虑的问题也相对较多，难度相对较深。但总的来说，不论形状是简单还是复杂，工艺计算的目的都是为后续冲模的设计服务的。

本节的任务是掌握相关的工艺计算知识，完成安装板冲裁的工艺计算。

一、经验法确定冲裁间隙

1. 冲裁间隙对冲裁过程的影响

（1）冲裁间隙对冲裁件质量的影响　一般来说，间隙小，冲裁件的断面质量就高（光亮带增加）；间隙大，则断面塌角大，光亮带减小，毛刺大。但是，间隙过小，则断面易产生"二次剪切"现象，有潜伏裂纹。

（2）冲裁间隙对冲裁力的影响　间隙小，所需的冲裁力大（材料不容易分离）；间隙大，材料容易分离，所需的冲裁力就小。

（3）冲裁间隙对冲裁模具寿命的影响　间隙大，有利于减少模具磨损，避免凹模刃口胀裂，可以提高冲裁模具的寿命，否则相反。

2. 经验法确定合理冲裁间隙

查表法确定合理冲裁间隙比较烦琐，实际中也经常采用经验法来确定合理的冲裁间隙。

一般可按下列经验公式计算最小合理冲裁间隙值

$$Z_{\min} = ct$$

式中，$Z_{\min}$ 是最小冲裁间隙（mm）；t 是板料厚度（mm）；c 是系数（当 $t<3mm$ 时，$c=6\%\sim12\%$；当 $t>3mm$ 时，$c=15\%\sim25\%$。材料软时取小值；材料硬时取大值，目的是为了减小冲裁力）。

二、配制加工法凸、凹模刃口尺寸的计算

在模具制造中，如果按配合加工的原则生产凸、凹模，则称之为配合加工法。

对于形状复杂、薄料、模具复杂的冲裁件，为保证凸、凹模之间的合理间隙，必须使用配合加工法。一般企业在生产中大多采用配合加工法。根据计算原则，应先确定基准件。落料时以凹模为基准件，冲孔时以凸模为基准件，配套件按基准件的实际尺寸配制，保证最小冲裁间隙。

凸模和凹模的磨损结果都是实体缩小，因此基准件（不论是凸模还是凹模）磨损后，都存在着尺寸增大、尺寸减小、尺寸不变这三种情况。为了能正确地对尺寸分类，引入磨损图的概念。设磨损增大的尺寸为 A 类尺寸；磨损减小的尺寸为 B 类尺寸；磨损后不变的尺寸为 C 类尺寸，则如图 2-15a 所示制件，当为落料件时，凹模为基准件，凹模磨损图及尺寸分类如图 2-15b 所示；当为冲孔件时，凸模为基准件，凸模磨损图及尺寸分类如图 2-15c 所示。

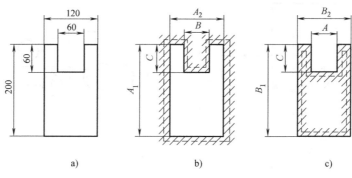

图 2-15　凸、凹模刃口尺寸磨损

因此，无论对冲孔件还是落料件，其基准件的刃口尺寸均可按下式计算

A 类尺寸（$A_{-\Delta}^{\,0}$）：　　　$A = (A_{max} - x\Delta)_{0}^{+\delta}$

B 类尺寸（$B_{0}^{+\Delta}$）：　　　$B = (B_{min} + x\Delta)_{-\delta}^{0}$

C 类尺寸（$C \pm \Delta'$）：　　　$C = C \pm \Delta'/4$

式中，A、B、C 分别是基准件的基本尺寸（mm）；Δ、Δ' 分别是工件公差（mm）；δ 是模具制造公差（一般取 $\delta = \Delta/4$）（mm）；x 是磨损系数，见表 1-7。

与基准件相配合的凸模或凹模的尺寸只需在技术要求中标明按配作加工，保证最小冲裁间隙 Z_{min}。

三、形状复杂冲裁件压力中心的计算

1. 形状复杂的凸模压力中心的确定

复杂形状冲裁件压力中心的求解方法有解析法、图解法、合成法等。下面讲解最常用的解析法，具体步骤如下：

1）按比例画出冲裁件的冲裁轮廓，如图 2-16 所示。

2）建立适合的直角坐标系 xOy。

3）将冲裁件的冲裁轮廓分解成若干个直线段或圆弧线段 L_1，L_2，…，L_n 等基本线段。由于冲裁力 F_c 与轮廓长度 L 成正比关系（$F_c = KLtl$），所以可以用线段的长度 L 代替冲裁力 F_c 进行压力中心计算。

4）计算各基本线段的长度及压力中心的坐标 (x_1, y_1)，(x_2, y_2)，…，(x_n, y_n)。

5）根据力矩平衡原理，计算压力中心坐标 (x_c, y_c)。

$$x_c = \frac{L_1 x_1 + L_2 x_2 + \cdots + L_n x_n}{L_1 + L_2 + \cdots L_n}$$

$$y_c = \frac{L_1 y_1 + L_2 y_2 + \cdots + L_n y_n}{L_1 + L_2 + \cdots L_n}$$

式中，L_i 是各凸模刃口的周长（mm），$i = 1, 2, 3, \cdots, n$。

2. 多凸模冲裁时压力中心的确定

在连续冲裁模和复合冲裁模设计时，存在多凸模冲裁压力中心的计算，其计算方法与复杂形状凸模的计算类似。这里也只介绍解析法，如图 2-17 所示的多凸模冲裁压力中心求解步骤如下：

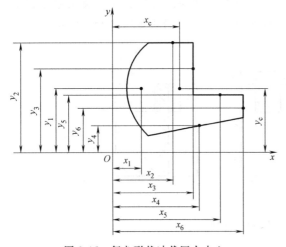

图 2-16　复杂形状冲裁压力中心

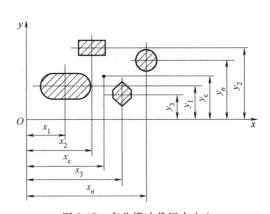

图 2-17　多凸模冲裁压力中心

1）选取坐标系 xOy。

2）计算确定各个凸模压力中心的坐标 (x_0, y_0)。

3）求总合力的中心坐标 (x_c, y_c)。

$$x_c = \frac{L_1 x_1 + L_2 x_2 + \cdots + L_n x_n}{L_1 + L_2 + \cdots L_n}$$

$$y_c = \frac{L_1 y_1 + L_2 y_2 + \cdots + L_n y_n}{L_1 + L_2 + \cdots L_n}$$

式中，L_i 是各凸模刃口的周长（mm），$i = 1, 2, 3, \cdots, n$。

四、级进模排样设计

在级进模设计中，要确定从毛坯板料到产品制件的转化过程，即级进模各工位要进行的加工工序内容，这一设计过程就是条料排样。条料排样的主要内容是在冲切刃口外形设计的基础上，将各工序内容进行优化组合形成一系列工序组，对工序组排序，确定工位数和每一个工位的加工工序；确定载体形式与毛坯定位方式；设计导正孔直径与导正销数量；绘制工序排样图。

多工位级进模排样中的搭边作用特殊，通常称为载体。载体是运送坯件的物体，载体与坯件或坯件与坯件的连接部分称为搭口。载体的主要作用是将坯件传送到各工位进行各种冲裁和成形加工。因此，要求载体能够在带料的动态送进中，使坯件保持送进稳定、定位准确，才能顺利地加工出合格制件。根据载体形式的不同，将级进模排样分为无载体排样、边料载体排样、单边载体排样、双边载体排样、中载体排样 5 种类型。

1. 无载体排样

无载体排样属于无废料排样，零件外形往往具有对称性和互补性，通常采用切断的方法将制件从条料上分离，如图 2-18 所示。这种载体送料刚性较好，省料、简单。此种载体可多件排列，提高材料的利用率。

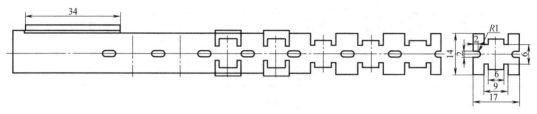

图 2-18　无载体排样

2. 边料载体排样

边料载体是利用材料搭边或余料冲出导正孔而形成的载体，此种载体送料刚性较好，省料、简单，如图 2-19 所示。使用该载体时，在弯曲或成形部位，往往先切出展开形状，再进行成形，后工位落料以整体落料为主；可采用多件排列，提高材料的利用率；因级进模的长寿命要求，凹模一般设计成镶嵌的。

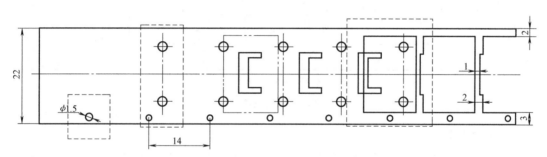

图 2-19　边料载体排样

3. 单边载体排样

单边载体排样时在条料的一侧留出一定宽度的材料，并在适当位置与产品相连接，实现对产品条料的送进，如图 2-20 所示。导正销孔多放置在单边载体上，其送进步距精度不如双边载体排样高，一般应用于条料厚度在 0.5mm 以上的冲压件，主要适用于零件一端或几个方向都有弯曲，往往只能保持条料的一侧具有完整外形的场合。

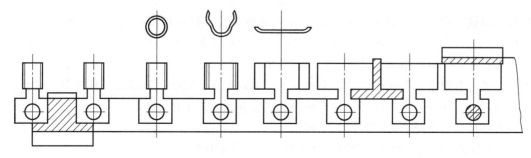

图 2-20　单边载体排样

4. 双边载体排样

双边载体实质是一种增大了条料两侧搭边的宽度，以供冲导正工艺孔，一般可分为等宽双边载体（图2-21a）和不等宽双边载体（即主载体和辅助载体，图2-21b）。双边载体增加边料可保证送料的刚度和精度，这种载体主要用于薄料（$t \leqslant 0.2\text{mm}$），工件精度较高的场合，但材料的利用率有所降低，往往是单件排列。

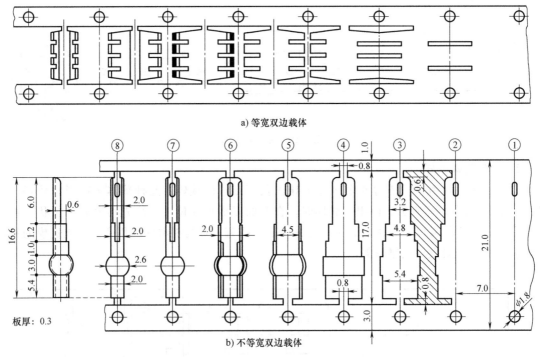

a) 等宽双边载体

b) 不等宽双边载体

图 2-21　双边载体排样

5. 中载体排样

中间载体常用于一些对称弯曲成形件，利用材料不变形的区域与载体连接，成形结束后切除载体。中载体在成形过程中平衡性较好，可分为单中载体和双中载体。中载体常用于材料厚度大于0.2mm的对称弯曲成形件。图2-22是同一个零件选择中载体时不同的排样方法。图2-22a是单件排列，图2-22b是可提高生产效率一倍的双排排样。

图2-23所示零件的两侧以相反的方向卷曲成形，选用单中载体难以保证成形后的精度要求，而选用可延伸连接的双中载体即可保证成形件的质量。此方法的缺点是载体宽度较大，材料的利用率低。

条料排样图的设计是多工位级进模设计的重要依据，是决定级进模优劣的主要因素之一。条料排样图设计的好坏，直接影响了模具设计的质量。条料排样图确定了，则制件的冲制顺序、模具的工位数及各工位内容、材料的利用率、模具步距的基本尺寸和定距方式、条料载体形式、条料宽度、模具结构、导料方式等都确定了。在设计条料排样图时，必须认真分析，综合考虑，进行合理组合和排序，拿出多种方案，加以比较、归纳，以确定最佳方案。只要排样图设计合理，工序安排考虑周到，就能设计出比较合理的多工位级进模。

在排样设计分析时要考虑到以下原则：

1）要保证产品制件的精度和使用要求及后续工序的冲制需要。

2）工序应尽量分散，以提高模具寿命，简化模具结构。

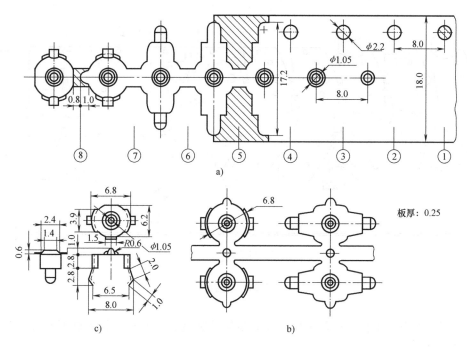

图 2-22　单中载体排样

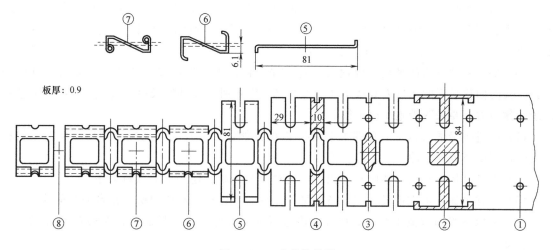

图 2-23　双中载体排样

3）要考虑生产能力和生产批量的匹配，当生产能力较生产批量低时，则力求采用双排或多排，从模具方面提高效率，同时要尽量使模具制造简单，提高模具的使用寿命。

4）当用自动送料机构送料时，高速冲压的级进模用导正销精确定距；当手工送料时则多用侧刃粗定位，用导正销精确定距。为保证条料送进的步距精度，在第一工位安排冲导正孔，在第二工位设导正销，在其后的各工位尤其是易窜动的工位上设置导正销。

5）要抓住冲压件的主要特点，认真分析冲压件的形状，考虑好各工位之间的关系，确保顺利冲压，对形状复杂、精度要求高的冲压件，要采取必要的措施保证。

6）尽量提高材料的利用率，使废料最少。对同一冲压件利用多行排列或双行穿插排列，以提高材料的利用率，如图 2-24 所示。

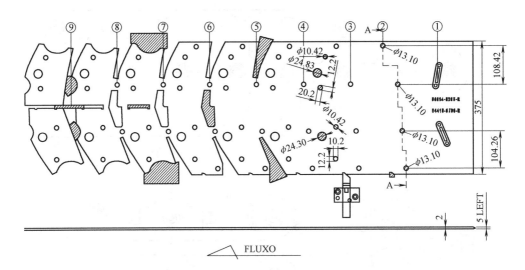

图 2-24 双排样图

7）适当设置空位工位，以保证模具具有足够的强度，并避免凸模安装时相互干涉，同时用于试模时调整工序。

8）必须注意避免产生条料送进障碍，确保条料在送进过程中通畅无阻。

9）要注意冲压的飞边方向。当冲压件提出飞边方向要求时，应保证冲出的冲压件飞边方向一致；对于带有弯曲加工的冲压件，应使飞边面留在弯曲件内侧；在分段切除余料时，不允许一个冲压件的周边飞边方向不一致。

10）要注意冲压力的平衡。合理安排各工序以保证整个冲压加工的压力中心与模具中心一致，最大偏移量不能超过 $L/6$ 或 $B/6$（其中 L、B 分别为模具的长度和宽度），对冲压过程出现的侧向力，要采取措施加以平衡。

11）级进模最适宜以成卷的带料供料，以保证能连续、自动、高速地冲压。被加工材料的力学性能要充分满足冲压工艺的要求。

12）保证冲压件和废料能顺利排出，如废料连续不断，还要增加切断工序。

13）排样方案要考虑模具加工设备和加工条件，考虑模具和压力机工作台的匹配性。

14）采取适当的措施如加强筋加强、翻边增强、折弯加强等措施提高料带的刚性以便于送料，如图 2-25 所示。

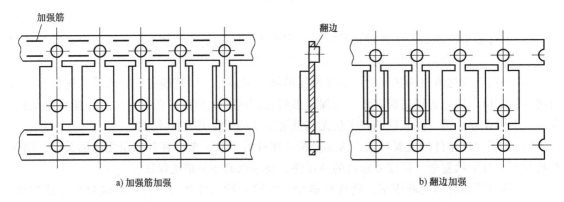

a) 加强筋加强　　　　　　　　　　　　b) 翻边加强

图 2-25 料带的刚性加强

五、降低冲裁力的措施

如企业现有压力机吨位不能满足所需压力机吨位或需要减小冲击振动和噪声时，可采用降低冲裁力的措施，具体方法有：加热冲裁、斜刃冲裁、阶梯冲裁。

1. 加热冲裁

加热冲裁俗称"红冲"，由于钢在加热状态时的抗剪强度降低许多，因此加热冲裁可以大大降低冲裁力，但要注意模具刃口在加热状态时存在退火软化，故需要用热作模具钢制造的模具。

2. 阶梯冲裁

在阶梯凸模冲裁时，将凸模做成不同高度，使各凸模冲裁力的峰值不同时出现，结构如图2-26 所示。高度不同的凸模，直径大的应先冲，因为后冲的凸模进入材料时，会引起横向推力，先进入材料的凸模就有被弯曲的趋势，直径小了就容易发生折断。

凸模阶梯高度的差值 H 与料厚有关：当 $t<3\mathrm{mm}$ 时，$H=t$；$t>3\mathrm{mm}$，$H=0.5t$。

阶梯冲裁时，只需将产生的冲裁力最大值的阶梯作为选择压力机的依据。

3. 斜刃冲裁

将刃口平面做成与其轴向倾斜成一定角度的斜刃，因冲裁时刃口不是同时切入材料，所以可以显著降低冲

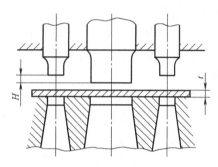

图 2-26　阶梯凸模

裁力。为了得到平整的制件，斜刃开设的方向是斜刃冲裁的关键。其开设原则是：落料时，斜刃开在凹模上，凸模为平刃；冲孔时，斜刃开在凸模上，凹模为平刃。除此之外，斜刃应双面对称，以免模具单面受力。一边斜的刃口，只用于切口，如图2-27 所示。

斜刃冲裁时，冲裁力可用下列公式计算

$$F_{斜}=K_{斜}Lt\tau_0$$

式中，$K_{斜}$ 是降低冲裁力系数，与斜刃高度 H 有关，当 $H=t$ 时，$K_{斜}=0.4\sim0.6$；$H=2t$ 时，$K_{斜}=0.2\sim0.4$。

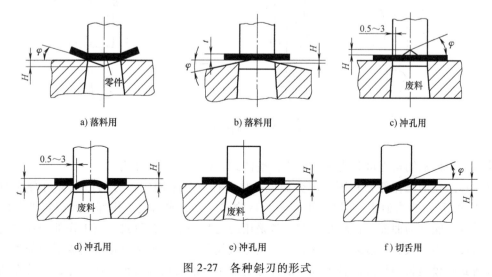

a) 落料用　　　　　　　b) 落料用　　　　　　　c) 冲孔用

d) 冲孔用　　　　　　　e) 冲孔用　　　　　　　f) 切舌用

图 2-27　各种斜刃的形式

知识点④ 复合冲裁模的设计

● **教学目标**

通过本节的学习，了解形状较复杂冲裁件的模具设计中各功能零部件的结构、特点，设计形状比较复杂冲裁件的模具零部件的能力。

● **教学重、难点**

重点：形状复杂制件冲裁模工作零件设计；多工序冲裁模定位装置设计；卸料、推件、顶件装置设计。

难点：多工序冲裁模定位装置设计。

● **建议教学方法**

本节的内容直观性强，建议在讲授法教学过程中，多采用三维动画仿真教学，以便于理解，尤其是多工序冲裁模定位装置设计；各种结构的应用特点可以采用穿插启发性问答的教学法。

● **问题导入**

单工序冲裁模是多工序冲裁模的基础。但是，某些功能零部件的多工序冲裁模设计又有其独特的地方，因而，有必要了解这方面的知识。

本节的任务即是通过掌握相关知识，完成安装板冲裁模的设计。

一、形状复杂制件冲裁模的工作零件设计

相比于简单形状制件，复杂形状制件由于制件形状和模具结构的特殊性，其冲裁模工作零件的设计也会有所区别，主要体现在以下几方面：

1. 非圆形凸模的结构设计

非圆形凸模指刃口端面形状为非圆形的凸模，用来冲制各种非圆形孔或制件，如图 2-28 所示。

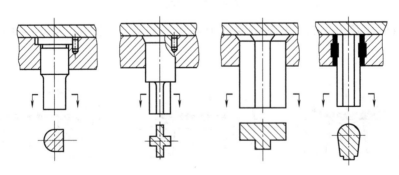

图 2-28 非圆形凸模

非圆形凸模从结构上可分为 3 种形式：整体式、镶拼式、组合式。

整体式凸模的工作部分和固定部分做成一体。按其安装固定部分的情况又可分为两种形式，图 2-29a 所示为直通式，图 2-29b 所示为台阶式。直通式凸模工作部分和固定部分的形状与尺寸一致，轮廓为曲面或比较复杂时，常采用线切割加工。台阶式凸模工作部分和固定部分的形状与尺寸不一致，一般采用机械加工，当形状复杂时，成形部分常采用成形磨削加工。

镶拼式凸模是将凸模分成若干分体零件分别加工，然后用圆柱销连成一体，安装在凸模固

定板上，这样可降低凸模的加工难度，如图 2-30 所示。

组合式凸模由基体部分和工作部分两部分组合而成，如图 2-31 所示。工作部分使用模具钢制造，基体部分可采用普通钢材（如 45 钢）制造，从而节约优质钢材，降低模具成本。此种形式适合于大型制件的凸模。

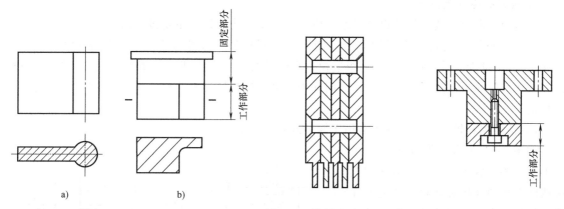

图 2-29　整体式非圆形凸模　　　　图 2-30　镶拼式非圆形凸模　　图 2-31　组合式非圆形凸模

对于直通式非圆形小凸模，多采用铆接式固定法，而对于大、中型非圆形凸模，则往往采用螺钉及销钉固定法。

2. 凸凹模的结构设计

凸凹模是复合模中必定存在的工作零件，其外形起凸模作用，内形起凹模作用。在设计时，外形可参考凸模结构设计，内形可参考凹模结构设计。

设计凸凹模的关键是要保证外形和内形之间的壁厚，许用最小壁厚 c 可按表 2-9 选取。凸凹模内形和外形刃口之间的位置是由制件的尺寸来决定的，但可在其刃口之外采取增加壁厚的措施来提高壁厚强度，如图 2-32 所示。采取增强措施以后，若还不能保证外形之间的壁厚强度，则应放弃使用复合冲裁模结构，改用单工序冲裁模结构或级进模结构。

表 2-9　凸凹模最小壁厚　　　　　　　　（单位：mm）

材料厚度 t/mm 工件材料	≤0.5	0.6~0.8	≥1
铝、铜	0.6~0.8	0.8~1.0	$(1.0~1.2)t$
黄铜、低碳钢	0.8~1.0	1.0~1.2	$(1.2~1.5)t$
硅钢、磷铜、中碳钢	1.2~1.5	1.5~2.0	$(2.0~2.5)t$

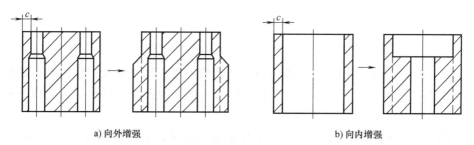

a) 向外增强　　　　　　　　　　　　b) 向内增强

图 2-32　凸凹模增加强度措施

二、多工序冲裁模定位装置设计

中、小型形状复杂制件多采用复合模或级进模这类多工序冲裁模，除了单工序模常用的定位装置外，因为需要考虑的因素更多，其定位装置的类型也更多，结构也更为复杂。

1. 条料的纵向定位装置

条料的纵向定位装置设计也就是通常所说的定距结构设计，主要包括以下装置：

（1）挡料销　挡料销多适用于产品制件精度要求低、尺寸较大、板材厚度较大（大于1.2mm）、产量少的手工送料的普通级进模，有时还要借助其他机构才能有效定位，模具的设计和制造均较简单。除了固定挡料销，国标中常见的挡料销还有两种形式：始用挡料销、活动挡料销。

1）活动挡料销。活动挡料销常用于倒装式复合模中。

如图 2-33 所示，落料凹模位于上半模，要完成落料工序，落料凹模必然向下运动并接触条料，并迫使弹性卸料板下降，进而使活动挡料销受压下降，与条料平齐，避免产生干涉。

2）始用挡料销。始用挡料销在连续模冲裁中在每块条料开始冲裁时仅起定位作用。其结构形式很多，如图 2-34 所示即为常用的一种。工作

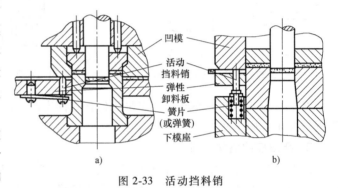

图 2-33　活动挡料销

时，先用手按下始用挡料销 2，使其伸出导料板 4 的边缘，阻挡条料令其前端定位，然后松开始用当料销，使其在弹簧 1 的作用下自动复位，开始冲裁。

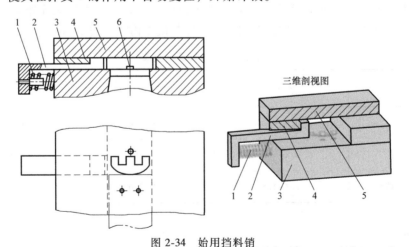

图 2-34　始用挡料销

1—弹簧　2—始用挡料销　3—凹模　4—导料板　5—刚性卸料板　6—固定挡料销

（2）导正销　导正销多用于连续模中条料的精确定位，用于保证工件内孔与外形的相对位置精度。冲模工作时，导正销先插入上一工位已冲制好的孔中（制件上的孔或条料上的工艺孔），将条料精确定位，然后开始冲压加工。

1）结构形式。当零件上有适合于导正销导正用的孔时，导正销就固定在落料凸模上，按其固定方法可分为如图 2-35 所示的 6 种形式。图 2-35a、b、c 所示为用于直径小于 $\phi10\text{mm}$ 的

孔导正，图 2-35d 所示为用于直径为 $\phi10\sim\phi30$mm 的孔导正，图 2-35e 所示为用于直径为 $\phi20\sim$ $\phi50$mm 的孔导正。为了便于装卸，小的导正销也可采用图 2-35f 所示的结构，更换十分方便。

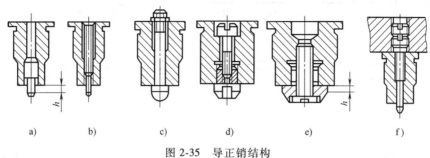

图 2-35　导正销结构

当零件没有适合于导正销导正用的孔时，对于工步数较多、零件精度要求较高的级进模，应在条料两侧的空位处设置工艺孔，以供导正销导正条料用。此时，导正销一般固定在凸模固定板上，如图 2-36 所示。

2）设计要点。导正销和导孔之间要有小的间隙。导正销的高度应大于模具中最长凸模的高度（如阶梯冲裁）以确保先导正、后冲裁。导正销一般使用 T7、T8 或 45 钢制造，并需经热处理淬火。

（3）侧刃定距　侧刃定距是在条料的一侧或两侧冲切定距槽，定距槽的长度等于步距长度。侧刃定距多用于级进模中条料的定位。考虑侧刃的磨损情况，一般适用于冲制料厚在 1.5mm 以下、送料进矩 A 较小、精度要求不太高的制件。冲裁时，侧刃在条料的侧边冲去一个窄条，窄条的

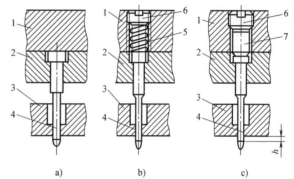

图 2-36　导正销在凸模固定板上的固定形式

1—上模座　2—凸模固定板　3—卸料板
4—导正销　5—弹簧　6—螺塞　7—顶销

长度等于送料进矩 A，冲去窄条后的条料才能通过导料板，如图 2-37 所示。

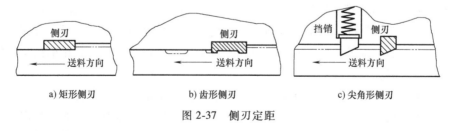

a) 矩形侧刃　　　　b) 齿形侧刃　　　　c) 尖角形侧刃

图 2-37　侧刃定距

1）侧刃定距的特点。条料宽度要求不严格；省去活动挡料销和始用挡料销；操作方便，易实现自动化；定距侧刃实际上就是一个工艺切边凸模，要有相应的凹模，但条料浪费较多。侧刃定距定位精度比挡料销定距高。在多工位级进模中，通常以侧刃作粗定位，以导正销作精定位，可获得良好的定距效果。侧刃定距既适合于手工送料、也适合自动或半自动送料。

2）侧刃的形状。可分为Ⅰ类无导向侧刃和Ⅱ类有导向侧刃两大类，每一类又可根据断面形状分为多种，其中 A、B、C 均为标准型侧刃，其结构如图 2-38 所示。

A 型为矩形侧刃，结构简单，制造方便。但型刃变钝后，在条料边上冲切会产生圆角和飞边，影响条料的送进和准确定位，如图 2-39a 所示。B 型、C 型为齿形侧刃，虽然加工较困难，

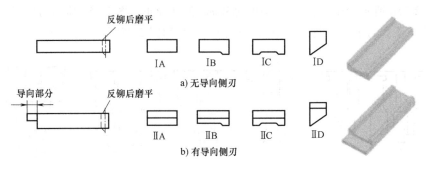

图 2-38　侧刃的结构形状

但克服了矩形侧刃的缺点，在两次冲切后留有间隙，使条料台肩能紧靠挡料块的定位面，送料较矩形侧刃准确，不随侧刃的磨损而影响定位，在生产中常用，如图 2-39b 所示。尖角形侧刃虽然定位也准确，且节省条料，但在冲裁时需要前后移动条料，操作不便，多用于贵重金属的冲裁。

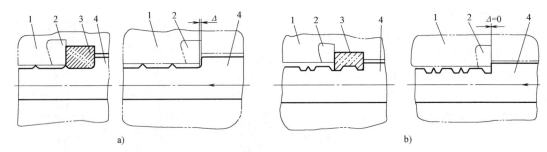

图 2-39　侧刃定距的定位误差
1—导料板　2—侧刃挡块　3—侧刃　4—条料

　　3）设计要点。侧刃厚度一般为 6~10mm，长度等于条料的送料进距 A。侧刃属于切边凸模，制造时以侧刃为基准件，侧刃孔（凹模）按侧刃配制，留单边间隙 C。侧刃材料一般同凸模的选材，常用 T10、T10A、Cr12 等，硬度为 62~64HRC。布置方式分为单侧刃或双侧刃两种形式，使用双侧刃时，定位精度比单侧刃高，但材料的利用率下降了。使用双侧刃时，可以对称放置也可以对角放置。

　　（4）联合定距　级进模的定距方式除了挡料销定距、侧刃定距、导正销定距三种方式之外，还可以采用自动送料机构定距。自动送料机构是专用的送料机构，配合压力机行程运动，使条料定距送进。多工位级进模一般不能单独靠自动送料机构定距，只有在单独拉深的多工位级进模才可单独采用。

　　对于级进模来说，定距结构设计很严格。为了提高定位精度，经常将两种以上定距方式联合使用。很多级进模采用自动送料机构或侧刃作粗定距，导正销作精定距的组合定位方式，但必须保证粗、精定距互不干涉，粗定距机构要服从精定距机构，否则就会形成过定位。

　　2. 条料的横向定位装置

　　条料的横向定位装置也称为导料结构，是为了使条料通畅、准确地送进。完整的导料系统一般包括左右导料板或导料销、承料板、条料侧压装置、浮顶装置、障碍检测装置。导料板一般沿条料送进方向布置，安装在凹模形孔的两侧，对条料进行导料。

　　主要的横向定位装置除了导料板之外，还包括导料销、侧压装置。

　　（1）导料销　导料销是导料板的简化形式，多用于采用弹性卸料装置的倒装式复合冲裁模中。当用导料销保证送料方向时，一般要选用两个。

（2）侧压装置　如果条料的宽度公差过大，则需要在一侧的导料板安装侧压装置，以消除板料的宽度误差，保证条料紧靠另一侧的导料板而正确地送料。

侧压装置的形式很多，图 2-40 所示为常用侧压装置的几种结构形式。簧片式和簧片压块式侧压装置用于料厚小于 1mm、侧压力要求不大的情况；弹簧压块式和弹簧压板式侧压装置用于压力较小的场合。当条料的厚度小于 0.3mm 时，不宜使用侧压装置。簧片式和簧片压块式侧压装置一般设置 2~3 个。

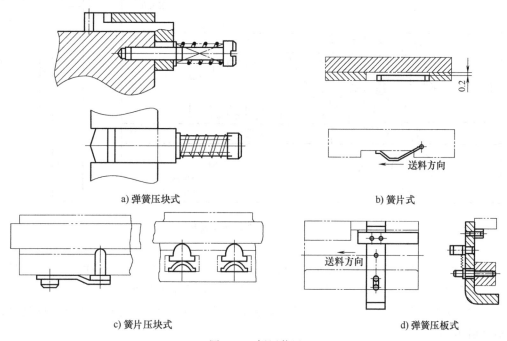

a) 弹簧压块式　　　　　　　　　　　b) 簧片式

c) 簧片压块式　　　　　　　　　　　d) 弹簧压板式

图 2-40　侧压装置

三、卸料、推件、顶件装置设计

1. 卸料装置设计

复合模的卸料装置设计与单工序模基本相同，但在多工位级进行模中，多数采用弹性卸料装置。只有当工位数较少及料厚大于 1.5mm 的制件，或是在某些特定条件下才采用固定卸料装置。在级进模中使用弹性卸料时，一般要在卸料装置与固定板之间安装小导柱、导套进行导向，如图 2-41 所示。

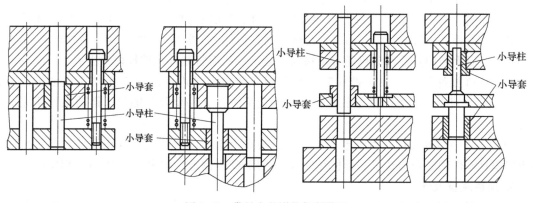

图 2-41　带导向的弹性卸料装置

在设计多工位级进模卸料装置时，要遵守以下原则：

1）在多工位级进模中，卸料板也经常采用镶拼结构（图2-42），这有利于保证型孔精度、孔距精度、配合间隙、热处理等要求，它的镶拼原则基本上与凹模相同。在图2-42中，在卸料板基体上加工一个通槽，各拼块对此通槽按基孔制配合加工，所以基准性好。

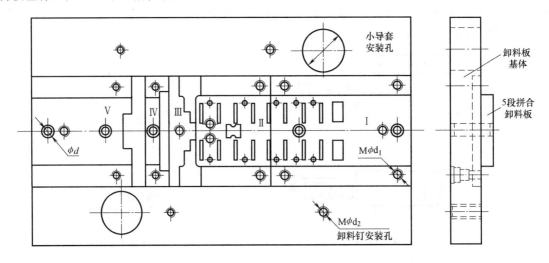

图 2-42　镶拼式弹性卸料板

2）卸料板各工作型孔应与凹模型孔同心。卸料板的各型孔与对应凸模的配合间隙只有凹凸模冲裁间隙 1/3～1/4。高速冲压时，卸料板与凸模间隙要求取较小值。

3）卸料板各工作型孔应光洁，表面粗糙度值一般取 $Ra0.1～0.4\mu m$。冲压速度越高，表面粗糙度值越小。

4）级进模卸料板应具有良好的耐磨性能。卸料板采用高速钢或碳素工具钢制造，淬火硬度为 56～58HRC。当以一般速度冲压时，卸料板可选用中碳钢或碳素工具钢制造，淬火硬度为40～45HRC。

5）卸料板应具有必要的强度和刚度。卸料板凸台高度 h = 导料板厚度−板料厚度+（0.3～0.5mm）。

2. 推件装置设计

推件装置安装在冲裁模的上模部分，利用压力机的横梁或模具内的弹性元件，通过推杆、推板等，将制件或废料从凹模型腔内推出。

（1）刚性推件装置　刚性推件装置是利用压力机的横梁，通过安装在模柄内的打料杆进行推件。如图2-43所示，冲模的上模通过模柄1固定在压力机的滑块4上。冲压完成后上模随着滑块4回程，当打料杆2与横梁3接触，则打料杆2、推板9、推杆10、推件块11不再随上模上行，而上模的其他部分仍随着滑块向上运动，从而将制件从凹模内推出。

（2）弹性推件装置　弹性推件装置是利用安装在模具内部的弹性元件完成推出的。如图2-44所示，冲裁时弹性元件橡胶被压缩，冲裁后弹性元件要释放能量，推动推件块完成推件动作。

（3）推件装置的设计　由于推件装置是安装在上半模的内部，所以在设计时要特别注意与相邻模具零件的配合与让位。推杆和推板一般用45钢制造，淬火硬度为43～48HRC。

3. 顶件装置设计

顶件装置安装在下平模部分，多用于正装复合模或平面要求平整的落料模（有顶件装置时，

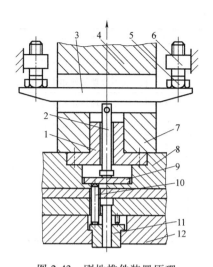

图 2-43　刚性推件装置原理

1—模柄　2—打料杆　3—压力机横梁　4—滑块　5—螺栓

6—螺母　7—压力机滑块　8—上模座　9—推板

10—推杆　11—推件块　12—凹模

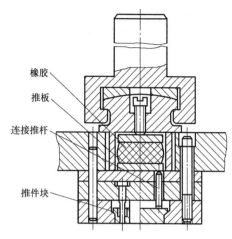

图 2-44　弹性推件装置原理

冲落部分是在顶件板和凸模的夹持下被冲裁掉的，因此比较平整）。其结构形式可分为弹性元件安装在模具内部和弹性元件安装在模具外部两种。如图 2-45 所示，冲裁完毕回程时，靠弹性元件释放能量，通过顶件块完成顶件动作，其设计要点同推件装置。

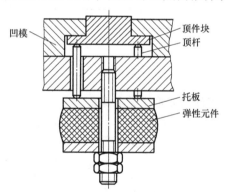

图 2-45　弹性顶件装置

项目实施及评价

项　　目	序号	技术要求	配分	评分标准	得分
产品工艺分析 （15%）	1	成形工艺分析合理	5	不合理每处扣 1 分	
	2	技术要求分析合理	5	不合理每处扣 1 分	
	3	结构工艺分析合理	5	不合理每处扣 1 分	
模具结构和工艺方案拟订 （10%）	1	工序安排合理	5	不合理每处扣 1 分	
	2	模具总体结构可行	5	不合理每处扣 1 分	
工艺计算 （40%）	1	凸、凹模间隙合理	5	不合理每处扣 1 分	
	2	凸、凹模刃口尺寸准确	15	不正确每处扣 1 分	
	3	排样设计合理	10	不合理每处扣 1 分	
	4	其他工艺计算合理	10	不合理每处扣 1 分	

（续）

项　　目	序号	技术要求	配分	评分标准	得分
模具零部件结构设计 （25%）	1	凸、凹模设计合理	10	不合理每处扣1分	
	2	定位装置设计合理	5	不合理每处扣1分	
	3	卸料装置设计合理	5	不合理每处扣1分	
	4	固定零件设计合理	5	不合理每处扣1分	
相关知识及职业能力 （10%）	1	理论知识	2	视情况酌情给分	
	2	图样整洁性和报告撰写能力	2		
	3	自学能力	2		
	4	表达沟通能力	2		
	5	合作能力	2		

拓展训练

一、试分析题图 2-1 所示零件冲压的结构工艺性。

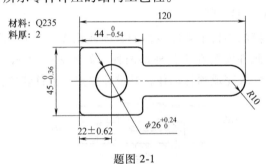

题图 2-1

二、试制订题图 2-2 所示零件的成形工艺方案。

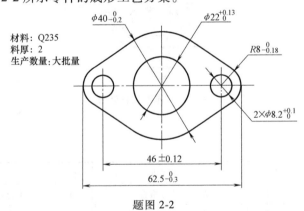

题图 2-2

三、试分析冲压实验的冲裁件的质量问题，判断其产生的可能原因并提出解决方案。

四、进行复合冲裁模结构的装配及在曲柄压力机上进行装卸实训，步骤参照项目 1 的拓展训练。

项目 2　扩展任务——冲裁模非圆形工作零件的制造

项目 3　支架弯曲模的设计与制造

项目目标

通过本项目的实施和相关知识的学习，要求达到以下目标：

1）了解弯曲工艺和过程及其变形特点，能够对典型弯曲件进行工艺性分析，判断可能出现的质量问题并提出合理的解决方案。

2）了解弯曲模的典型结构和原理，学会安排典型弯曲件的工序，能够对一般弯曲件拟订合理的成形工艺方案；了解一般弯曲件的工艺计算流程和内容，能够对一般弯曲件成形进行正确的工艺计算。

3）了解弯曲模的结构设计要点，能够确定各种形状的弯曲件的弯曲模结构，对弯曲模的各组成零部件进行结构设计。

4）了解弯曲模的加工技术要求和要点，能够编制一般弯曲模工作零件的加工工艺。

5）了解冲裁弯曲级进模的设计，尤其是工件冲压工艺方案的拟订和排样设计，能够设计一般难度的冲裁弯曲级进模。

项目分析

图 3-1 所示的支架包括冲裁和弯曲工艺，外形尺寸较大，关于 X 轴对称，材料为 08 钢板，

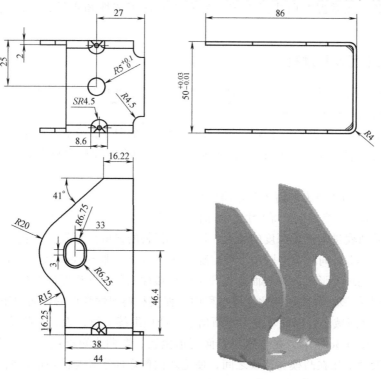

图 3-1　支架零件图

厚度 $t=2\text{mm}$，大批量生产，对冲压件的尺寸精度和位置精度要求一般。该项目要求制订出该冲压件的合理成形工艺方案，设计出相应的冲压模具。

知识链接

知识点① 弯曲成形工艺

- **教学目标**

通过本节的学习，了解弯曲成形的工艺过程和变形特点，判断弯曲件在成形中可能出现的主要质量问题以及弯曲件的成形工艺，具备针对典型弯曲件进行成形工艺分析的能力。

- **教学重、难点**

重点：弯曲工艺过程和变形特点；弯曲件常见的质量问题；弯曲件的结构工艺性。

难点：弯曲变形特点；弯曲件常见的质量问题。

- **建议教学方法**

本节主要是对弯曲工艺和弯曲件工艺性进行详细叙述，建议采用讲授法教学。同时，在教学过程中针对其中难以理解的"弯曲变形特点"和"弯曲件常见的质量问题"内容穿插运用启发性问答教学法，以调动学生主动参与的积极性，训练其分析问题的逻辑思维。

- **问题导入**

弯曲件的工艺性分析主要是考察弯曲件对弯曲工艺的适应性，包括弯曲件的结构工艺性、弯曲件尺寸标注和精度。为了先期更准确地判断工件的冲压工序性质，更深刻地理解弯曲件的工艺性，必须首先了解弯曲成形的工艺过程及其变形特点，也为后续章节内容的理解奠定理论基础。

本节的任务是在掌握弯曲成形工艺过程和弯曲件工艺性知识后，完成支架弯曲的工艺分析。

一、弯曲工艺及其过程

弯曲是指把金属料坯弯成一定角度或形状的过程，是冲压生产中应用较广泛的一种工艺。弯曲时所使用的模具称为弯曲模。

弯曲的方法很多，有压弯、折弯、滚弯、拉弯等，如图 3-2 所示。所用的设备也很多，有压力机、折弯机、滚弯机（卷板机）、拉弯机等。本章只介绍在压力机上进行的压弯工艺及弯曲模的设计。

下面以 V 形件的弯曲为例简述其弯曲变形过程。

如图 3-3 所示，在弯曲的开始阶段，弯曲圆角半径 r_0 很大，弯曲力矩很小，仅引起材料的弹性变形。随着凸模进入凹模深度的增大，凹模与板料的接触位置发生变化，弯曲力臂 l 逐渐减小，即 $l_k<l_2<l_1<l_0$，同时弯曲圆角半径也随之逐渐减小，即 $r<r_2<r_1<r_0$。当弯曲圆角半径减小到一定值时，毛坯变形区内外表面首先开始出现塑性变形，并逐渐向毛坯内部扩展，变形由弹性弯曲过渡到弹-塑性弯曲。在此变形过程中，促使材料塑性变形的弯曲力矩是逐渐增大的。由于弯曲力臂 l 逐渐减小，因此弯曲力不断增加。凸模继续下行，板料与凸模 V 形斜面接触后被向后弯曲，如图 3-3c 所示，在与凹模斜面逐渐紧密，弯曲力矩继续增加；当凸模到达下止点时，毛坯被紧紧地压在凸模与凹模之间，使毛坯内侧弯曲半径与凸模的弯曲半径吻合，完成弯曲过程，变形由弹-塑弯曲过渡到塑性弯曲。

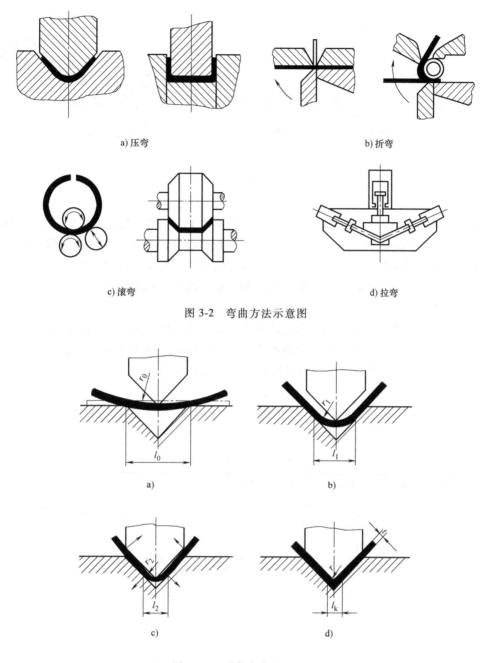

图 3-2　弯曲方法示意图

图 3-3　V 形件弯曲变形过程

弯曲分自由弯曲和矫正弯曲两大类。自由弯曲是指当弯曲过程结束，凸模、凹模、毛坯三者相吻合后，凸模不再下压的弯曲工序，回弹量较大。矫正弯曲是指当弯曲过程结束，凸模、凹模、毛坯三者相吻合后，凸模继续下压，产生刚性墩压，增强了弯曲变形部分的塑性变形成分，回弹量较小。

二、弯曲变形特点

研究材料的变形，常采用网格法。如图 3-4 所示，在弯曲前，先在毛坯侧面用机械刻线或照相腐蚀的方法画出网格，弯曲后可根据坐标的变化情况来分析弯曲变形时毛坯的变化特点。

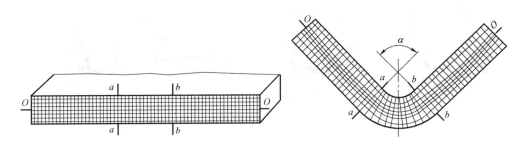

图 3-4　弯曲前后网格变化

1. 弯曲变形区的位置

通过对网格的观察，可见弯曲圆角部分的网格发生了显著的变化，原来的正方形网格变成了扇形。靠近圆角部分的直边有少量变形，而其余直边部分的网格仍然保持原状，没有变形。说明弯曲变形的区域主要发生在弯曲圆角区，即弯曲带中心角 α 范围内，如图 3-5 所示。弯曲带中心角 α 和弯曲角 θ（弯曲边的夹角）为互补关系，即 $\alpha+\theta=180°$。

2. 应变中性层

网格由正方形变成了扇形，靠近凹模的外侧纤维切向受拉伸长，靠近凸模的内侧纤维切向受压缩短，在拉伸与压缩之间存在一个即不伸长也不缩短的中间纤维层，称为应变中性层。

如图 3-6 所示，应变中性层的位置可用其弯曲半径表示

$$\rho = r + xt$$

式中，ρ 是中性层弯曲半径（mm）；r 是弯曲半径（mm）；t 是材料厚度（mm）；x 是中性层位移系数，见表 3-1。

表 3-1　中性层位移系数

r/t	0.1	0.2	0.3	0.4	0.5	0.6	0.7	0.8	1.0	1.2
x	0.21	0.22	0.23	0.24	0.25	0.26	0.28	0.30	0.32	0.33
r/t	1.3	1.5	2.0	2.5	3.0	4.0	5.0	6.0	7.0	≥8.0
x	0.34	0.36	0.38	0.39	0.40	0.42	0.44	0.46	0.48	0.50

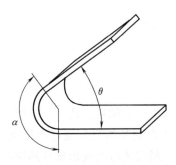

图 3-5　弯曲角与弯曲带中心角

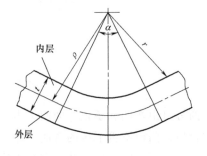

图 3-6　中性层位置的确定

3. 变形区厚度和板料长度

根据试验可知，弯曲半径与厚度之比 r/t 较小时（$r/t \leqslant 4$），弯曲中性层向内移动。中性层内移的结果是：内层纤维长度缩短，导致厚度增加；外层纤维拉长，厚度相应减薄。由于厚度增加量小于变薄量，因此板材弯曲变形区内总厚度变薄，同时，由于体积不变，故变形区的变

薄使板材长度略有增加。

4. 变形区横断面的变形

板材的相对宽度 b/t 对弯曲变形区的材料变形有很大影响。一般将相对宽度 $b/t>3$ 的板材称为宽板；相对宽度 $b/t<3$ 的板材称为窄板。

如图 3-7 所示，窄板弯曲时，宽度方向的变形不受约束。由于弯曲变形区外侧材料受拉而引起板材宽度方向收缩，内侧材料受压引起板材宽度方向增厚，其横断面形状变成外窄内宽的扇形。变形区横断面形状尺寸发生改变称为畸变。宽板弯曲时，材料在宽度方向上的变形会受到相邻金属的限制，其变形区断面几乎不变，基本保持为矩形（变形量很微小，可以忽略不计）。大部分的弯曲都属于宽板弯曲，可以忽略其宽度方向上的微小变化。

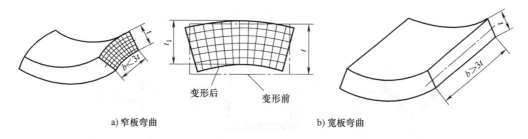

a) 窄板弯曲　　　　　　　　　　b) 宽板弯曲

图 3-7　板材弯曲宽度方向变形情况

三、弯曲件常见的质量问题

弯曲件的主要质量问题有弯裂、回弹和偏移三种。

1. 弯曲件的弯裂

弯裂是指弯曲变形区外侧出现裂纹。弯曲件产生弯曲裂纹的原因较多，如相对弯曲半径过小、板材塑性差、弯曲模间隙小、润滑不良、板厚严重超差等，最主要的原因是相对弯曲半径 r/t 过小。

防止弯裂的措施如下：

1）使用表面质量好的毛坯。

2）采用合理的模具间隙，改善润滑条件，减少弯曲时毛坯的流动阻力。

3）制件的相对弯曲半径大于最小相对弯曲半径，若不能满足时，应分两次或多次进行弯曲。

4）对于塑性差或加工硬化较严重的毛坯，先退火后弯曲。

5）把毛坯有飞边的一面置于变形区的内侧。

2. 弯曲件的偏移

偏移是指在弯曲过程中，毛坯沿着凹模口滑动时，由于两边所受到的摩擦阻力不同而出现的毛坯向旁边移动的现象，偏移使弯曲件的尺寸精度达不到要求。形成偏移的主要原因是毛坯沿凹模口滑动时两边所受的摩擦阻力不相等，如图 3-8 所示。其中，图 3-8a 为制件形状不对称而造成的偏移；图 3-8b 为凹模口两边圆角不相等造成的偏移；图 3-8c 为制件两边弯曲角不同而造成的偏移。

防止偏移的措施主要有以下几种：

1）采用对称的凹模结构，保证模具的间隙均匀。

2）采用有顶件装置的弯曲模结构，如图 3-9 所示，弯曲时顶件装置和凸模把毛坯夹紧，

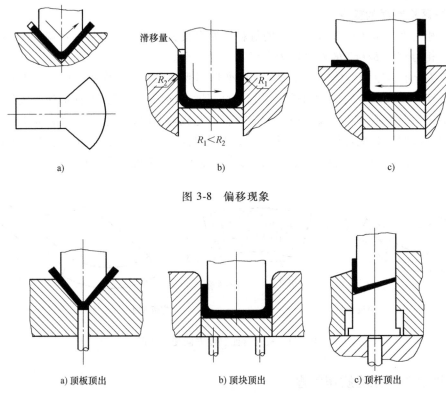

a)　　　　　　　　b)　　　　　　　　c)

图 3-8　偏移现象

a) 顶板顶出　　　　　　b) 顶块顶出　　　　　　c) 顶杆顶出

图 3-9　带有顶件装置防止偏移

限制了偏移。

3）采用定位装置。如图 3-10 所示，利用制件底部的孔或工艺孔定位，使毛坯在弯曲时不能左右滑动，从而保证制件的尺寸精度。

3. 弯曲件的回弹

（1）弯曲件的回弹　材料在弯曲过程中塑性变形的同时总伴随着弹性变形，弯曲力消失后，塑性变形部分保留下来，而弹性变形部分则会恢复，从而使弯曲件与弯曲模的形状不完全一致，这种现象称为弯曲件的回弹。回弹是所有弯曲件都存在的问题，只是回弹量大小有区别而已。回弹量大小通常用角度回弹量 $\Delta\theta$ 和曲率回弹量 Δr 来表示。

角度回弹量 $\Delta\theta$ 是指模具在闭合状态时工件弯曲角 θ_0 与弯曲后工件的实际角度 θ 的差值，即 $\Delta\theta=\theta_0-\theta$，如图 3-11 所示。曲率回弹量 Δr 是指模具在闭合状态时工件的曲率半径 r_0（等于凸模的圆角半径）与弯曲后工件的实际曲率半径 r 的差值，即 $\Delta r=r_0-r$。

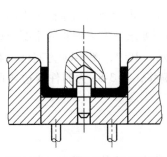

图 3-10　采用孔定位防止偏移

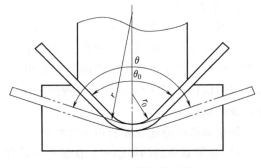

图 3-11　弯曲件的回弹

（2）影响回弹的主要因素　影响回弹的因素很多，主要有以下几个方面：

1）材料的力学性能。下屈服强度 R_{eL} 越高，则在一定变形程度下，变形区断面内的应力也越大，将引起更大的弹性变形，回弹值也大。弹性模量 E 越大，则抵抗弹性变形的能力越强，回弹值越小。

2）材料的相对弯曲半径 r/t。随着 r/t 的减小，塑性变形的比例变大，回弹量降低。

3）弯曲件的形状。一般 U 形件比 V 形件的回弹量要小。弯曲角 θ 越大，参加变形的区域越大，弹性变形量也越大。弯曲件形状复杂时，同时弯曲的部位多，由于各部位的相互牵制，回弹值较小。

4）凸、凹模之间的间隙。在弯曲 U 形件时，间隙越小，回弹值越小。

5）弯曲矫正力。弯曲矫正力越大，塑性变形程度越大，回弹值则越小。

（3）减小回弹的措施　由于影响回弹的因素很多，各因素往往又互相影响，因此很难对回弹量的精确计算。目前回弹量的数值大多按经验确定（也可查有关冲压资料或根据简化经验公式进行估算），最后通过试模来修正。

在模具设计时，要尽可能采取措施减小回弹，消除回弹对制件尺寸精度的影响，其中最常用的方法是补偿法和矫正法。

1）补偿法。这种方法是预先估算或试验出工件弯曲后的回弹量，在设计模具时，使弯曲件的变形量超过原设计的变形量，工件回弹后就刚好得到所需要的正确工件形状，如图 3-12 所示。其中图 3-12b 采用的是抵消补偿法。弯曲后，底部的圆弧部分有回弹成直线的趋势，带动两侧板向内侧倾斜，从而与两侧板向外的回弹相抵消。

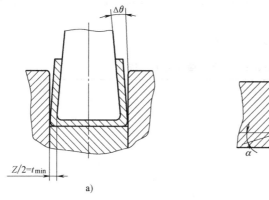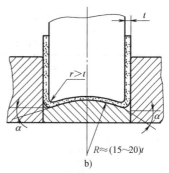

图 3-12　补偿法

2）矫正法。矫正弯曲时，在模具结构上采取措施，让矫正压力集中施加在弯曲变形区，使其塑性变形的比例增加，弹性变形的比例减小，从而使回弹量减小，如图 3-13 所示。

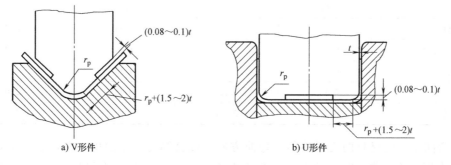

图 3-13　矫正法

四、弯曲件的结构工艺性

弯曲件的结构工艺性对弯曲生产有很大的影响。弯曲件良好的工艺性，不仅能简化弯曲工序和弯曲模的设计，而且还能提高弯曲件的精度、节约材料、提高生产率。

1. 弯曲件的形状

弯曲的形状一般应对称，弯曲半径应左右一致，如图 3-14a 所示。图 3-14b 所示形状左右不对称，弯曲时由于工件受力不平衡将会产生滑动现象，影响工作精度。

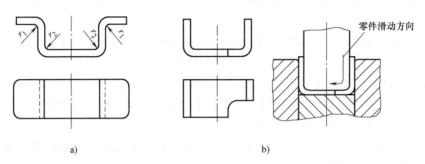

图 3-14   弯曲件的对称性

2. 最小弯曲半径

最小弯曲半径指弯曲件弯曲部分的内角半径，用 r 表示，如图 3-14a 所示。弯曲件的弯曲半径越小，则毛坯弯曲时外表面变形程度就越大。如果弯曲半径过小，毛坯在弯曲时，其外表面的变形就可能会超过材料的变形极限而产生裂纹。因此弯曲工艺受最小弯曲半径 r_{min} 的限制。

部分常用材料的最小弯曲半径参见表 3-2。

表 3-2   最小弯曲半径 r_{min} 值

材　　　料	退火或正火状态		冷作硬化状态	
	弯曲线位置			
	垂直轧制纹方向	平行轧制纹方向	垂直轧制纹方向	平行轧制纹方向
08,10,Q195,Q215	0.1t	0.4t	0.4t	0.8t
15,20,Q235	0.1t	0.5t	0.5t	1.0t
25,30,Q255	0.2t	0.6t	0.6t	1.2t
35,40,Q275	0.3t	0.8t	0.8t	1.5t
45,50	0.5t	1.0t	1.0t	1.7t
55,60	0.7t	1.3t	1.3t	2.0t
Cr18Ni9	1.0t	2.0t	3.0t	4.0t
磷青铜	—	—	1.0t	3.0t
半硬黄铜	0.1t	0.35t	0.5t	1.2t
软黄铜	0.1t	0.35t	0.35t	0.8t
纯铜	0.1t	0.35t	1.0t	2.0t
铝	0.1t	0.35t	0.5t	1.0t

最小弯曲半径受材料的力学性能、弯曲方向、板材厚度、弯曲中心角度因素的影响。图 3-15 所示为板材的弯曲方向对最小弯曲半径的影响。由于弯曲所用冷轧钢板经多次轧制后具

有多方向性，顺着纤维方向的塑性指标优于与纤维相垂直方向的指标。由于难以准确地建立最小弯曲半径与影响因素的关系，所以最小弯曲半径一般由试验确定。

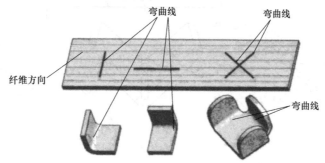

a) 效果好(r_{min}小)　　b) 效果好(r_{min}大)　　c) 双弯曲线夹角45°

图 3-15　弯曲方向对最小弯曲半径的影响

3. 止裂孔、止裂槽

如图 3-16 所示，当局部弯曲某一段时，为了防止尖角处应力集中而产生裂纹，增添工艺孔、工艺槽或将弯曲移动一定距离，以避开尺寸突变处，并满足 $b \geq t$，$h = t + r + b/2$ 的条件。

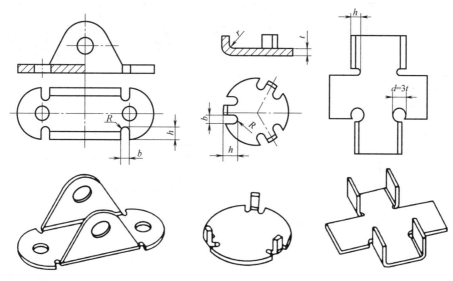

图 3-16　止裂孔、止裂槽

4. 弯曲件的直边高度

弯曲件的直边高度是指弯曲件非变形区的边的长度，用 H 表示。如果直边高度 H 过小，那么直边在弯曲模上支撑的长度也过小，不易形成足够的弯矩，弯曲件的形状难以控制。一般地，应保证弯曲件的直边高度不小于 2 倍板厚，即 $H \geq 2t$。若 $H < 2t$ 时（受结构限制），可加大直边高度，如图 3-17a 所示，待弯曲成形后，再将直边的高出部分切除；或采用先开槽后弯曲的方法，如图 3-17b 所示。当弯曲边带有斜度时，应保证 $H = (2 \sim 4)t$，且 $H > 3\text{mm}$，如图 3-17c 所示。

5. 弯曲件孔边距

当弯曲带孔的工件时，如孔位于弯曲变形区附近，则弯曲后孔的形状会发生改变。为了避免这种缺陷的出现，必须使孔处于弯曲变形区之外。如图 3-18 所示，设孔边到弯曲半径 r 的中心的最小距离为 s，则应满足：当 $t > 2\text{mm}$ 时，$s \geq t$；当 $t \geq 2\text{mm}$ 时，$s \geq 2t$。如果上述条件不

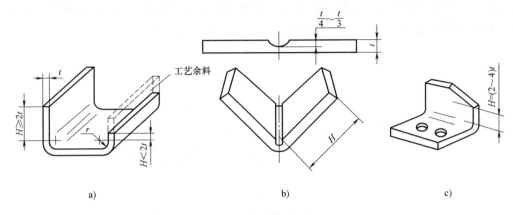

图 3-17　直边高度要求

成立，那么就要采用先弯曲后冲孔的工艺。如果弯曲件结构允许，可采取图 3-19 所示的措施，吸收弯曲变形应力，防止孔在弯曲时变形。

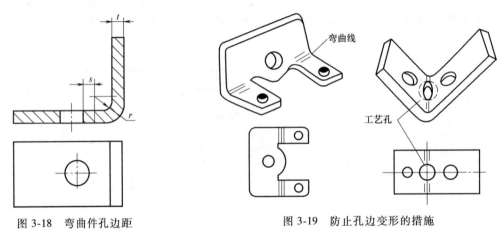

图 3-18　弯曲件孔边距　　　　　　　　　图 3-19　防止孔边变形的措施

五、弯曲件尺寸标注和精度

尺寸标注时要考虑弯曲工艺的特点，对由于弹性变形而引起的变形区，尽量避免在此区域进行尺寸标注。关于两孔的位置尺寸标注有图 3-20a、b、c 三种标注方法。当孔无装配要求时尽量采用图 3-20a 所示的标注方法，这样工艺比较简单，可先进行孔落料工序，然后弯曲成形。采用图 3-20b、c 所示的标注方法时，冲孔只能在弯曲成形后进行。弯曲件的尺寸公差等级一般大于 IT13，角度公差极限偏差 15′。

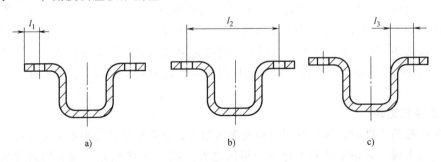

图 3-20　孔的位置尺寸标注

知识点②　弯曲模具结构和工艺方案的拟订

● **教学目标**

通过本节的学习，了解弯曲件的工序安排、典型弯曲件的模具结构、原理及应用特点，具备拟订一般弯曲件弯曲成形工艺方案的能力。

● **教学重、难点**

重点：弯曲件的工序安排；典型弯曲件的模具结构、原理及应用特点。

难点：弯曲件工序安排的应用。

● **建议教学方法**

本节的"弯曲件的工序安排"内容的难点在于对工序安排方法和原则的灵活运用，因此，在采用讲授法讲解完小节内容之后，建议采用分组讨论法来针对练习案例进行强化训练；"各典型弯曲件的模具结构"、"原理及应用特点"的内容具有直观性的特点，建议在讲授法教学的同时，采用三维仿真动画或实物模型进行辅助教学，对弯曲模的各种结构的应用特点可以插入启发性问答的教学法加深印象。

● **问题导入**

同一弯曲件实现的弯曲成形方案很多，也因此弯曲件的模具结构虽然相对简单，但种类繁多，实现弯曲的机构和原理各不相同，弯曲件的弯曲成形工艺就比较灵活，所以，在了解弯曲件的工序安排原则和典型弯曲件的弯曲模结构及原理后，多注意和积累其他巧妙弯曲的工艺知识，做到灵活运用才是本节需要达到的目的。

本节的任务是在掌握相关弯曲的工艺知识后，完成支架弯曲工艺的拟订。

一、弯曲件的工序安排

弯曲件的弯曲次数和工序安排，必须根据工件形状的复杂程度、弯曲材料的性质、尺寸精度要求的高低、生产批量大小等因素综合考虑。合理地安排弯曲工序，可以简化模具结构、减小弯曲次数，提高弯曲件的质量和劳动生产率。

1. 弯曲工序安排遵循的原则

1）先弯外角，后弯内角。

2）后道工序弯曲时不能破坏前道工序弯曲的变形部分。

3）前道工序弯曲必须考虑后道工序弯曲时有合适的定位基准。

2. 工序安排的方法

1）对于形状简单的弯曲件，可以采用一次弯曲成形的方法，如图 3-21 所示。

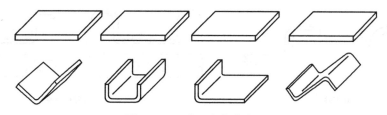

图 3-21　一道工序弯曲成形

2）对于形状复杂的弯曲件，一般采用两次或多次弯曲成形。

① 二道工序弯曲成形，如图 3-22 所示。

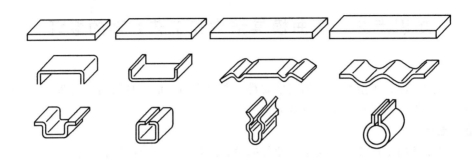

图 3-22 二道工序弯曲成形

② 三道工序弯曲成形，如图 3-23 所示。

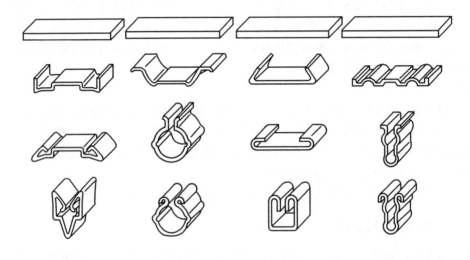

图 3-23 三道工序弯曲成形

3）如果弯曲件上孔的位置会受到弯曲的影响，而孔的精度要求又较高时，应在弯曲之后再冲孔，否则孔的位置精度无法保证，如图 3-20b 所示。

4）对于某些结构不对称的零件，弯曲时毛坯容易发生偏移，可以采用工件对称弯曲成形、弯曲后再切开的方法，这样既防止了偏移，又改善了弯曲模具的受力状态，如图 3-24 所示。

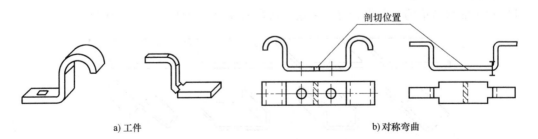

a) 工件　　　　　　　　　　　　　　　　　b) 对称弯曲

图 3-24 成对弯曲成形

5）对于批量大而尺寸较小的弯曲件（如电子产品中的元器件），为了提高生产率和产品质量，可以采用多工位级进模的冲压工艺。

二、弯曲模的典型结构

1. V 形件弯曲模的典型结构

（1）V 形弯曲　图 3-25a 所示为 V 形件弯曲模的基本结构，该模具结构简单，在压力机上安装及调整方便，对材料厚度的公差要求不严，工件在行程未端得到不同程度的矫正，回弹较小，工件的平面度较好。图 3-25b 为 V 形件的精密弯曲模，是以活动凹模带动制件一起折弯，弯曲过程中毛坯相对于活动凹模没有滑动与偏移，所以弯曲件的精密度高，适用于弯曲毛坯没有足够的定位支承面、窄长及形状复杂、坯料在凹模上不易放平稳的制件弯曲，但这种模具结构复杂，制作较困难。

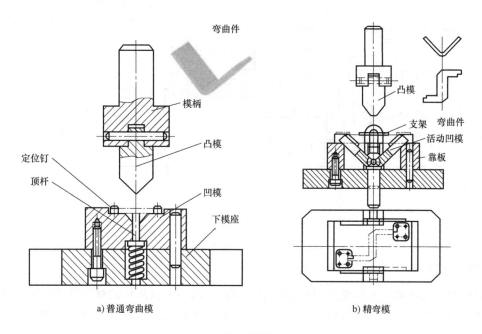

a) 普通弯曲模　　　　　　　　　　　b) 精弯模

图 3-25　V 形弯曲模

（2）L 形弯曲　图 3-26a 为 L 形弯曲模，用于弯曲两直边长度相差较大的单角弯曲件，可对圆角处进行矫正。该种模具弯曲时将产生一定的侧向分力，模具中的挡块起到抵消侧向力的作用，挡块的高度应略高于凹模，并嵌入底座。为了使竖直边也得到一定的矫正，减小制件弯

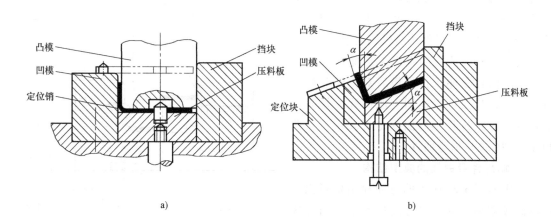

a)　　　　　　　　　　　　　　b)

图 3-26　L 形弯曲模

曲后的回弹，L 形弯曲模中会将凹模和压料板倾斜一定的角度，倾角一般取 5°～10°，如图 3-26b 所示。

2. U 形件弯曲模的典型结构

（1）普通 U 形弯曲　图 3-27 为普通 U 形弯曲模，一次同时弯成两个弯角，如果制件左右圆角半径相等，可避免或减少弯曲过程中坯料的偏移。U 形弯曲模结构简单，定位方便、可靠，通常较多采用。

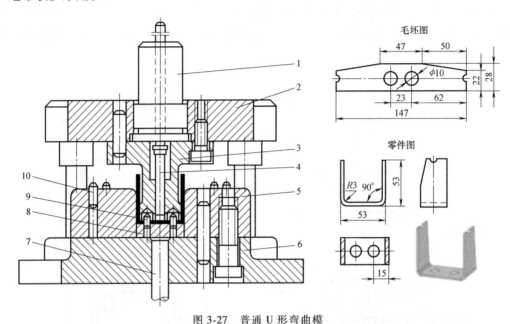

图 3-27　普通 U 形弯曲模

1—模柄　2—下模座　3—凸模　4—推杆　5—凹模　6—下模座　7—顶杆　8—顶件块　9—圆柱销　10—定位销

在冲压时，毛坯被压在凸模和顶板之间逐渐下降，两端未被压住的材料沿凹模圆角滑动并弯曲，进入凸、凹模的间隙。凸模回升时，顶板将制件顶出，由于材料的弹性，制件一般不会包在凸模上。

（2）闭角 U 形弯曲　对于一些弯曲精度高、材料偏厚、回弹较大的 U 形弯曲件，可采用图 3-28 所示的闭角弯曲模。弯曲前，两个回转凹模在弹簧的作用下处于初始位置；弯曲时，凸模先将毛坯弯曲成 U 形，之后，凸模继续下降，迫使毛坯底部压向回转凹模的缺口处，使两边的回转凹模向内侧旋转，将工件弯曲成闭角状态；弯曲结束后，凸模上升，弹簧使两回转凹模复位，工件从凸模侧向取出。

由于凸模与凹模的垂直工作面修出一个负角度，而且在冲压行程最后对侧壁和底部进行矫正，从而可以达到克服回弹、提高弯曲精度。这样的 U 形弯曲模也可以压制弯曲角小于 90°的 U 形弯曲件。

3. 帽形件弯曲模的典型结构

采用如图 3-29 所示的弯曲模结构可以一次弯曲成帽形工件，在弯曲过程中内角先成形、外角后成形。但外角处弯曲变形区的位

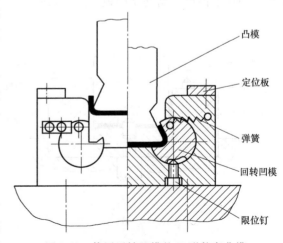

图 3-28　使用回转凹模的 U 形件弯曲模

置在弯曲过程中是变化的，毛坯在弯曲外角时有拉长现象，脱模后外角形状不准确，直边有变薄的现象，通常只适用于工件弯曲高度不大的场合。

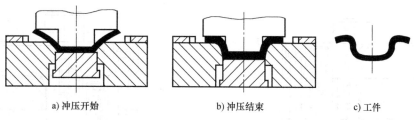

a) 冲压开始　　　　　　　　b) 冲压结束　　　　　　c) 工件

图 3-29　单工序一次弯曲成形模

实用的帽形件的成形有以下两种典型工艺：

1）采用一套复合弯曲模一次弯曲成形，如图 3-30 所示。弯曲时，也是先将外角弯曲成 U 形，再反向弯曲内角成帽形。这种复合弯曲模内、外角的弯曲变形区位置在弯曲过程中是固定不变的。

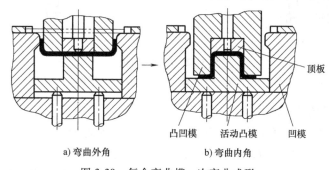

a) 弯曲外角　　　　　　　b) 弯曲内角

图 3-30　复合弯曲模一次弯曲成形

2）采用两套单工序弯曲模分两次弯曲成形，如图 3-31 所示。

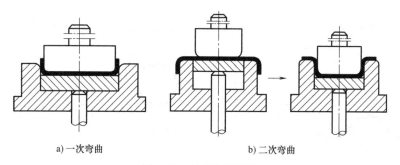

a) 一次弯曲　　　　　　b) 二次弯曲

图 3-31　两次弯曲成形

4. Z 形件弯曲模的典型结构

Z 形件弯曲模的常用结构如图 3-32a 所示。弯曲前，由于橡胶 3 的作用，使凹模 6 与凸模 7 的下端平齐，此时压柱 4 与上模座 5 是分离的，顶件板 1 和下模板 8 的上面是平齐的。弯曲时，凸模 7 与顶件板将毛坯夹紧，由于橡胶的弹力大于顶件板上弹顶装置的弹力（弹顶装置安装在下模板 8 的下面），迫使顶件板 1 向下运动，完成左端弯曲。当顶件板 1 接触下模板 8 后，上模继续下降，迫使橡胶压缩，凹模 6 随上模继续下降，和顶件板 1 完成右端的弯曲。当压柱 4 与上模座 5 接触时，工件得到矫正（不包括直边）。设计时上模橡胶的弹力要大于顶件板弹顶装置的弹力。

图 3-32b 的结构与图 3-32a 的结构相近，不同的是将工件位置倾斜了 20°~30°，使整个零件在弯曲结束后得到有效的矫正，因而回弹较小，这种结构适合折弯边较长的弯曲件。

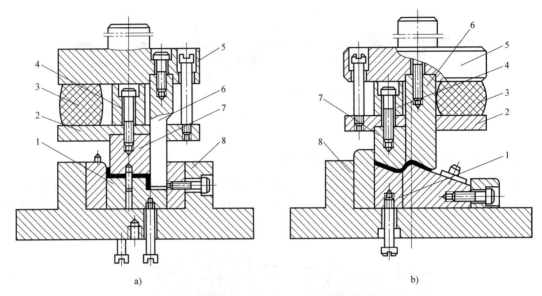

图 3-32　Z 形弯曲模

1—顶件板　2—托板　3—橡胶　4—压柱　5—上模座　6—凹模　7—凸模　8—下模板

5. 圆形件弯曲模的典型结构

圆形件的弯曲方法根据直径的大小不同而不同，分大圆弯曲和小圆弯曲两类。

（1）大圆弯曲　圆筒内径 $d \geqslant 20\text{mm}$ 的称为大圆。由于直径较大，回弹也较大，一般采用两道工序弯曲成形。首先将其弯曲成波浪形，如图 3-33a 所示；然后再将其弯曲成圆形，如图 3-33b 所示，但上部得不到矫正。

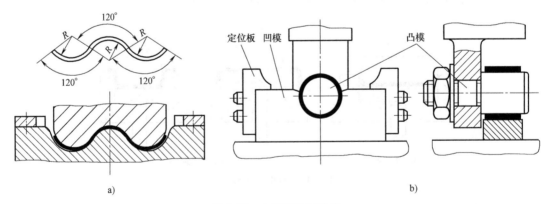

图 3-33　大圆两次弯曲模

对于直径为 $\phi 10 \sim \phi 30\text{mm}$、材料厚度大约为 1mm 的圆形件，为了提高生产率，可采用如图 3-34 所示的大圆一次弯曲成形模。弯曲时，凸模下降，先将毛坯弯曲成 U 形；凸模继续下降，转动凹模将 U 形件弯曲成圆形。其缺点是弯曲件上部仍然得不到矫正，模具结构稍复杂。

（2）小圆弯曲　圆筒内径 $d \leqslant 5\text{mm}$ 的称为小圆。小圆弯曲一般也采用两道工序，先将毛坯弯曲成 U 形，再将其弯曲成圆形，并在弯曲成形后，对其进行有效的矫正，如图 3-35 所示。需要注意的是，第二次弯曲时，凹模的形状不是半圆形，而是相当于底部为圆弧的 V 形，圆弧的半径等于圆筒外径。

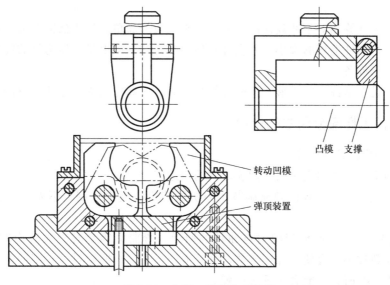

图 3-34　大圆一次弯曲成形模

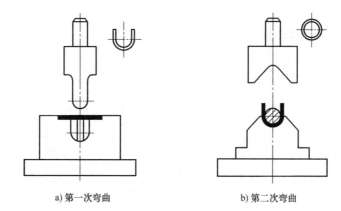

a) 第一次弯曲　　　　　　　　　b) 第二次弯曲

图 3-35　小圆两次弯曲成形

知识点③　弯曲成形的工艺计算

● **教学目标**

通过本节的学习，了解弯曲成形的常用工艺计算，具备一般弯曲件弯曲成形工艺的计算能力。

● **教学重、难点**

重点：弯曲模工作部分尺寸的计算；弯曲件毛坯尺寸的计算；弯曲力的计算和设备选择。

难点：弯曲模工作部分尺寸的计算。

● **建议教学方法**

本节的"弯曲模工作部分尺寸的计算"的内容与冲裁模工作部分尺寸的计算原理相似，需要结合计算公式的原理来进行讲授法教学，中间穿插启发性问答教学；"弯曲件毛坯尺寸的计算"部分的计算比较简单，以简单的讲授法教学即可；"弯曲力的计算和设备选择"部分中，自由弯曲力的计算公式其实比较复杂，并不需要讲解其原理，但要通过计算公式，讲解影响弯曲力的相关要素，建议主要采用讲授法教学，穿插启发性问答教学。

● 问题导入

弯曲模的工艺计算相对于冲裁模的工艺计算来说较为简单，但仍然需要确定弯曲模工作部分的尺寸，计算弯曲件毛坯的大小，并在计算出弯曲力的基础上确定压力机的吨位，为后续的弯曲模结构设计作准备。

本节的任务是在掌握弯曲成形工艺的计算方法后，实际完成支架弯曲成形的工艺计算。

一、弯曲模工作部分尺寸的计算

1. 凸、凹模间隙 C 的计算

凸、凹模间隙是指弯曲模中凸、凹模之间的单边间隙，用 C 表示。

弯曲 V 形件时，凸、凹模间隙靠调节压力机的装模高度来控制，不需要通过模具结构来保证。

弯曲 U 形件时，凸、凹模间隙对弯曲件的回弹、弯曲力等都有很大的影响。间隙越小，弯曲力越大；间隙过小，会使工件壁变薄，并降低凹模寿命；间隙过大，则回弹较大，还会降低工件精度。当 $C<t$ 时，可能会出现负回弹。

间隙值一般按经验公式进行计算：对钢板，$C=(1.05\sim1.15)t$；对非铁金属合金，$C=(1\sim1.1)t$。

2. 凸、凹模宽度尺寸的计算（U 形件）

根据弯曲件的标注方法不同，可分为两类情况。

（1）工件标注外形尺寸　如图 3-36 所示，当工件标注外形尺寸时，应以凹模为基准件。

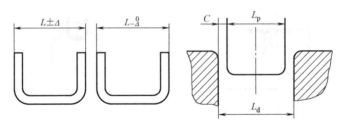

图 3-36　尺寸标注在外形

1）凹模宽度的确定：$L_d=(L-x\Delta)^{+\delta_d}_0$

注：当工件标注双向对称偏差（$L\pm\Delta$）时，取 $x=0.5$；当工件标注单向偏差（$L^0_{-\Delta}$）时，取 $x=0.75$。

2）凸模宽度的确定：

① 用互换法时，$L_p=(L_d-2C)^0_{-\delta_p}$。

② 用配作法时，按凹模的实际尺寸配制，保证单边间隙值 C。

（2）工件标注内形尺寸　如图 3-37 所示，当工件标注内形尺寸时，应以凸模为基准件。

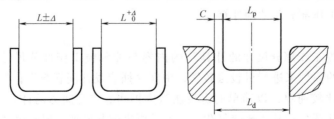

图 3-37　尺寸标注在内形

1）凸模宽度的确定：$L_p = (L + x\Delta)_{-\delta_p}^{0}$。

注：当工件标注双向对称偏差（$L \pm \Delta$）时，取 $x = 0.5$；当工件标注单向偏差（$L_0^{+\Delta}$）时，取 $x = 0.75$。

2）凹模宽度的确定：

① 用互换法时，$L_d = (L + 2C)_0^{+\delta_d}$。

② 用配作法时，按凸模的实际尺寸配制，保证单边间隙值 C。

式中，L_d、L_p 是凸、凹模宽度尺寸（mm）；L 是工件的公称尺寸（mm）；Δ 是工件宽度尺寸公差（mm）；δ_p、δ_d 是凸、凹模的制造公差等级，一般取 IT7～IT9。

3. 凸、凹模圆角半径及凹模深度

（1）凸模圆角半径 r_p

1）当弯曲件的内侧弯曲半径为 r 时，凸模圆角半径应等于弯曲件的圆角半径，即 $r_p = r$，但必须使凸模圆角半径 r_p 大于最小弯曲半径 r_{min}。

若因结构需要，必须使凸模圆角半径 r_p 小于最小弯曲半径 r_{min} 时，则可先弯曲成较大的圆角半径，然后再采用整形工序进行整形。

2）制件精度要求较高时，凸模圆角半径 r_p 应根据回弹值作相应的修正，可根据下式进行估算

$$r_p = \cfrac{1}{\cfrac{1}{r} + \cfrac{3R_{eL}}{Et}}$$

式中，r 是弯曲件内侧弯曲半径（mm）；R_{eL} 是材料的下屈服强度（MPa）；E 是材料的弹性模量（MPa）；t 是弯曲件厚度（mm）。

（2）凹模口圆角半径 r_d 为避免弯曲时毛坯表面出现裂纹，r_d 通常可根据板材厚度 t 取值（或按表 3-3 查取）。

$$\begin{cases} t \leqslant 2mm, r_d = (3 \sim 6)t \\ t = 2 \sim 4mm, r_d = (2 \sim 4)t \\ t > 4mm, r_d = 2t \end{cases}$$

设计时注意凹模口两侧的圆角半径应相等，以避免弯曲时毛坯发生偏移。

（3）凹模深度 l 凹模深度是指弯曲件的弯曲边在凹模内的非变形区的直线段长度，如图 3-38 所示。

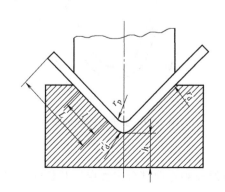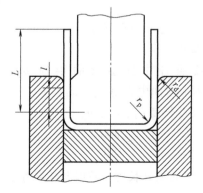

图 3-38   凹模圆角半径和凹模深度

凹模深度 l 的大小，可查表 3-3，凹模深度过小，会使两边的自由部分过大，造成弯曲件的回弹量大，工件不平直；凹模深度过大，则增大了凹模尺寸，浪费模具材料，并且需要大行程的压力机。

表 3-3 凹模圆角半径 r_d 与深度 l （单位：mm）

弯曲件直边长度 L	板材厚度 t							
	≤0.5		0.5~2.0		2.0~4.0		4.0~7.0	
	l	r_d	l	r_d	l	r_d	l	r_d
10	6	3	10	3	10	4	—	—
20	8	3	12	4	15	5	20	8
35	12	4	15	5	20	6	25	8
50	15	5	20	6	25	8	30	10
75	20	6	25	8	30	10	35	12
100	—	—	30	10	35	12	40	15
150	—	—	35	12	40	15	50	20
200			45	15	55	20	65	25

二、弯曲件毛坯尺寸的计算

弯曲件的毛坯尺寸指弯曲件的展开长度，也是指弯曲件在弯曲之前的展平尺寸。它是毛坯下料的依据，是弯曲出合格零件的基本保证。对于形状比较简单、尺寸精度要求不高的弯曲件，可直接采用下面介绍的方法来计算毛坯尺寸；对于形状比较复杂或精度要求高的弯曲件，在利用下述公式计算出毛坯尺寸后，还需反复试弯不断修正，才能确定最终毛坯的形状和尺寸。

1. 圆角半径 $r > 0.5t$

此类弯曲件又称为有圆角半径的弯曲件，在弯曲过程中，毛坯的中性层尺寸基本未发生变化，因此在计算其展开长度时，只需计算其中性层展开尺寸即可，即按照弯曲前后毛坯中性层尺寸不变原则进行计算，如图 3-39 所示。计算步骤如下：

1）计算直线段 l_1、l_2、l_3……的长度。

2）计算 r/t，根据表 3-1 查出中性层位移系数 x 的值。

3）按中性层计算公式 $\rho = r + xt$ 计算各圆弧段中性层弯曲半径 ρ。

4）按照各中性层弯曲半径 ρ_1、ρ_2、ρ_3……与对应弯曲中心角 α_1、α_2、α_3……计算各圆弧段展开长度 a_1、a_2、a_3……。

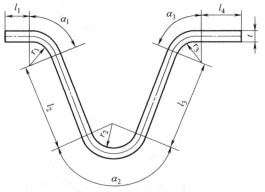

图 3-39 多角弯曲件的展开长度

$$a = \frac{\pi \rho \alpha}{180°}$$

5）计算总展开长度。总展开长度等于所有直线段和弯曲部分中性层展开长度之和

$$L = l_1 + l_2 + l_3 + \cdots + a_1 + a_2 + a_3 + \cdots$$

式中，L 是弯曲件总展开长度（mm）；a_1、a_2、a_3……是各圆弧线段的展开长度（mm）；l_1、

l_2、l_3……是各直线段的长度（mm）。

2. 圆角半径 $r<0.5t$

此类弯曲件的中性层变化复杂，其毛坯展开长度是按体积不变的原则计算的，计算公式见表 3-4。

表 3-4　圆角半径 $r<0.5t$ 时弯曲件展开长度计算公式

序号	弯曲特征	简　图	公　式
1	弯一个角（弯曲180°）		$L=l_1+l_2-0.43t$
2	弯一个角（弯曲90°）		$L\approx l_1+l_2+0.4t$
3	一次同时弯两个角		$L=l_1+l_2+l_3+0.6t$
4	一次同时弯三个角		$L=l_1+l_2+l_3+l_4+0.75t$
5	一次同时弯两个角,第二次弯曲另一个角		$L=l_1+l_2+l_3+l_4+t$
6	一次同时弯四个角		$L=l_1+2l_2+2l_3+t$
7	分两次弯曲四个角		$L=l_1+2l_2+2l_3+1.2t$

计算时应注意以下几点：

1）对于同一形状的弯曲件，若弯曲方法不同，那么毛坯的展开尺寸也不一样。

2）对于尺寸精度要求高的弯曲件，其毛坯展开长度应在试件弯曲后进行矫正，修改模具后才能进行批量下料。

三、弯曲力的计算和设备选择

弯曲力是指压力机完成预定的弯曲工序所需施加的压力，是选择合适压力机的依据。

弯曲力的大小与毛坯尺寸、材料力学性能、凹模支点间的距离、弯曲半径、凸凹模间隙等因素有关，计算过程非常复杂，生产中常用经验公式进行计算。

1. 自由弯曲时的弯曲力

按弯曲件的形状可分为 V 形件和 U 形件两种情况。

（1）对于 V 形件

$$F_z = \frac{0.6kbt^2 R_m}{r+t}$$

（2）对于 U 形件

$$F_z = \frac{0.7kbt^2 R_m}{r+t}$$

式中，F_z 是自由弯曲力（冲压结束时的弯曲力）（N）；k 是安全系数，一般取 $k=1.3$；b 是弯曲件宽度（mm）；t 是弯曲件厚度（mm）；r 是弯曲半径（内角半径）（mm）；R_m 是材料的抗拉强度（MPa）。

2. 矫正弯曲时的弯曲力

矫正弯曲是在自由弯曲阶段之后继续施加的模具压力。由于矫正弯曲力比自由弯曲力大得多，因此，在矫正弯曲时，一般只需计算矫正弯曲力。

矫正弯曲力计算公式为

$$F_j = Ap$$

式中，F_j 是矫正弯曲力（N）；p 是单位矫正压力（查表 3-5）（MPa）；A 是工件被矫正部分在凹模上的投影面积（mm²）。

表 3-5　单位矫正力 p　　　　　　　　　　　　（单位：MPa）

材　　料	材料厚度 t/mm			
	≤1	1~2	2~5	5~10
铝	10~15	15~20	20~30	30~40
黄铜	15~20	20~30	30~40	40~60
10~20 钢	20~30	30~40	40~60	60~80
25~30 钢	30~40	40~50	50~70	70~100

3. 顶件力和压料力

对于设置顶件装置或压料装置的弯曲模，顶件力或压料力可根据下式估算

$$F_Q = (0.3 \sim 0.8)F_z$$

式中，F_Q 是顶件力或压料力（N）；F_z 是自由弯曲力（N）。

4. 弯曲时压力机的确定

弯曲时所用压力机是根据弯曲时所需的总弯曲工艺力 F 来选取的。总弯曲工艺力 F 的确定如下：

（1）自由弯曲时：$F = F_z + F_Q$

（2）矫正弯曲时：$F = F_j + F_Q \approx F_j$

选择压力机时，一般应使压力机的公称压力 $F_p \geq 1.3F$。

知识点④　弯曲模具的设计

● **教学目标**

通过本节的学习，了解弯曲模设计时的注意事项，具备设计一般弯曲模结构的能力。

- **教学重、难点**

  重点：弯曲模设计时的注意事项。

  难点：弯曲模设计原则的实际应用。

- **建议教学方法**

  本节的内容较少，主要讲授弯曲模设计时要注意的事项，但实际设计中可能存在的主要问题以及如何灵活运用这些弯曲模设计原则，因此，建议在讲授法教学之后，采用分组讨论法来对若干案例进行分析和讨论。

- **问题导入**

  弯曲模的一般零部件与冲裁模的结构是相似的，因此，本节主要介绍弯曲模设计时的注意事项，这些事项作为弯曲模设计时的基本原则必须掌握，更重要的是灵活运用。

  本节的任务是在了解弯曲模设计的基本原则后，完成支架弯曲模的设计。

  弯曲模设计时的注意事项如下：

  1）应根据工件形状的复杂程度、材料的性质、尺寸精度要求的高低合理安排弯曲工序，采用多工序弯曲时各工序尽可能采用同一定位基准。

  2）毛坯放置在模具上时，必须有正确、可靠的定位。

  3）弯曲凸、凹模的定位要准确，结构要牢固。当弯曲过程中有较大的水平侧向力作用于模具上时，应设计侧向力平衡挡块等结构，当分体式凹模受到较大侧向作用时，不能让定位销承受侧向力，要将凹模嵌入下模座内固定。

  4）模具结构应能补偿回弹值。

  5）弯曲凸模圆角半径 r_p，可以先设计制作成最小允许尺寸，以便试模后根据需要修正放大。

  6）对于对称弯曲件，弯曲凸模圆角半径和凹模圆角半径应保证两侧对称相等，以免弯曲时毛坯产生偏移；非对称件尽量采用成对弯曲。

  7）结构设计时，应考虑尽可能实现矫正弯曲。

  8）设计模具时，应注意放入和取出工件的操作安全性。

  9）弯曲毛坯应使弯曲工序的弯曲线与材料纤维方向垂直，或成一定角度。

项目实施及评价

项　　目	序号	技术要求	配分	评分标准	得分
产品工艺分析 （15%）	1	成形工艺分析合理	5	不合理每处扣 1 分	
	2	技术要求分析合理	5	不合理每处扣 1 分	
	3	结构工艺分析合理	5	不合理每处扣 1 分	
模具结构和工艺方案拟订 （20%）	1	工序安排和排样合理	15	不合理每处扣 1 分	
	2	模具总体结构可行	5	不合理每处扣 1 分	
工艺计算 （30%）	1	凸、凹模间隙合理	5	不合理每处扣 1 分	
	2	凸、凹模刃口尺寸准确	10	不正确每处扣 1 分	
	3	毛坯尺寸计算准确	10	不正确每处扣 1 分	
	4	弯曲力计算和设备选择合理	5	不合理每处扣 1 分	
模具零部件结构设计 （25%）	1	凸、凹模设计合理	10	不合理每处扣 1 分	
	2	定位装置设计合理	5	不合理每处扣 1 分	
	3	卸料装置设计合理	5	不合理每处扣 1 分	
	4	固定零件设计合理	5	不合理每处扣 1 分	

（续）

项　目	序号	技术要求	配分	评分标准	得分
相关知识及职业能力 （10%）	1	理论知识	2	视情况酌情给分	
	2	图样整洁性和报告撰写能力	2		
	3	自学能力	2		
	4	表达沟通能力	2		
	5	合作能力	2		

拓展训练

一、分析弯曲实验中的弯曲件存在的质量问题及可能的原因，并提出解决措施。

二、判断题图 3-1 中弯曲件结构工艺的合理性。

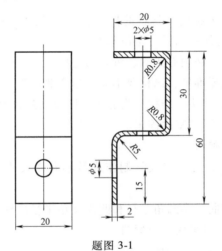

题图 3-1

三、设计题图 3-2 中弯曲件的成形工艺方案。

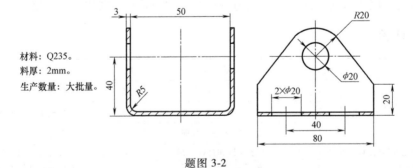

材料：Q235。
料厚：2mm。
生产数量：大批量。

题图 3-2

四、进行弯曲模的装配及在曲柄压力机上进行装卸实训，步骤参照项目 1 的拓展训练。

项目 3　扩展任务——弯曲模具工作零件的制造

项目4　电位器接线片拉深模的设计与制造

项目目标

通过本项目的实施和相关知识的掌握，要求达到以下目标：

1）了解拉深工艺和过程及其变形特点，能够对典型拉深件进行工艺性分析，判断可能出现的质量问题并提出合理的解决方案。

2）了解拉深模的典型结构和分类、毛坯的计算及拉深系数的概念，能够确定一般拉深件所需的拉深次数和各次的工序尺寸，具备针对一般拉深件拟订合理拉深工艺方案的能力。

3）了解一般拉深件的工艺计算流程和内容，能够对一般拉深件成形进行正确的工艺计算。

4）了解拉深模的结构设计要点，能够针对各种形状的拉深件选择合适的拉深模结构，对拉深模的各组成零部件进行结构设计。

5）了解拉深模的加工技术要求和要点，能够针对一般拉深件编制工作零件的加工工艺。

6）了解冲裁拉深级进模的设计，尤其是其冲压件工艺方案的拟订和排样设计，能够设计一般难度的冲裁拉深级进模。

项目分析

电位器接线片拉深件属于矩形件，一次拉深的难度较大，而且中间还带有孔位，如图 4-1 所示。材料为 08 钢板，厚度 $t = 2mm$，大批量生产，对冲压件的尺寸精度和位置精度要求一般。该项目要求制订、冲压件的合理成形工艺方案，设计出相应的冲压模具。

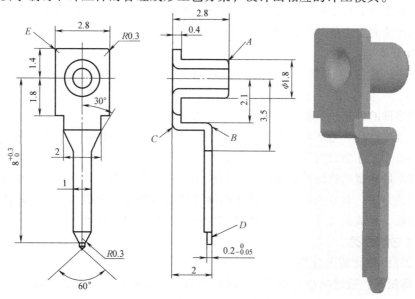

图 4-1　电位器接线片拉深件零件图

知识链接

知识点①　拉深成形工艺

● **教学目标**

通过本节的学习，了解拉深工艺的分类和变形特点、拉深成形的变形过程、拉深件的主要质量问题和拉深件的工艺性分析，具备针对一般拉深件进行工艺分析的能力。

● **教学重、难点**

重点：拉深工艺的分类；拉深工艺过程及分析；拉深件的主要质量问题；拉深件的工艺性分析。

难点：拉深工艺过程及分析。

● **建议教学方法**

本节中"拉深工艺的分类"中的变形特点需要一定的思维分析，建议以启发性问答教学法为主；"拉深工艺过程及分析"的知识是基础和关键，对这一部分建议以透彻的讲授法教学为主，穿插启发性问答的教学法；其他小节内容建议结合"拉深工艺过程及分析"的知识采用简单的讲授法教学，再对若干案例通过分组讨论法进行分析来巩固相关知识。

● **问题导入**

对拉深件进行工艺分析是拉深模设计的第一步。为了深入理解拉深件的工艺性，需要深入了解拉深件的分类和拉深成形的变形过程，进而分析拉深件可能产生的主要质量问题，从而更好地理解拉深件的工艺性。

本节的任务是通过掌握拉深成形的相关工艺知识，完成电位器接线片拉深成形的工艺分析。

一、拉深件与拉深工艺的分类

拉深是指利用模具将平板毛坯冲压成各种开口的空心零件，或将已制成的开口空心件压制成其他形状和尺寸的空心件的一种冲压加工方法。

1. 拉深件分类

冲压生产中，拉深的种类很多，各种拉深件按变形力学特点可以分为几种基本类型见表 4-1。

虽然这些零件的冲压过程都叫作拉深，但是由于其几何形状不同，在拉深过程中，它们的变形区位置、变形性质、毛坯各部位的应力状态和分布规律等都有相当大的差别，所以在确定拉深的工艺参数、工序数目与工艺顺序等方面都不一样。

圆筒形件是最典型的拉深件，掌握了它的拉深工艺性和工艺计算方法后，其他零件的拉深工艺可以借鉴其方法。本节内容主要围绕无凸缘圆筒形拉深件，介绍其结构工艺性、毛坯尺寸计算、拉深次数、半成品尺寸、拉深力以及如何进行模具结构设计等。

2. 拉深工艺的分类

（1）按壁厚的变化情况分类

1）不变薄拉深：通过减小毛坯或半成品的直径来增加拉深件高度，拉深过程中材料厚度的变化很小，可以近似认为拉深件壁厚等于毛坯厚度。

2）变薄拉深：是以开口空心件为毛坯，通过减小壁厚的方式来增加拉深件高度，拉深过

表 4-1　拉深件的分类

拉深件名称			拉深件简图	变形特点
直壁类拉深件	轴对称零件	圆筒形件 带凸缘圆筒形件 阶梯形件	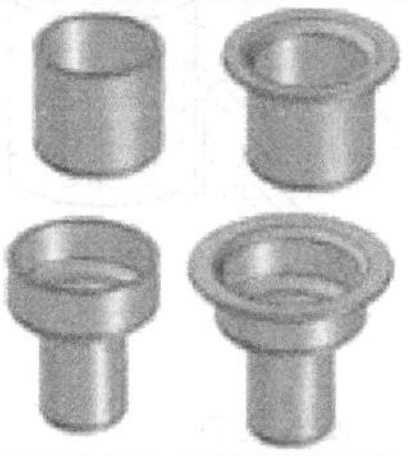	1. 拉深过程中变形区是坯料的凸缘部分，其余部分是传力区 2. 坯料变形区在切向压应力和径向拉应力作用下，产生切向压缩与径向伸长的变形，即一向受压一向受拉 3. 极限变形程度主要受坯料传力区承载能力的限制
直壁类拉深件	非轴对称零件	盒形件 带凸缘盒形件 其他形状零件	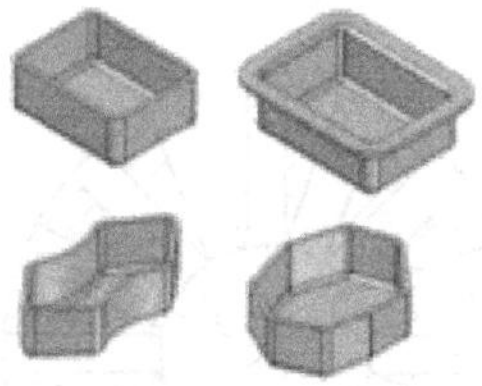	1. 变形性质同前，区别在于一向受拉一向受压的变形在坯料周边上分布不均匀，圆角部分变形大，直边部分变形小 2. 在坯料的周边上，变形程度大与变形程度小的部分之间存在着相互的影响与作用
直壁类拉深件	非轴对称零件	曲面凸缘的零件	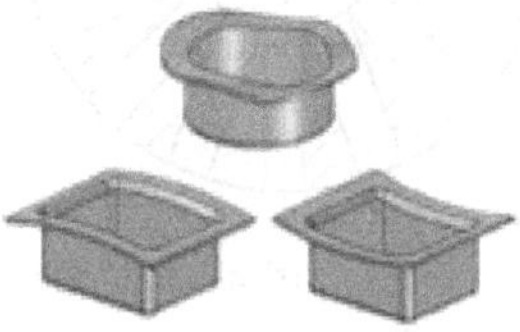	除具有同之前相同的变形性质外，还有如下特点 1. 因零件各部分高度不同，在拉深开始时有严重的不均匀变形 2. 拉深过程中，坯料变形区内还要发生剪切变形
曲面类拉深件	轴对称零件	球面类零件 锥形件 其他曲面零件	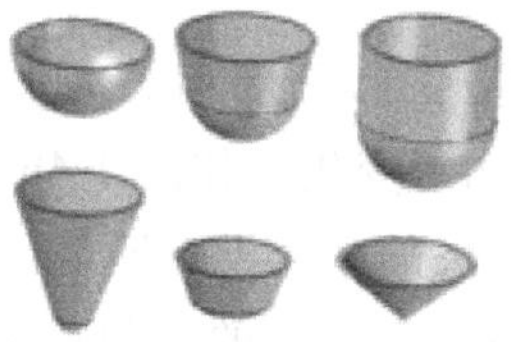	拉深时坯料变形区由两部分组成 1. 坯料外部是一向受拉一向受压的拉深变形 2. 坯料的中间部分是受两向拉应力的胀形变形区
曲面类拉深件	非轴对称零件	平面凸缘零件 曲面凸缘零件	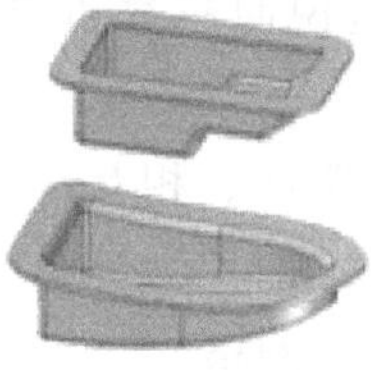	1. 拉深时坯料的变形区也是由外部的拉深变形区和内部的胀形变形区所组成，但这两种变形在坯料中的分布是不均匀的 2. 曲面凸缘零件拉深时，在坯料外周变形区内还有剪切变形

程中筒壁厚度显著变薄。

（2）按使用的毛坯的形状分类

1）第一次拉深（使用平板毛坯）。

2）以后的各次拉深（以开口空心件为毛坯）。

二、拉深工艺过程及分析

图 4-2 为将圆形平板毛坯拉深成筒形件的过程。

拉深时，圆形凸模（直径为 d_p）将金属板料拉入凹模，形成开口空心形状。在此过程中，圆形毛坯直径逐渐缩小（图 4-2 中所示扇形 *abdc* 部分），拉深形成的空心筒形件的高度不断增加，直到拉深成形。

下面以最常见的圆筒形件的拉深为例进行分析。

1. 在拉深过程中存在金属的塑性流动

如图 4-3 所示，只要剪去图中的阴影部分，再将剩余部分沿直径 d 的圆周弯折起来，并加

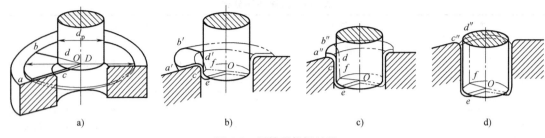

图 4-2　圆筒形拉深过程

以焊接，就可以得到一个直径为 d、高度为 $(D-d)/2$ 的圆筒形件，其周边带有数条焊缝，口部呈波浪状。

　　这说明圆形平板毛坯，在成为筒形件的过程中必须去除多余的材料，但在用圆形平板毛坯拉深成筒形件的过程中，并没有去除多余的材料，因此只能认为多余的材料在拉深过程中发生了流动，流向拉深件的口部。

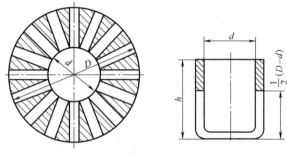

图 4-3　拉深时材料的"转移"

2. 拉深网格实验

　　在圆形平板毛坯上，先画出间距相等的同心圆和分度相等的辐射线，画成如图 4-4a 所示的网格，之后再进行拉深。拉深后网格发生了如下变化，如图 4-4b 所示。

　　1）筒底的网格基本上保持不变。这说明筒底的金属没有明显的流动，基本上不变形。

　　2）拉深前等距离的同心圆，拉深后变成与筒底平行的、距离不等的水平圆周线，且越往上部，间距增加得越大，即 $a_1 > a_2 > a_3 > a_4 > a_5$，这说明越靠近外部，金属的径向流动量越大（因为这里多余的金属量越大）。

　　3）拉深前等角度的辐射线，拉深后变成了等距离、相互平行、垂直于筒底的平行线。这说明金属有切向缩小的应变，且越往外部，应变量越大。

　　4）拉深前筒壁上的扇形网格，拉深后变成矩形网格。

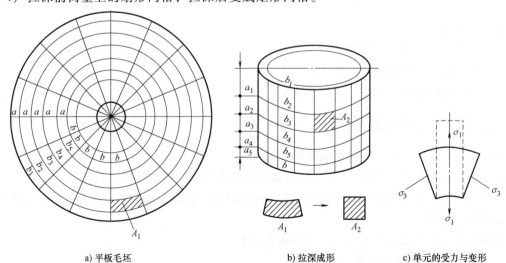

a) 平板毛坯　　　　　　　　　b) 拉深成形　　　　　　　　c) 单元的受力与变形

图 4-4　拉深网格试验

3. 应力应变分析

取变形区内的一个网格单元来进行分析。如图 4-4c 所示的网格单元，在拉深过程中主要受到由凸模作用传递过来的径向拉应力 σ_1 和由于直径缩小相互挤压而产生的切向压应力 σ_3 的作用。

1）在 σ_1 和 σ_3 的作用下，网格由扇形变成矩形。

2）多余的金属流向工件的口部，使其高度增加。

3）越到口部，多余的金属越多，相互挤压越严重，切向压应力 σ_3 越大。其壁厚增加，又使径向拉应力 σ_1 增大，在 σ_3 和 σ_1 的作用下，沿径向的拉伸量越大，变形越严重。

4. 拉深过程中毛坯各个部分的特征

（1）毛坯各部位的应力应变情况　为便于分析，可以将其分为 5 个部分，如图 4-5 所示。

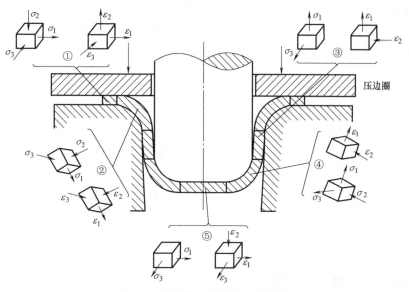

图 4-5　拉深件各部分的应力状态

1）平面凸缘部分（主要变形区）。这是前面讲的由扇形网格变为矩形网格的区域，是拉深的主要变形区。该部分受到凸模经过壁部传过来的径向拉应力 σ_1 和切向压应力 σ_3、在厚度方向受到为防止起皱而设置的压边圈的压应力 σ_2 的作用，产生径向伸长应变 ε_1 和切向压缩应变 ε_3，在厚度方向虽然受到压力，但仍产生伸长应变 ε_2，使壁部增厚（多余的金属都要流动到主要变形区）。

2）凹模圆角部分（过渡区）。这是由凸缘向筒壁变形的过渡区，材料变形比较复杂，除了有平面凸缘部分的变形特点外，由于材料还在凹模圆角处产生弯曲，根据平板弯曲的应力应变分析可知，它在厚度方向受到压应力 σ_2 的作用。此处材料厚度减薄。

3）筒壁部分（传力区）。此时金属已成筒形，材料不再产生大的变形。但该处是拉深件的传力区，因此它承受单向拉应力 σ_1，同时也产生少量的纵向伸长应变 ε_1 和厚向压缩（变薄）应变 ε_2。

4）凸模圆角部分（过渡区）。这部分是筒壁和圆筒底部的过渡区，材料承受筒壁较大的径向拉应力 σ_1 和切向拉应力 σ_3，厚度方向由于凸模的压力和弯曲作用而受到压应力 σ_2。在这个区域的筒壁与筒底转角处稍上的地方，拉深开始时材料处于凸、凹模间，需要转移的材料较少，受变形的程度小，冷作硬化程度低，加之该处材料变薄，使传力的截面积变小，所以此处往往成为整个拉深件强度最薄弱的地方，是拉深过程中的"危险断面"。

5）筒底部分（小变形区）。该处受到两向拉应力 σ_1 和 σ_3 的作用，但由于受到凸模摩擦阻力的作用，这部分材料变薄很小，一般只有 1%～3%，可以忽略不计。

（2）厚度变化　在径向拉应力 σ_1 和切向压应力 σ_3 的作用下，材料发生流动，在往径向流动的同时也往厚度方向流动。越往口部，变形量越大，厚度的增加量也越大。具体情况如图 4-6 所示。

1）筒底部分。筒底厚度与毛坯厚度基本相同，其厚度变化可以忽略不计。

2）筒壁部分。下薄上厚，在筒壁与筒底圆角相切处稍偏上部分最薄，越往口部越厚。

3）平面凸缘处厚度最大。

（3）硬度变化　拉深是一个塑性变形过程，材料变形后必然要发生加工硬化现象。加工硬化会使拉深件的强度和刚度高于毛坯，同时引起塑性降低，使进一步拉深时变形困难。

但拉深过程中的变形是不均匀的，从筒底到平面凸缘，其塑性变形由小逐渐变大，其硬度也逐渐增大，如图 4-7 所示。这与工艺要求正好相反（从拉深工艺角度看，筒底硬度要大，而口部的硬度要小，这样便于金属流动）。

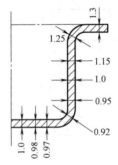

图 4-6　拉深件壁厚的变化

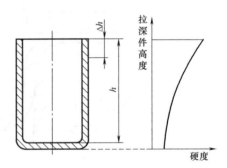

图 4-7　拉深件硬度的变化

三、拉深件的主要质量问题

1. 起皱

在拉深时，凸缘材料存在着切向压应力 σ_3，当这个压应力大到一定程度时，板材切向将因失稳而拱起，这种现象称为起皱，如图 4-8 所示。起皱现象与毛坯的相对厚度（d/t）和切向压应力 σ_3 的大小有关，如果毛坯的相对厚度越小，切向压应力越大，则越容易起皱。由于最大切向压应力出现在凸缘的最外缘，因此起皱也首先发生在凸缘部分的最外缘。

拉深件起皱以后，轻则使工件口部附近产生波纹，影响拉深件的质量；重则由于起皱凸缘材料不能通过凸、凹模之间的拉深间隙而使工件拉破。防止起皱的措施，主要是减小切向压应力 σ_3 的影响，如：

1）在拉深模结构上加压边圈，对平面凸缘施压厚度方向上的压应力 σ_2，以防止拱起。

2）减小变形程度（降低拉深件的高度），减小 σ_3 的值。

3）加大平面板料的相对厚度 d/t，降低 σ_3 的影响。

2. 破裂

拉深件的厚度沿底部向口部方向是不同的，底部厚度基本不变，筒壁部分下薄上厚。而在筒壁与筒底圆角相切处稍靠上的位置，板材的厚度最薄，通常称此断面为"危险断面"。当该断面所受到的径向拉应力 σ_1 超过板材的抗拉强度 R_m 时，拉深件就会在危险断面处破裂，如图 4-9 所示。

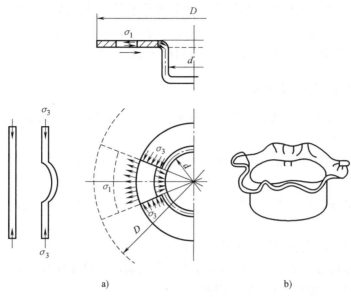

图 4-8　拉深件凸缘区的起皱

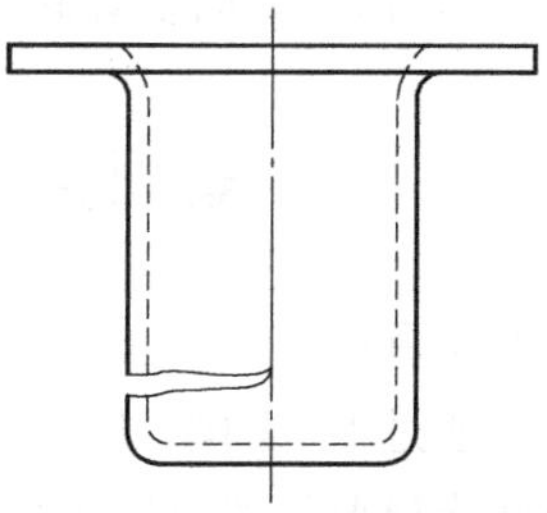

在凸模圆角部位的金属承载能力也很低，但因为凸模的摩擦作用，一般不会发生破裂。

1）破裂的主要原因：径向拉应力 σ_1 过大。

2）防止破裂的措施：主要是降低径向拉应力 σ_1 的影响。

① 增大凹模圆角半径和进行合理的润滑，以降低所需的拉应力 σ_1，防止破裂。

② 增大凸模的表面粗糙度，以增大毛坯与凸模表面的摩擦力，阻碍毛坯变薄，防止破裂。

③ 减小压边力，以降低所需的拉深力。

图 4-9　筒壁的拉裂

四、拉深件的结构工艺性

在拉深过程中，毛坯会发生金属流动，为利于毛坯的金属流动，拉深件应满足如下工艺要求：

（1）拉深件的形状　拉深件的形状应简单、对称，尽量避免外形的急剧变化。对于多次拉深制件，其筒壁和凸缘的内、外表面应允许出现压痕。不对称的空心件应组合成对称形状进行拉深，之后再切开成形。

（2）拉深件的高度　拉深件的高度 h 对拉深成形的次数和成形的质量都有很大的影响。常见零件一次成形的拉深高度应满足如下条件：

如图 4-10a 所示，无凸缘筒形件：$h \leqslant (0.5 \sim 0.7)d$。

如图 4-10b 所示，带凸缘筒形件：当 $d_t/d \leqslant 1.5$ 时，$h \leqslant (0.4 \sim 0.6)d$。

（3）拉深件的圆角半径　拉深件的圆

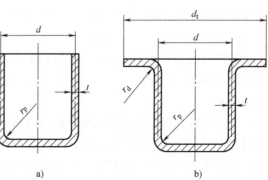

图 4-10　圆筒形件

角半径指的是内形半径，包括凸缘与筒壁之间的圆角半径 r_d 和筒底与筒壁间的圆角半径 r_p。一般情况下，应满足 r_d 和 $r_p \geqslant 2t$，当 $r_d < 2t$ 或 $r_p < t$ 时，需增加整形工序。为了便于拉深顺利进行，圆角半径的取值都较大，通常取 $r_d \geqslant (4 \sim 8)t$，$r_p \geqslant (3 \sim 5)t$。

五、拉深件的尺寸标注和精度

由于在拉深过程中存在金属的塑性流动现象，致使拉深件各部位的厚度不一致，因此尺寸标注时要注意以下几点：

1）直径尺寸应根据使用要求明确标注内形尺寸或外形尺寸，不得同时标注内形和外形尺寸。

2）高度尺寸最好以底部为基准进行标注，不宜以口部为基准进行标注（因为口部通常还要进行切边工序）。

3）圆角半径只能标注在内形（内角半径）。

4）材料的厚度尺寸，最好标注在筒底部位（筒底的厚度尺寸基本不变）。

拉深件的精度则一般需要考虑如下因素：

1）拉深件的径向尺寸公差等级一般不高于 IT11，如超过 IT11，则需增加整形工序。

2）高度方向要有修边余量，裁切后总高度才可满足较高的精度要求。

知识点② 拉深模具结构和工艺方案的拟订

● **教学目标**

通过本节的学习，了解拉深模的结构分类和典型结构、拉深件毛坯尺寸的计算、无凸缘和带凸缘筒形件的拉深次数和各次拉深工序尺寸的计算，具备针对圆形件拟订拉深工艺方案的能力。

● **教学重、难点**

重点：拉深模典型结构；拉深件毛坯尺寸的计算；无凸缘和带凸缘筒形件的拉深次数和各次拉深工序尺寸的计算。

难点：无凸缘和带凸缘筒形件的拉深次数和各次拉深工序尺寸的计算。

● **建议教学方法**

本节中"拉深模具结构分类"和"拉深模典型结构"具有直观性的特点，建议以讲授法教学的同时，采用三维动画仿真或实物模型辅助教学；"各种形状拉深件的拉深次数"和"各次拉深工序尺寸的计算"中拉深系数的概念非常重要，建议结合拉深工艺过程和拉深件的主要质量问题，采用启发性问答的教学法，提高思考的主动性和积极性，加深对这一问题的理解。需要注意的是，对于复杂的非圆筒形工件，其拉深工艺计算往往因为比较困难，通常都采用专门的模拟软件来分析，如 Dynaform、Autoform、Pamstamp 等。

● **问题导入**

对于某些拉深件一次拉深成形如出现破裂等质量问题，就可能需要多次拉深，并需考虑采用何种拉深模结构来实现多次拉深，因此，拉深工艺方案的拟订必须首先确定拉深的次数，然后才能确定各次拉深的工序尺寸，并在掌握拉深模典型结构和分类知识的基础上，确定拉深模的拉深工艺方案。

本节的任务是在掌握相关拉深工艺的知识后，完成电位器接线片的拉深工艺方案的拟订。

一、拉深模具结构分类及典型结构

拉深模的种类很多，可以从不同的角度进行分类。常用的分类方法如下：

1）按工序顺序分：①首次拉深模；②以后各次拉深模。

2）按有无压边装置分：①带压边装置的拉深模；②无压边装置的拉深模。

3）按使用设备分：①单动压力机用拉深模；②双动压力机用拉深模；③三动压力机用拉深模。

4）按工序的组合分：①单工序拉深模；②复合拉深模；③连续拉深模。

一般工件的拉深要经过数道拉深工序才能完成，所以可以采用多套单工序拉深模或级进拉深模来实现。

按有无压边装置分类，拉深模的典型结构如下：

1. 无压边圈拉深模

图4-11所示为无压边圈拉深模，动作原理简单，拉深后，制件自动由凹模孔落下。其特点是：

1）结构简单，制造简便。凹模洞口可设计为圆角形，也可设计为圆锥形（锥面通常为30°）或椭圆形等，以利于材料变形。

2）没有导向机构，安装时由校模圈调整凸凹模间隙，保证拉深间隙均匀。

3）为防止轻微起皱，模具应取使板材稍微变薄的间隙为好，凹模直壁高度 L 不宜过高，一般为 9～13mm。

4）通常适用于一些塑性好，毛坯相对厚度（$(t/D) \times 100 > 2$）较大、拉深系数较大（一般为 $m_1 > 0.6$ 或 $m_n > 0.8$）的浅拉深件，因为拉深模具没有压边装置，塑性好、相对厚度较大的工件在拉深过程中不易起皱。

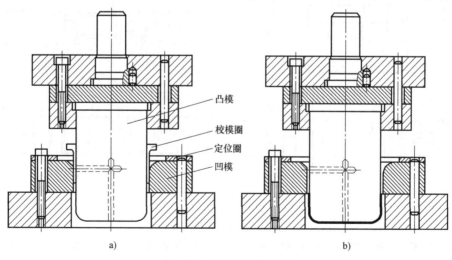

图4-11　无压边圈拉深模

2. 带压边圈拉深模

图4-12所示为压边圈装在上模部分的拉深模（正装拉深模），其特点是弹性元件装在上模，因此凸模较长，适宜用于拉深深度不大的制件。

图4-13所示为压边圈装在下模部分的倒装落料拉深复合模。该模具有如下特点：

1）压边圈的弹性元件通过下模座和压力机工作台面中心的孔装在工作台下面，因此空间较大，允许弹性元件有较大的压缩行程，可以拉深深度较大一些的拉深件，且对压边力调节十分方便。

2）为了保证模具工作时先落料、后冲裁，在初始位置时必须使拉深凸模9的顶面低于落料凹模10，两者相差的高度为：毛坯厚度+落料凹模刃磨量。

3）压边圈还兼起卸料作用。拉深结束后，压边圈使拉深件留在凸凹模4内，然后由打料杆3推出。

4）这类模具生产效率高、操作方便、工件质量好，在生产中经常采用。

3. 后续各次拉深模

对于拉深系数较小即拉深深度较大的工件，可能后续还需要多次拉深。其典型结构如下：

（1）无压边装置的后续各次拉深模　无压边装置时，拉深过程中平面凸缘容易起皱，只适用于变形较小的浅拉深和整形等，如图4-14所示。

（2）带压边装置的后续各次拉深模　图4-15所示是后续的带成形压边圈的拉深模，其特点是：

1）压边圈的形状与前次拉深成形件的形状一致。

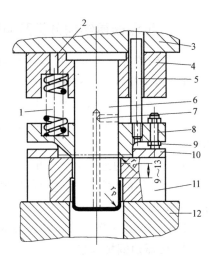

图 4-12　带压边圈的正装拉深模
1—弹簧　2—通孔　3—上模板　4—凸模
固定板　5—螺栓　6—凸模　7—凸模
气孔　8—压边圈　9—限位螺栓
10—定位板　11—凹模
12—下模板

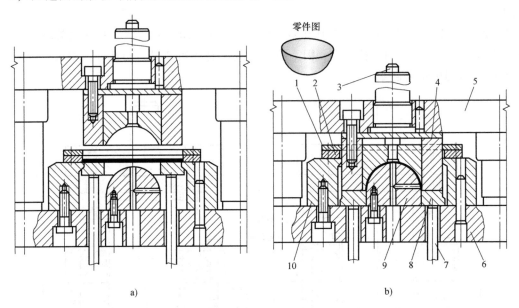

a)　　　　　　　　　　　　　　　　b)

图 4-13　带压边圈的倒装落料拉深复合模
1—导料板　2—刚性卸料板　3—打料杆　4—凸凹模　5—上模座　6—下模座　7—顶杆　8—压边圈
9—拉深凸模　10—落料凹模

2）为了防止弹性压边力随着拉深行程的增加而不断增加，可以在压边圈上安装限位销来控制压边力。

3）压边圈和凸模制件是小间隙配合。

后续各次拉深模与首次拉深模相比，主要的不同点在于所使用的毛坯形状不一样。首次拉深模使用的毛坯是平板材料，而后续各次拉深模使用的毛坯是前次拉深的成形件，因而其定位

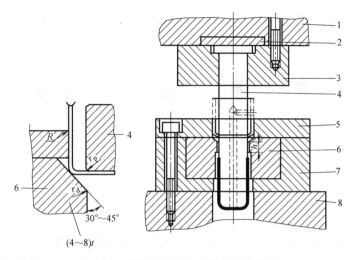

图 4-14   无压边装置的后续各次拉深模

1—上模座   2—垫板   3—凸模固定板   4—凸模   5—定位板   6—凹模   7—凹模固定板   8—下模座

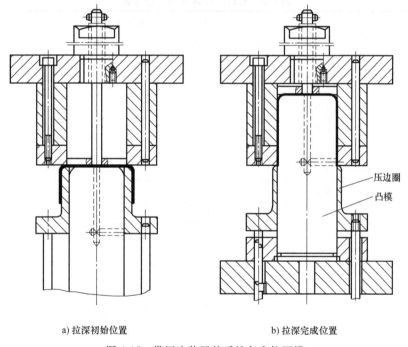

a) 拉深初始位置   b) 拉深完成位置

图 4-15   带压边装置的后续各次拉深模

装置不一样。典型的有如下三种：

1）采用特定的定位板定位，如图 4-14 所示。

2）在凹模上加工出和半成品一致的形状用于定位。这种形式的凹模加工困难，较少采用。

3）可在半成品的内孔处用压边圈的外形来定位，如图 4-15 所示。

二、拉深件毛坯尺寸的计算

1. 确定修边余量

拉深用的板材存在着各向异性以及拉深时金属流动条件的差异，在实际的生产中毛坯的中心和凸、凹模的中心也不可能完全重合，因此拉深件口部不可能很整齐，通常需要有修边工序，以切去口部不整齐的部分。为此，在计算毛坯时，应预先加上修边余量，如图4-16所示。

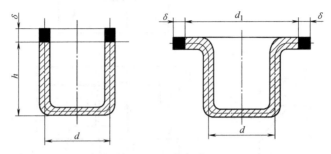

图 4-16　加修边余量

计算毛坯尺寸时应在工作高度方向上或凸缘上增加修边余量，但因变量太多，准确计算修边余量是非常困难的，所以进行模具设计时，可以根据经验确定或查表求得，见表 4-2 和表 4-3。

表 4-2　无凸缘拉深件的修边余量　　　　　　　　　（单位：mm）

拉深高度 h	拉深相对高度 h/d 或 h/B			
	0.5~0.8	0.8~1.6	1.6~2.5	2.5~4
≤10	1.0	1.2	1.5	2.0
10~20	1.2	1.6	2.0	2.5
20~50	2.0	2.5	3.3	4.0
50~100	3.0	3.8	5.0	6.0
100~150	4.0	5.0	6.5	8.0
150~200	5.0	6.3	8.0	10.0
200~250	6.0	7.5	9.0	11.0
>250	7.0	8.5	10.0	12.0

注：1. B 为正方形的边宽或长方形的短边宽度。
　　2. 对于高拉深件必须规定中间修边余量。
　　3. 对厚度小于 0.5mm 的薄材料作多次拉深时，应按表值增加 30%。

表 4-3　有凸缘拉深件的修边余量　　　　　　　　　（单位：mm）

凸缘直径 d_1（或 B_1）	拉深相对高度 d_1/d 或 B_1/B			
	0.5~0.8	0.8~1.6	1.6~2.5	2.5~4
≤10	1.0	1.2	1.5	2.0
10~20	1.2	1.6	2.0	2.5
20~50	2.0	2.5	3.3	4.0
50~100	3.0	3.8	5.0	6.0
100~150	4.0	5.0	6.5	8.0
150~200	5.0	6.3	8.0	10.0
200~250	6.0	7.5	9.0	11.0
>250	7.0	8.5	10.0	12.0

注：B 为正方形的边宽或长方形的短边宽度。

2. 计算毛坯尺寸

（1）毛坯尺寸的计算原则

1）面积相等原则。拉深后工件各部位的厚度不一致，但拉深后工件的平均厚度与毛坯的厚度相差不大，可以近似认为毛坯在拉深后厚度不变。因此可以根据拉深件的表面积等于毛坯表面积的原则来计算毛坯尺寸。

2）考虑板材厚度对计算的影响。当 $t<1mm$ 时，按工件标注尺寸计算；当 $t \geq 1mm$ 时，按工件中线尺寸计算。当毛坯的厚度 $t<1mm$ 时，按外形尺寸和内形尺寸来计算毛坯的尺寸时，相差不大，因此可以按工件的标注尺寸进行计算；当 $t \geq 1mm$ 时，计算结果相差较大，必须用工件的中线尺寸进行计算。

（2）简单形状拉深件的毛坯计算　根据表面积相等的原则，可得，$A = \dfrac{\pi D^2}{4}$

则毛坯直径为，$D = \sqrt{\dfrac{4A}{\pi}} = \sqrt{\dfrac{4}{\pi} \sum\limits_{i=1}^{n} a_i}$

式中，A 是拉深件（包括修边余量）的总表面积（mm^2）；a_i 是各简单形状的表面积（mm^2），部分计算公式可查表 4-4。

表 4-4　部分旋转体表面积的计算公式

序号	表面形状	图形	表面计算公式
1	圆形		$A = \dfrac{\pi}{4} D^2 = 0.785 D^2$
2	圆环形		$A = \dfrac{\pi}{4}(D^2 - d^2)$
3	圆筒形		$A = \pi d h$
4	截头锥形		$A = \dfrac{\pi}{2} l(d_1 + d_2)$ $l = \sqrt{h^2 + \left(\dfrac{d_2^2 - d_1^2}{2}\right)^2}$
5	球带		$A = 2\pi r h$
6	1/4 球环		$A = \dfrac{\pi}{2} r(\pi d + 4r)$

（3）复杂形状旋转体的毛坯计算

1）久里金法则：任何形状的母线绕某轴旋转一周所构成的旋转体的表面积，等于该母线的长度与该母线形心绕该轴旋转所得周长的乘积。即

$$A = l \cdot 2\pi R_x = 2\pi R_x l$$

式中，A 是旋转体的表面积（mm^2）；R_x 是母线形心的旋转半径（mm）；l 是母线长度（mm）。

其中，直线的形心在直线的中点，圆弧的形心按表 4-5 所给的计算公式求得。

表 4-5　圆弧形心到旋转轴的距离计算公式

中心角 $\alpha < 90°$ 时弧的形心到 yy 轴的距离	中心角 $\alpha = 90°$ 时弧的形心到 yy 轴的距离
$R_x = R\dfrac{180°\sin\alpha}{\pi\alpha},\ R_x = R\dfrac{180°(1-\cos\alpha)}{\pi\alpha}$	$R_x = \dfrac{2}{\pi}R$
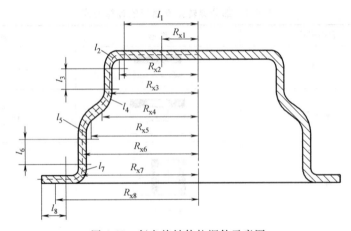	

2）计算步骤。下面以图 4-17 所示的复杂形状旋转体拉深件为例，说明其计算步骤。

图 4-17　复杂旋转体拉深件示意图

① 将工件厚度中线的轮廓线（包括修边余量）分成若干段直线和圆弧（或近似的直线和圆弧）。

② 计算出各线段的长度 L_1，L_2，$\cdots$，L_n 和各线段形心的旋转半径 R_{x1}，R_{x2}，$\cdots$，R_{xn}。

③ 根据久里金法则计算出旋转体的表面积之和

$$A = 2\pi R_{x1}l_1 + 2\pi R_{x2}l_2 + \cdots + 2\pi R_{xn}l_n = 2\pi\sum_{i=1}^{n}R_{xi}l_i$$

④ 根据面积相等原则，计算出毛坯直径 D，根据毛坯表面积等于工件表面积原则

$$\frac{\pi D^2}{4} = A = 2\pi(R_{x1}l_1 + R_{x2}l_2 + \cdots + R_{xn}l_n)$$

即，$D = \sqrt{8(R_{x1}l_1 + R_{x2}l_2 + \cdots + R_{xn}l_n)} = \sqrt{8\sum_{i=1}^{n}R_{xi}l_i}$

三、拉深系数与无凸缘筒形件拉深次数的确定

1. 拉深系数的概念

拉深系数是指拉深后的工件直径与拉深前的工件（或毛坯）直径之比。拉深系数是拉深

变形程度的标志。拉深系数小，表示拉深前后工件直径的变化大，即拉深的变形程度大；反之则小。

图 4-18 为用直径为 D 的毛坯经过多次拉深制成直径为 d_n、高度为 h_n 的工件的工艺过程。

1）各次拉深系数为：

$$第 1 次拉深\qquad m_1 = d_1/D$$
$$第 2 次拉深\qquad m_2 = d_2/d_1$$
$$第 3 次拉深\qquad m_3 = d_3/d_2$$
$$\vdots$$
$$第 n 次拉深\qquad m_n = d_n/d_{n-1}$$

式中，m_1，m_2，m_3，…，m_n 是第 1，2，3，…，n 次拉深系数；d_1，d_2，d_3，…，d_n 是第 1，2，3，…，n 次拉深直径。

2）总拉深系数 m 的定义为：工件直径与毛坯直径 D 之比，即

$$m = d_n/D$$

3）总拉深系数 m 等于各次拉深系数的乘积，即

$$m = \frac{d_n}{D} = \frac{d_1}{D} \cdot \frac{d_2}{d_1} \cdot \frac{d_3}{d_2} \cdot \cdots \cdot \frac{d_n}{d_{n-1}} = m_1 \cdot m_2 \cdot m_3 \cdot \cdots \cdot m_n$$

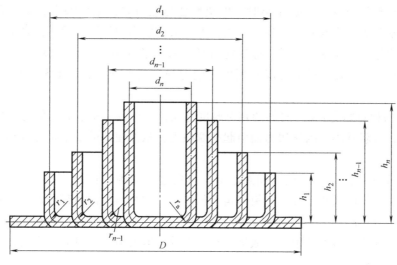

图 4-18　拉深件工序示意图

2. 极限拉深系数

使拉深件不拉裂的最小拉深系数称为极限拉深系数。无凸缘筒形件不带压边圈时的极限拉深系数见表 4-6，无凸缘筒形件带压边圈时的极限拉深系数见表 4-7。

表 4-6　无凸缘筒形件不带压边圈时的极限拉深系数

拉深系数	毛坯相对厚度(t/D)（%）				
	1.5	2.0	2.5	3.0	>3
m_1	0.65	0.60	0.55	0.53	0.50
m_2	0.80	0.75	0.75	0.75	0.70
m_3	0.84	0.80	0.80	0.80	0.75
m_4	0.87	0.84	0.84	0.84	0.78
m_5	0.90	0.87	0.87	0.87	0.82
m_6	—	0.90	0.90	0.90	0.85

表 4-7　无凸缘筒形件带压边圈时的极限拉深系数

拉深系数	毛坯相对厚度(t/D)（%）					
	0.08~0.15	0.15~0.3	0.3~0.6	0.6~1.0	1.0~1.5	1.5~2.0
m_1	0.60~0.63	0.58~0.60	0.55~0.58	0.53~0.55	0.50~0.53	0.48~0.50
m_2	0.80~0.82	0.79~0.80	0.78~0.79	0.76~0.78	0.75~0.76	0.73~0.75
m_3	0.82~0.84	0.81~0.82	0.80~0.81	0.79~0.80	0.78~0.79	0.76~0.78
m_4	0.85~0.86	0.83~0.85	0.82~0.83	0.81~0.82	0.80~0.81	0.78~0.80
m_5	0.87~0.88	0.86~0.87	0.85~0.86	0.84~0.85	0.82~0.84	0.80~0.82

注：1. 表中拉深系数适用于 08、10 和 15Mn 等普通拉深钢及 H62。对拉深性能较差的材料如 20、25、Q215、235 钢及硬铝等拉深系数应比表中数值大 1.5%~2.0%；而对塑性较好的材料，如软铝拉深系数应比表中数值小 1.5%~2.0%。

2. 表中数据适用于未经中间退火的拉深，若采用中间退火，拉深系数较表中数据应小 1.5%~2.0%。

3. 表中较小值适用于大的凹模圆角半径 $[(r_d = (8~15)t]$，较大值适用于小的凹模圆角半径 $[r_d = (4~8)t]$。

3. 影响极限拉深系数的因素

在不同的条件下极限拉深系数是不同的，影响极限拉深系数的因素主要有以下几方面：

（1）材料的力学性能　屈强比 R_e/R_m 越小对拉深越有利，因 R_e 小表示变形区抗力小，材料容易变形。而 R_m 大则说明危险断面处强度高而且不易破裂，因而 R_e/R_m 越小的材料拉深系数可取小些。材料的断后伸长率 A 小时，因塑性变形能力差，则拉深系数要取大些。材料的厚向异性系数 γ 和硬化指数 n 大时易于拉深，可以采用较小的拉深系数。这是由于 γ 大时，板材的平面方向比厚度方向变形容易，即板材的厚方向变形较小，不易起皱，传力区不易拉裂。n 大表示加工硬化程度大，则抗局部缩颈失稳能力强，变形均匀，因此板材的总体成形极限提高。

（2）毛坯的相对厚度 t/D　材料的相对厚度越大，凸缘抗失稳起皱的能力就越强，因而所需压边力减小，这就减小了因压边力而引起的摩擦力，从而使总的变形抗力减小，故极限拉深系数可减小。

（3）拉深模的几何参数　模具间隙小时，材料进入间隙后的挤压力增大，摩擦力增加，拉深力大，故极限拉深系数提高。凹模圆角半径过小，则材料沿圆角部分流动时阻力增加，引起拉深力加大，故极限拉深系数应取较大值。凸模圆角半径过小时，毛坯在此处弯曲变形程度增加，危险断面强度过多地被削弱，故极限拉深系数应取大值。模具表面光滑，表面粗糙度值小，则摩擦力小，极限拉深系数小。

（4）拉深条件　拉深时若不采用压边圈，变形区起皱的倾向增加，每次拉深时变形不能太大，故极限拉深系数增大。拉深时润滑好，则摩擦小，极限拉深系数可小些。但凸模不必润滑，否则会减弱凸模表面摩擦，对危险断面处的有益作用（盒形件例外）。

4. 拉深次数

拉深次数的确定有两种方法：

（1）查表确定　根据拉深件的相对高度 h/d 和毛坯的相对厚度 t 查表得到。表 4-8 是无凸缘筒形件拉深的相对高度 h/d 与拉深次数 n 的关系表。

表 4-8　无凸缘筒形件拉深的相对高度 h/d 与拉深次数 n 的关系（材料：08，10）

拉深次数 ＼ h/d	毛坯相对厚度(t/D)（%）					
	2.0~1.5	1.5~1.0	1.0~0.6	0.6~0.3	0.3~0.15	0.15~0.08
1	0.94~0.77	0.84~0.65	0.71~0.57	0.62~0.5	0.5~0.45	0.46~0.38
2	1.88~1.54	1.60~1.32	1.36~1.10	1.13~0.94	0.96~0.63	0.90~0.70

（续）

h/d 拉深次数	毛坯相对厚度(t/D)(%)					
	2.0~1.5	1.5~1.0	1.0~0.6	0.6~0.3	0.3~0.15	0.15~0.08
3	3.50~2.70	2.80~2.20	2.30~1.80	1.90~1.50	1.60~1.30	1.30~1.10
4	5.60~4.30	4.30~3.50	3.60~2.90	2.90~2.40	2.40~2.00	2.00~1.50
5	8.90~6.60	6.60~5.10	5.20~4.10	4.10~3.30	3.30~2.70	2.70~2.00

（2）用拉深系数确定

1）当拉深件的拉深系数 m 大于第一次极限拉深系数 m_1 时，工件只需一次拉深。极限拉深系数可据有关冲压资料或根据表 4-6 和表 4-7 查取。

2）若 $m \leqslant m_1$，则需要多次拉深（当 $m = m_1$ 时，最好采用两次拉深）。

① 从表 4-6 或表 4-7 中查得极限拉深系数 m_1，m_2，…，m_n。

②计算各次拉深后的工件直径。

$$d_1 = m_1 D$$
$$d_2 = m_2 d_1 = m_1 m_2 D$$
$$\cdots$$
$$d_n = m_n d_{n-1} = m_1 m_2 \cdots D$$

当 $d_n \leqslant d$（工件直径）时，说明第 n 次拉深工序直径已能够达到工件直径的要求，故 n 为拉深次数。

四、无凸缘筒形件各次拉深工序尺寸的计算

1. 确定各次拉深的拉深系数

在满足以下三个条件的前提下，调整并确定最终各次拉深的拉深系数，调整好的各次拉深工序直径最好为整数或一位小数，以利于模具设计。

1）$m_1' < m_2' < m_3' < \cdots < m_n'$；这意味着首次拉深变形较大，后续各次拉深变形逐步减小。

2）$m_1' - m_1 \approx m_2' - m_2 \approx m_3' - m_3 \approx \cdots \approx m_n' - m_n$；即各次拉深系数的调整幅度均匀。

3）$d_n = d$；即最后一次拉深的工序直径就是工件直径。

其中，m_1'，m_2'，m_3'，…，m_n' 分别是调整后的第 1，2，3，…，n 次的拉深系数。

2. 半成品直径的计算

由拉深系数的定义可得

$$d_1 = m_1' D$$
$$d_2 = m_2' d_1 = m_1' m_2' D$$
$$\cdots$$
$$d_n = m_n' d_{n-1} = m_1' m_2' \cdots D$$

3. 半成品高度的计算

由无凸缘筒形件的毛坯直径计算公式：$D = \sqrt{d^2 - 1.72dr - 0.56r^2 + 4dh}$，可得

$$h = 0.25\left(\frac{D^2}{d} - d\right) + 0.43\frac{r}{d}(d + 0.32r)$$

则无凸缘筒形件高度的计算公式为 $h_n = 0.25\left(\dfrac{D^2}{d_n} - d_n\right) + 0.43\dfrac{r_n}{d_n}(d_n + 0.32r_n)$

式中，h_n 是第 n 次拉深后的工件高度（mm）；D 是毛坯直径（mm）；d_n 是第 n 次拉深后的工件直径（mm）；r_n 是第 n 次拉深时中心层圆角半径（mm）。

r_n 的取值应根据凸凹模圆角半径来选取，随冲压次数逐渐减小。

五、带凸缘筒形件的拉深

带凸缘筒形件的毛坯尺寸的计算和拉深系数的计算与无凸缘筒形件一样，但在确定拉深次数和各次拉深工序尺寸时有所区别。

在拉深带凸缘筒形件时，直径为 D 的毛坯，在相同的拉深系数 $m=d/D$ 下，可拉深出不同高度、带不同凸缘直径 d_t 的制件，而其实际变形程度是不同的。为此，带凸缘筒形件拉深允许的变形程度，除了采用极限拉深系数表征之外，还需要采用极限相对拉深高度 h/d 来表征。工件的相对拉深高度越大，意味着工件变形程度越大，相对来说拉深得越深。确定拉深次数和各次拉深工序尺寸步骤如下：

1. 判断能否一次拉深成形

判断带凸缘筒形件的拉深次数，可通过拉深件的实际总拉深系数 m 与带凸缘筒形件的首次极限拉深系数 m_1（表4-9）的比较、实际相对拉深高度 h/d 与带凸缘筒形件的首次极限相对拉深高度 h_1/d_1（表4-10）的比较得到。

当 $m>m_1$，且 $h/d<h_1/d_1$ 时，可一次拉深成形。

当 $m<m_1$，且 $h/d>h_1/d_1$ 时，需多次拉深成形。

表 4-9　带凸缘筒形件的首次极限拉深系数 m_1（适用于08，10号钢）

凸缘相对直径 d_t/d	毛坯相对厚度 $t/D\times100$				
	>0.06~0.2	>0.2~0.5	>0.5~1.0	>1.0~1.5	>1.5
~1.1	0.59	0.57	0.55	0.53	0.50
>1.1~1.3	0.55	0.54	0.53	0.51	0.49
>1.3~1.5	0.52	0.51	0.50	0.49	0.47
>1.5~1.8	0.48	0.48	0.47	0.46	0.45
>1.8~2.0	0.45	0.45	0.44	0.43	0.42
>2.0~2.2	0.42	0.42	0.42	0.41	0.40
>2.2~2.5	0.38	0.38	0.38	0.38	0.37
>2.5~2.8	0.35	0.35	0.34	0.34	0.33
>2.8~3.0	0.33	0.33	0.32	0.32	0.31

表 4-10　带凸缘筒形件的首次极限相对拉深高度 h_1/d_1（适用于08，10号钢）

凸缘相对直径 d_t/d	毛坯相对厚度 $t/D\times100$				
	>0.06~0.2	>0.2~0.5	>0.5~1.0	>1.0~1.5	>1.5
~1.1	0.45~0.52	0.50~0.62	0.57~0.70	0.60~0.80	0.75~0.90
>1.1~1.3	0.40~0.47	0.45~0.53	0.50~0.60	0.56~0.72	0.65~0.80
>1.3~1.5	0.35~0.42	0.40~0.48	0.45~0.53	0.50~0.63	0.58~0.70
>1.5~1.8	0.29~0.35	0.34~0.39	0.37~0.44	0.42~0.53	0.48~0.58
>1.8~2.0	0.25~0.30	0.29~0.34	0.32~0.38	0.36~0.46	0.42~0.51
>2.0~2.2	0.22~0.26	0.25~0.29	0.27~0.33	0.31~0.40	0.35~0.45
>2.2~2.5	0.17~0.21	0.20~0.23	0.22~0.27	0.25~0.32	0.28~0.35
>2.5~2.8	0.16~0.18	0.15~0.18	0.17~0.21	0.19~0.24	0.22~0.27
>2.8~3.0	0.10~0.13	0.12~0.15	0.14~0.17	0.16~0.20	0.18~0.22

2. 确定多次拉深的方法

带凸缘筒形件有窄凸缘和宽凸缘之分，通常把 $d_t/d \le 1.4$ 的凸缘筒形件称为窄凸缘筒形件，$d_t/d > 1.4$ 的凸缘筒形件称为宽凸缘筒形件。当确定需要多次拉深时，其多次拉深方法也有所不同。

（1）窄凸缘筒形件的拉深方法 窄凸缘筒形件通常有两种成形方法：

第一种方法：在前几次拉深中不留凸缘，只在以后的拉深中形成锥形凸缘，最后再矫正成平面，如图 4-19 所示。

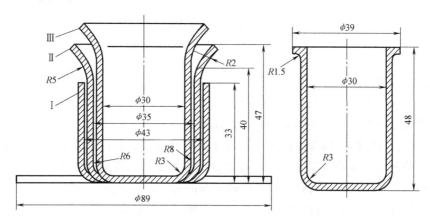

图 4-19 窄凸缘筒形件的第一种拉深方法

第二种方法：一开始就拉伸成带凸缘形状，以后各次拉伸一直保持这样的形状，只是改变各部分尺寸，直至拉到所要求的最终尺寸和形状，如图 4-20 所示。

（2）宽凸缘筒形件的拉深方法 对于宽凸缘筒形件，在第一次拉深时就达到零件所要求的凸缘直径，而在以后的各次拉深中凸缘直径保持不变。同时，为了保证以后各次拉深时凸缘不参与变形，首次拉入凹模的材料应比零件所需材料多 3%～10%，在以后各次拉深中逐次将 1.5%～3% 的材料挤回到凸缘部分，使凸缘增厚而避免拉裂。

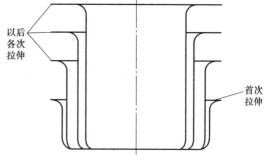

图 4-20 窄凸缘筒形件第二种拉深方法

在保持凸缘直径不变的情况下，宽凸缘筒形件的具体拉深方法可分为两种：

1）中小型（$d_t \le 200mm$）的拉深件。通常靠逐次减小筒形件直径、增加高度来达到最终尺寸要求，而半成品圆角半径保持不变，如图 4-21a 所示。这种方法拉深时不易起皱，但制件的表面质量较差，在直壁和凸缘边上常残留有弯曲和厚度局部变化的痕迹，所以最后应增加一道整形工序，这种方法适合于相对厚度较小的工件。

2）大型（$d_t > 200mm$）的拉深件。第一次拉深时形成圆角半径很大的半成品，在后续各次拉深中，工件高度基本保持不变，仅缩小直筒部分的直径和圆角半径，如图 4-21b 所示。这种方法得到的制件表面光滑平整，厚度均匀，不存在圆角部分弯曲与局部变薄的痕迹，但在第一次拉深时，因圆角半径较大，容易发生起皱，适合相对厚度较大的工件。

3. 拉深次数和后续工序尺寸的确定

（1）窄凸缘筒形件 对于窄凸缘筒形件，若 h/d 大于一次拉深的许用值时，只在倒数第

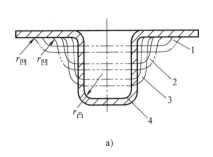
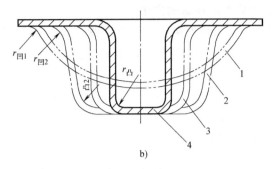

a)   b)

图 4-21　宽凸缘筒形件的拉深方法

1——次拉深　2—二次拉深　3—三次拉深　4—四次拉深

二道才拉出凸缘或者拉出锥形凸缘，最后矫正成水平凸缘。若 h/d 较小，则第一次可拉成锥形凸缘，后矫正成水平凸缘。拉深次数和后续工序尺寸可参照无凸缘筒形件来确定。

（2）宽凸缘筒形件　宽凸缘筒形件的拉深次数仍可用推算法求得。根据表 4-9，查出首次极限拉深系数 m_1，依据 m_1 拉深出凸缘直径等于工件凸缘直径的过渡形状，并根据表 4-10 校核第一次拉深的相对高度是否安全，以后各次拉深中均保持凸缘直径不变。通过表 4-11 查出后续各次的拉深系数值后计算得到后续各次的半成品直径，预算各工序的半成品的直径，直到计算的半成品筒部直径小于工件的筒部直径，从而确定总的拉深次数。

表 4-11　带凸缘筒形件的后续各次拉深系数（适用于 08，10 号钢）

拉深系数 m	毛坯相对厚度 $t/D \times 100$				
	0.15~0.3	0.3~0.6	0.6~1.0	1.0~1.5	1.5~2.0
m_2	0.80	0.78	0.76	0.75	0.73
m_3	0.82	0.80	0.79	0.78	0.75
m_4	0.84	0.83	0.82	0.80	0.78
m_5	0.86	0.85	0.84	0.82	0.80

根据调整后的各次拉深系数计算各次拉深的工序尺寸。其中，在确定第一次的拉深高度后，后续的各次半成品的拉深高度按以下公式计算

$$h_n = \frac{0.25}{d_n}(D_n^2 - d_t^2) + 0.43(r_{pn} + r_{dn}) + \frac{0.14}{d_n}(r_{pn}^2 + r_{dn}^2)$$

式中，D_n 是考虑每次多拉入筒部的材料量后求得的假想毛坯直径；d_t 是工件凸缘直径（包括修边量）；d_n 是第 n 次拉深后的拉深件筒部直径；r_{pn} 是第 n 次拉深后侧壁与底部的圆角半径；r_{dn} 是第 n 次拉深后凸缘与筒部的圆角半径。

知识点③　拉深成形的工艺计算

● **教学目标**

通过本节的学习，了解拉深模凸、凹模工作部分的尺寸设计、压边装置及压边力的计算、拉深力的计算、压力机主要技术参数的确定，具备针对一般拉深件拉深成形的工艺计算能力。

● **教学重、难点**

重点：凸、凹模工作部分的尺寸设计；压边装置及压边力的计算；拉深力的计算；压力机主要技术参数的确定。

难点：凸、凹模工作部分的尺寸计算。

● **建议教学方法**

本节的内容难度不大，建议以简单的讲授法教学，但其中的"凸、凹模工作部分的尺寸计算"具有一定的难度，其计算公式与冲裁模的相应内容类似，需要从原理上进行讲解，这部分内容在讲授法教学的同时穿插启发性问答教学法，以加深对教学内容的理解。

● **问题导入**

确定拉深模中凸、凹模工作部分的尺寸后，需要选定压力机。为了确定压力机的主要参数，必须首先确定压边装置的结构类型以计算压边力，再计算出拉深力后，从而确定压力机的主要参数。

本节的任务是在掌握拉深成形的工艺计算知识后，完成电位器接线片拉深成形的工艺计算。

一、凸、凹模工作部分的尺寸设计

1. 凸、凹模的圆角半径

（1）凸、凹模圆角对拉深的影响

1）凹模圆角的影响。毛坯经凹模圆角进入凹模时，受弯曲和摩擦作用。凹模圆角 r_d 过小，则径向拉应力 σ_1 增大，易产生表面划伤或拉裂；凹模圆角 r_d 过大，则悬空面积增大、压边面积减小，易起皱。

2）凸模圆角的影响。凸模圆角 r_p 的大小对拉深的影响也很大。凸模圆角 r_p 过小，则 r_p 处弯曲变形程度增加，使"危险断面"受到的拉力增大，工件易产生局部变薄现象。若凸模圆角 r_p 过大，则凸模与毛坯的接触面就小，易产生底部变薄和起皱。

（2）凹模圆角半径 r_d 的计算

1）首次拉深模

$$r_{d_1} = 0.8\sqrt{(D-d)t}$$

2）以后各次拉深模

$$r_{d_n} = (0.6 \sim 0.8)r_{d_{n-1}}$$

式中，r_{d_1}、$r_{d_{n-1}}$、r_{d_n} 是首次、第 $(n-1)$ 次和第 n 次拉深模的凹模圆角半径（mm）；D 是毛坯直径（mm）；d 是凹模内径（mm）；t 是工件厚度（mm）。

3）对于有平面凸缘的拉深件，最后一次拉深时拉深模的凹模圆角半径应和拉深件的一致，即 $r_{d_n} = r$。

（3）凸模圆角半径 r_p 的计算

1）首次拉深模

$$r_{p_1} = (0.7 \sim 1.0)r_{d_1}$$

2）中间工序拉深模

$$r_{p_{n-1}} = \frac{d_{n-1} - d_n - 2t}{2}$$

式中，r_{p_1}，$r_{p_{n-1}}$ 是首次和第 $(n-1)$ 次拉深模的凸模圆角半径（mm）；d_{n-1}，d_n 是各工序的外径（mm）；t 是工件厚度（mm）。

2. 凸、凹模间隙

（1）拉深间隙　指拉深凸、凹模之间的单边间隙，用 C 表示，如图 4-22 所示。拉深间隙过大，容易起皱，工件有锥度，精度差；拉深间隙过小，摩擦加剧，工件变薄严重，甚至拉裂。

（2）拉深间隙的确定　无压边圈拉深模的间隙为

$$C = (1 \sim 1.1) t_{max}$$

式中，C 是拉深单边间隙（mm）；t_{max} 是板材最大厚度（mm）。

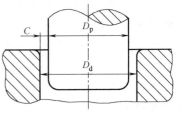

图 4-22　拉深间隙

对于最后一次拉深或精密工件拉深，C 取偏小值；对于首次和中间工序拉深，C 取偏大值。

带压边圈拉深模的间隙按表 4-12 确定。

表 4-12　带压边圈拉深模的单边间隙值

总拉深次数											
1	2		3			4			5		
拉深工序											
1	1	2	1	2	3	1、2	3	4	1、2、3	4	5
凸、凹模之间的单边间隙											
$(1 \sim 1.1)t$	$1.1t$	$(1 \sim 1.05)t$	$1.2t$	$1.1t$	$(1 \sim 1.05)t$	$1.2t$	$1.1t$	$(1 \sim 1.05)t$	$1.2t$	$1.1t$	$(1 \sim 1.05)t$

3. 凸、凹模工作部分的尺寸计算

凸、凹模工作部分的尺寸确定主要考虑拉深模具的磨损和拉深件的回弹。

（1）最后一道工序　拉深件的最终成形尺寸是由最后一道工序保证的，因此，工件的尺寸公差只在最后一道工序考虑。最后一道工序凸、凹模的尺寸应由拉深件的尺寸标注方法决定。

1）如图 4-23a 所示，当尺寸标注在外形时（$D_{-\Delta}^{0}$），应以凹模为基准件。

凹模直径　　　　　　　　　$D_d = (D - 0.75\Delta)_{0}^{+\delta_d}$

凸模直径　　　　　　　　　$D_p = (D - 0.75\Delta - 2C)_{-\delta_p}^{0}$

2）如图 4-23b 所示，当尺寸标注在外形时（$d_{0}^{+\Delta}$），应以凸模为基准件。

凸模直径为　　　　　　　　$d_p = (d + 0.4\Delta)_{-\delta_p}^{0}$

凹模直径为　　　　　　　　$d_d = (d + 0.4\Delta + 2C)_{0}^{+\delta_d}$

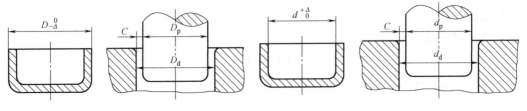

a) 标注在外形　　　　　　　　　　　　b) 标注在内形

图 4-23　尺寸标注在外形和内形

（2）中间各次拉深　工序件尺寸无须严格要求，凸、凹模尺寸如下：

尺寸标注在外形时，凹模直径　　　　　$D_d = D_i{}_{0}^{+\delta_d}$

凸模直径 $$D_p = (D_i - 2C)_{-\delta_p}^{\ 0}$$

式中，D_d、d_d 是凹模的基本尺寸（mm）；D_p、d_p 是凸模的基本尺寸（mm）；D 是拉深件的外径尺寸（mm）；d 是拉深件的内径尺寸（mm）；Δ 是工件公差（mm）；D_i、d_i 是各工序件的基本尺寸（mm）；δ_p、δ_d 是凸、凹模的制造公差（查表 4-13）（mm）。

表 4-13   凸、凹模的制造公差   （单位：mm）

材料厚度 t	拉深直径 d					
	≤ 20		$20 \sim 100$		>100	
	δ_p	δ_d	δ_p	δ_d	δ_p	δ_d
≤ 0.5	0.01	0.02	0.02	0.03	—	—
$0.5 \sim 1.5$	0.02	0.04	0.03	0.05	0.05	0.08
>1.5	0.04	0.06	0.05	0.08	0.06	0.10

注：凸、凹模的公差等级可按 IT6 ~ IT10 选取，工件公差小的可取 IT6 ~ IT8，工件公差大的可取 IT10。

（3）凸、凹模工作表面的表面粗糙度   其具体要求如下：

1）凹模：工作表面和型腔的表面粗糙度要求为 $Ra0.8\mu m$，凹模圆角处的表面粗糙度要求为 $Ra0.4\mu m$。

2）凸模：为增大摩擦力，凸模工作表面的表面粗糙度要求较低一些，为 $Ra0.8 \sim 1.6\mu m$。

4. 凸、凹模工作部分形状

（1）不带压边圈的拉深

1）浅拉深（即一次拉深成形，$m>m_1$）。浅拉深的凹模有圆弧形凹模、锥形凹模和平端面凹模三种形式，其结构形式及有关尺寸如图 4-24 所示。

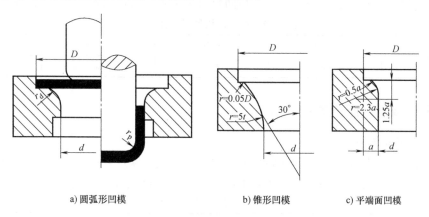

a) 圆弧形凹模   b) 锥形凹模   c) 平端面凹模

图 4-24   不带压边圈的拉深凹模形状

其中，圆弧形凹模结构用于大件，锥形和平端面凹模结构用于小件；相对于平端面凹模结构来说，锥形凹模结构的抗失稳能力强，摩擦阻力和弯曲变形应力小，因此可以采用较小的拉深系数。

2）深拉深（即二次以上拉深成形，$m \leq m_1$）。深拉深时常采用的凹模结构如图 4-25 所示。每次拉深时，凸模端面只与拉深件内表面相接触，以减轻毛坯反弯曲变形的程度，提高拉深件侧壁的质量，使工件的底部平整。

（2）带压边圈的拉深   当拉深件的直径 $d \leq 100mm$ 时，其首次拉深和后续各次拉深的凸、凹模结构如图 4-26a 所示，其中凹模为平端面凹模；当拉深件的直径 $d>100mm$ 时，其首次拉深模的凸模设计成 45° 的锥形，中间各次拉深用的凹模均为锥形，如图 4-26b 所示。下一次拉

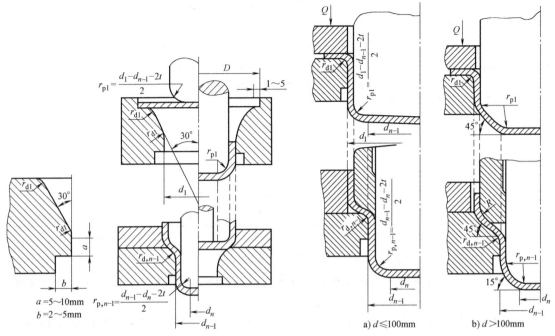

图 4-25　不带压边圈多次拉深模及两次拉深配合尺寸　　　图 4-26　带压边圈多次拉深模及配合尺寸

深时压边圈的外形尺寸应与上一次拉深凸模的外形尺寸相同。每次拉深时，凸模端面只与拉深件内底相接触。

拉深凸模的中心必须钻一通气孔，以免卸料时出现真空而使卸料困难，其孔径见表 4-14。

表 4-14　拉深凸模的通气孔直径　　（单位：mm）

凸模直径	≤50	50~100	100~200	>200
出气孔直径	5	6.5	8	9.5

二、压边装置及压边力的计算

1. 压边装置的作用

压边装置的作用是在凸缘变形区施加轴向力，以防止拉深过程中凸缘起皱。是否需要采用压边装置，是一个非常复杂的问题，实际生产中可按表 4-15 的条件决定。

表 4-15　压边圈的采用条件

拉深方法	第一次拉深		以后各次拉深	
	$(t/D)\times100\%$	m_1	$(t/D)\times100\%$	m_n
用压边圈	<1.5	<0.6	<1.0	<0.8
可用压边圈	1.5~2.0	0.6	1.0~1.5	0.8
不用压边圈	>2.0	>0.6	>1.5	>0.8

2. 压边力的计算

若压边力过大，则会增加拉深力，从而使径向拉应力 σ_1 增大，工件易被拉裂；若压边力过小，则不能防止凸缘起皱，起不到压边作用。压边力的大小常用如下公式计算

$$Q = Aq$$

式中，Q 是压边力（N）；A 是在压边圈上毛坯的投影面积（mm²）；q 是单位压边力（MPa），

可按表 4-16 查取。

表 4-16　单位压边力 q　　　　（单位：MPa）

材料名称		单位压边力 q	材料名称	单位压边力 q
铝		0.8~1.2	镀锡钢板	2.5~3.0
纯铜、硬铝(已退火)		1.2~1.8	高合金钢	3.0~4.5
黄铜		1.5~2.0	不锈钢	
软钢	$t<0.5mm$	2.5~3.0	高温合金	2.8~3.5
	$t>0.5mm$	2.0~2.5		

3. 压边装置的设计

（1）刚性压边装置

特点：压边力不随行程变化，拉深效果较好，模具结构简单。

适用范围：双动压力机用拉深模（压边圈和上模座装在外滑块上）。

（2）弹性压边装置　该类压边装置常用于普通压力机（即单动压力机），有橡胶压边装置、弹簧压边装置和气垫压边装置三种形式，分别如图 4-27a、b、c 所示。

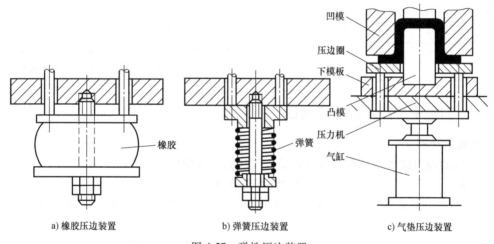

a) 橡胶压边装置　　　b) 弹簧压边装置　　　c) 气垫压边装置

图 4-27　弹性压边装置

橡胶和弹簧的压边力是随着拉深深度的增加而增加，因而这两种形式通常只用于浅拉深。气垫的压边力随行程的变化很小，可以认为是不变的，压边效果好；但气垫的结构复杂，制造维修不易，且需要压缩空气，因而限制了其应用。目前采用更多的是氮气弹簧。

为了克服橡胶和弹簧压边力变化的缺点，保持在拉深全过程中有较均衡的压边力，可采用如图 4-28 所示的限位装置，使用定位销、栓销或螺栓，使压边圈和凹模间始终保持一定的距离 s，限制压边力的增大。

三、拉深力的计算

生产中拉深力常用经验公式计算。其中，圆筒形件采用压边装置时，其拉深力的计算公式如下

首次拉深　　　　　　　　　　$F_1 = k_1 \pi d_1 t R_m$

以后各次拉深　　　　　　　　$F_n = k_2 \pi d_n t R_m$

式中，F_1、F_n 是首次和第 n 次拉深时的拉深力（N）；d_1、d_n 是首次和第 n 次拉深后的工件直

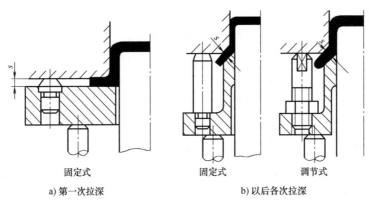

固定式　　　　　　　固定式　　　　调节式

a) 第一次拉深　　　　　　　　b) 以后各次拉深

图 4-28　带限位装置的压边

径（mm）；t 是材料厚度（mm）；R_m 是材料的抗拉强度（MPa）；k_1、k_2 是修正系数，查表 4-17 选取。

表 4-17　修正系数 k_1、λ_1、k_2、λ_2

拉深系数 m_1	0.55	0.57	0.60	0.62	0.65	0.67	0.70	0.72	0.75	0.77	0.80	—	—	—
修正系数 k_1	1.00	0.93	0.86	0.79	0.72	0.66	0.60	0.55	0.50	0.45	0.40	—	—	—
系数 λ_1	0.80	—	0.77	—	0.74	—	0.70	—	0.67	—	0.64	—	—	—
拉深系数 m_2	—	—	—	—	—	—	0.70	0.72	0.75	0.77	0.80	0.85	0.90	0.95
修正系数 k_2	—	—	—	—	—	—	1.00	0.95	0.90	0.85	0.80	0.70	0.60	0.50
系数 λ_2	—	—	—	—	—	—	0.80	—	0.80	—	0.75	—	0.70	—

四、压力机主要技术参数的确定

1. 电动机功率

1）一般的浅拉深件，可按拉深时的最大工序力直接确定。

浅拉深时 $\qquad F_p \geqslant (1.2 \sim 1.4) F$

式中，F 是拉深时的最大工序力（最大拉深力、压边力和其他力的总和）（kN）；F_p 是压力机公称压力（kN）。

2）对于深度较大的拉深件，需对压力机的电动机功率进行校核。

压力机的公称压力是指压力机在接近下止点时的压力。对于深度较大的拉深件，特别是落料、拉深复合冲压时，可能会出现压力足够而功率不足的现象，需要对压力机的电动机功率进行校核，以防止过早地出现最大冲压力而使压力机超载损坏。步骤如下：

（1）计算拉深功 A

首次拉深 $\qquad A_1 = \dfrac{\lambda_1 F_{1\max} h_1}{1000}$

以后各次拉深 $\qquad A_n = \dfrac{\lambda_n F_{n\max} h_n}{1000}$

式中，A_1、A_n 是首次和第 n 次所需的拉深功（N·m）；$F_{1\max}$、$F_{n\max}$ 是首次和第 n 次拉深的最大拉深力（N）：h_1、h_n 是首次和第 n 次的拉深高度（mm）；λ_1、λ_n 是首次和第 n 次拉深的平均变形力与最大变形力的比值，从表 4-17 中查取。

（2）计算所需压力机的电动机功率

$$N = \dfrac{A\xi n}{61200\eta_1\eta_2}$$

式中，N 是所需压力机的电动机功率（kW）；A 是拉深功（N·m）；ξ 是不均衡系数，取 = 1.2~1.4；n 是压力机每分钟的行程次数；η_1 是压力机效率，一般取 $\eta_1 = 0.6 \sim 0.8$；η_2 是电动机效率，一般取 $\eta_2 = 0.9 \sim 0.95$。

（3）校核　若计算的所需功率 $N < P$（电动机功率），说明能够满足拉深要求；若计算的所需功率 $N \geqslant P$，则应另选电动机功率较大的压力机。

2. 压力机的行程

拉深时，为了安放毛坯和取出制件，其行程一般取制件高度的 2.5 倍。

知识点④　拉深模具的设计

● **教学目标**

通过本节的学习，了解拉深模设计时的要点，具备针对一般拉深模的结构设计能力。

● **教学重、难点**

重点：拉深模的设计要点。

难点：拉深模设计要点的实际应用。

● **建议教学方法**

本节的内容较少，主要讲授拉深模的设计要点。但是在实际拉深模的设计中可能存在的主要问题是如何灵活运用这些设计原则。因此，建议在讲授法教学之后，采用分组讨论法来对若干案例进行分析和讨论。

● **问题导入**

拉深模的结构较简单，其一般零部件的结构与冲裁模是相似的，因此，本节主要介绍拉深模的设计要点，这些要点作为拉深模设计时的基本原则需要掌握，更重要的是灵活运用这些原则。

本节的任务是在掌握拉深模的设计要点后，完成电位器接线片拉深模的设计。

拉深模的设计要点如下：

1）选择和确定拉深模结构时，应根据压力机和零件形状不同，来确定使用哪种拉深模的结构形式。如对于一般中小型浅盒形件，可以采用落料-拉深复合模结构，对于小型筒形件及矩形件在需要多次拉深时，一般应设计连续拉深模结构。

2）拉深工艺计算要准确，尤其是多次拉成的制件，拉深次数、各次拉深的确切尺寸应满足拉深变形工艺的要求，否则模具加工得再好也难以拉深成形。

3）为使制件不紧贴在凸模上而难于取下，拉深凸模要设计有通气孔，便于制件在拉深后从凸模上退下，通气孔的直径应大于 3mm。

4）对于多次拉深的凸模，其高度往往较大，对于凸模的安装稳定性、垂直度均应有更高的要求，这对于保证顺利地进行拉深及获得高品质的拉深件是十分重要的。

5）拉深工序是材料进行塑性变形的加工，为此除对凸、凹模、压边圈要求有足够的硬度、耐磨性外，还要有更细的表面粗糙度，其表面应当光滑，圆角应有良好的圆滑过渡。为了不损坏工作表面，凹模及压边圈螺孔均不得钻透。凹模一般最好不采用销钉定位（凹模与模座多采用止口配合）。

6）对于带凸缘的拉深件，在设计拉深模时，其制件的高度取决于上模的行程，为便于模具调整，最好在模具中设置限位器。

7）在设计落料拉深复合模时，落料凹模的高度应高出拉深凸模的上平面，一般约 2~5mm，以利于冲裁与拉深工序分别进行，也使冲裁刃口有足够的刃磨余量，提高模具寿命。

8）拉深模对压力机的行程有较高的要求，尤其对于拉深较深的制件，其压力机行程必须大于 2 倍拉深件的高度，否则制件无法从模具中取出。

9）在设计拉深模时，要合理地选择压边装置。压边圈设计的好坏对拉深成败关系甚大，一般第一次拉深多采用平面压边圈，如图 4-29 所示。当第一次拉深的相对坯料厚度（$t/D \times 100$）小于 0.3，而且制件为小凸缘，凹缘圆角半径 R 较大时，可采用带圆弧的压边圈，以增加压扁效果，使拉深自始至终都能顺利地进行，如图 4-30 所示。

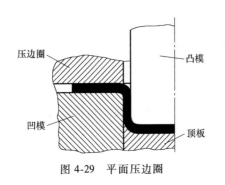

图 4-29　平面压边圈

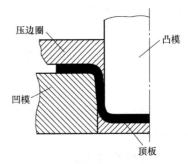

图 4-30　带圆弧的压边圈

在拉深一些宽凸边缘的制件时，压边圈与坯料的接触面积应当减小，否则会给拉深带来过大的阻力，使拉深无法拉入凹模，为此往往要对压边圈的型面做必要的改进，如图 4-31 所示。

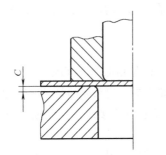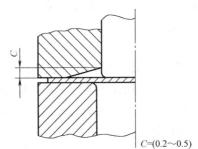

$C=(0.2 \sim 0.5)$

图 4-31　宽凸缘拉深件的压边圈形式

在双动压力机上拉深时，其压边力是利用压力机外滑块实现的。这种压边力的特点是，在拉深过程中压边力不变，其拉深效果好，模具结构简单。

10）在多次拉深时，以后各次拉深的压边圈，它的外形与前次拉深凸模一样，而内形与本次凸模为间隙配合，它除了具有压边功能外，又是本次拉深的定位元件，为此，对其内外的位置精度要有足够的要求。

项目实施及评价

项　　目	序号	技术要求	配分	评分标准	得分
产品工艺分析 （15%）	1	成形工艺分析合理	5	不合理每处扣 1 分	
	2	技术要求分析合理	5	不合理每处扣 1 分	
	3	结构工艺分析合理	5	不合理每处扣 1 分	
模具结构和工艺方案拟订 （25%）	1	毛坯尺寸计算准确	5	不合理每处扣 1 分	
	2	拉深次数确定正确	5	不正确每处扣 1 分	
	3	工序安排合理,工序尺寸准确	10	不正确每处扣 1 分	
	4	模具总体结构可行	5	不合理每处扣 1 分	

（续）

项　目	序号	技术要求	配分	评分标准	得分
工艺计算 （20%）	1	凸、凹模工作部分尺寸设计准确	5	不正确每处扣 1 分	
	2	压边力计算和压边装置设计合理	5	不合理每处扣 1 分	
	3	拉深力计算准确	5	不正确每处扣 1 分	
	4	设备选择合理	5	不合理每处扣 1 分	
模具零部件结构设计 （30%）	1	凸、凹模设计合理	15	不合理每处扣 1 分	
	2	定位装置设计合理	5	不合理每处扣 1 分	
	3	卸料装置设计合理	5	不合理每处扣 1 分	
	4	固定零件设计合理	5	不合理每处扣 1 分	
相关知识及职业能力 （10%）	1	理论知识	2	视情况酌情给分	
	2	图样整洁性和报告撰写能力	2		
	3	自学能力	2		
	4	表达沟通能力	2		
	5	合作能力	2		

拓展训练

一、判断题图 4-1 中工件是否需要多次拉深并确定拉深次数。

二、分析拉深件易产生的主要质量问题及其可能的原因，并提出解决方案。

三、设计题图 4-2 中拉深件的拉深成形工艺方案。

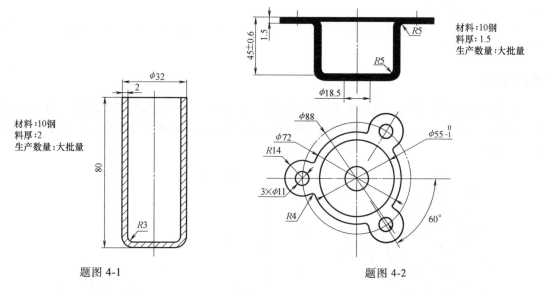

题图 4-1　　　　　　　　　　　　题图 4-2

四、进行拉深模结构的装配及在曲柄压力机上进行装卸实训，步骤参照项目 1 的拓展训练。

项目 4　扩展任务——拉深模具工作零件的制造

项目 5　旋转底座单分型面注射模具的设计与制造

项目目标

通过本项目的实施和相关知识的学习，要求达到以下目标：

1）了解塑料的基本组成、分类和特性，理解塑料成型的方法及工艺特性，能够根据典型塑件的结构判断其成型工艺。

2）了解简单塑件的工艺性分析，具备根据简单塑件的结构和尺寸精度及表面质量，分析其工艺性是否合理的能力。

3）了解塑件和塑料模的常用材料、性能要求和材料选择原则，能够根据塑料成型工艺选择正确的塑件和塑料模材料。

4）了解注射机的结构及其与注射模的关系，包括注射模在注射机上的装卸和有关工艺参数的校核，能够根据塑件的成型工艺选择正确的注射机。

5）初步了解单分型面注射模的典型结构组成和设计流程，具备拆卸、装配和设计简单单分型面注射模的能力。

6）了解注射模成型零件和辅助结构件的制造加工要点，能够对回转体注射模工作零件编制合理的加工工艺。

项目分析

旋转底座属于回转体，结构形状简单，如图 5-1 所示。材料为黑色聚碳酸酯（PC），收缩率为 0.8%，壁厚 1.2mm，大批量生产。该项目要求制订出该塑件的合理成形工艺方案，设计出相应的注射模具。

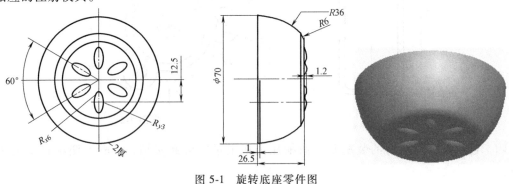

图 5-1　旋转底座零件图

知识链接

知识点①　塑料成型工艺基础

● **教学目标**

通过本节的学习，了解塑料及其成型工艺的基本知识，掌握塑件原料的选择原则和塑件的工艺性设计，具备根据一般塑件的结构和技术要求，选择塑件的加工原料，并判断塑件成型工艺是否合理的能力。

● **教学重、难点**

重点：塑料的基本组成、分类和特性；塑料成型的方法及工艺特性；塑件的塑件尺寸精度及表面质量；塑件的通用结构工艺性。

难点：塑料成型的方法及工艺特性。

● **建议教学方法**

本节的内容主要是一些基本概念和基本原理的叙述，建议以讲授法教学为主，其中"塑料成型的方法"的内容由于其直观性的特点，建议在讲授法讲解的同时结合动画仿真进行辅助教学。为了加强对所学知识的理解，可以在任务的最后通过对案例的分组讨论来强化所学内容。

● **问题导入**

塑料工业的发展已有一百多年的历史，随着石油工业的发展，其原料也从煤转向石油，并自 1920 年以后迅速发展。目前，塑料在机电、仪表、化工、汽车和航天航空等领域应用广泛，大有取代金属的趋势。图 5-2 所示为塑料制品。

图 5-2　塑料制品

塑料的特性是什么？各种塑料产品是如何成型的？塑件的结构一般应该如何设计？当接收到客户订单时，首先要考虑的是塑件的工艺性问题。为此，首先要了解塑料和塑件成型的基本知识以及塑件的工艺性方面的知识，才能对塑件的工艺性进行正确的分析。

本节的任务是通过掌握塑件工艺性的基本知识，完成对旋转底座注射成形的工艺性分析。

一、塑料的基本组成、分类和特性

1. 塑料的组成

塑料是一种以树脂为主要成分，加入适量的添加剂，在一定条件下可塑化成型，并在常温下保持形状不变的高分子有机化合物。在一定的温度和压力条件下，塑料可以用模具成型出具有一定形状和尺寸的制件，并且当外力解除后，在常温下仍能使形状保持不变。

其主要组成部分如下：

（1）树脂　塑料的主要成分，起黏结剂作用，它将塑料的其他部分黏结成一体。树脂的种类、性能及在塑料中所占比例，对塑料的类型、物理性能、化学性能、力学性能及电性能等起着决定性作用。因此，绝大多数塑料是以其所用树脂命名。树脂分天然树脂和合成树脂两大类。合成树脂来源广、种类多、性质容易控制，因而应用广泛。合成树脂是由低分子化合物经聚合反应所获得的高分子化合物，如聚乙烯、聚氯乙烯、酚醛树脂等。塑料中树脂的质量百分数为 40% ~ 100%。

（2）添加剂　包括填充剂、增塑剂、润滑剂、稳定剂、着色剂和固化剂等。

1）填充剂又称填料，其作用是调整塑料的物理性能，提高材料强度，扩大使用范围，同时减少合成树脂的用量，降低塑料的成本。常用的填充剂有木粉、硅石、硅藻土、云母、石棉、石墨、金属粉、玻璃纤维和碳纤维等。

2）增塑剂，可用来提高塑料的可塑性、柔软性和耐寒性。常用的增塑剂是一些不易挥发的高沸点的液体有机化合物或低熔点的固体有机化合物。大多数塑料一般不加增塑剂，唯有软质聚氯乙烯含有大量的增塑剂（邻苯二甲酸二丁酯）。

3）润滑剂，可以提高塑料的流动性，改善塑料粘模现象及表面质量。

4）稳定剂，可防止塑料在光照、热和其他条件的影响下过早老化，以延长使用寿命。

5）着色剂又称色母，为满足塑件的外观色泽和光学性能要求，常加入着色剂。

6）固化剂又称硬化剂，它的作用是促使合成树脂进行交联反应而形成体型网状结构，或加快交联反应速度。固化剂一般多用在热固性塑料中。

2. 塑料的分类

按树脂的分子结构及其特性分类，可分为热塑性塑料和热固性塑料。

（1）**热塑性塑料** 在特定的温度范围内能反复加热和冷却硬化的塑料。这类塑料在成型过程中只有物理变化，而无化学变化，塑料的树脂分子结构呈线形或支链形，通常互相缠绕在一起，受热后能软化或熔融，从而可以进行成型加工，冷却后固化。如再加热，又可变软，可如此反复进行多次。常见的热塑性塑料有聚乙烯、聚丙烯、聚苯乙烯、聚氯乙烯、有机玻璃、聚酰胺、聚甲醛、ABS、聚碳酸酯、聚苯醚、聚砜和聚四氟乙烯等。

（2）**热固性塑料** 在初次受热时变软，可以制成一定形状，但加热到一定时间或加入固化剂后就硬化定型，再加热则不软化也不熔化的塑料。这类塑料在成型过程中发生了化学变化，树脂分子结构在开始受热时为线形或支链形，因此，可以软化或熔化，但受热后这些分子逐渐结合成网状结构（称为交联反应），成为既不软化又不熔化的物质，称为体型聚合物。此时，即使加热到接近分解的温度也无法软化，而且也不会溶解在溶剂中。常用的热固性塑料有酚醛塑料、氨基塑料、环氧树脂、脲醛塑料、三聚氰胺甲醛和不饱和聚酯等。

3. 塑料的特性

（1）**密度小** 塑料的密度一般只有 $0.8 \sim 2.2 \text{g/cm}^3$，约是铝的 1/2，钢的 1/5。塑料的这一特性对要求减轻自重的机械装备，具有特别重大的意义。如在航天器上采用碳纤维或硼纤维增强塑料代替铝合金或钛合金，自重可减轻 15%～30%。

（2）**比强度高** 强度与质量之比称为比强度。由于工程塑料比金属轻得多，因此，有些工程塑料的比强度比一般的金属高得多。如玻璃纤维增强的环氧树脂，它的单位质量的抗拉强度比一般钢材高 2 倍左右。

（3）**化学稳定性好** 工程塑料一般情况下对酸、碱、盐等化学药品，都有良好的抗腐蚀能力，这是一般金属所无法相比的。例如被称为"塑料王"的聚四氟乙烯，能抵抗"王水"的腐蚀，因而塑料在化工设备制造中具有极其广泛的用途。

（4）**绝缘性能好** 工程塑料具有优良的绝缘性能和耐电弧性能，在电动机、电器和电子工业方面有着广泛的用途。如电线外皮、开关外壳、断路器的防弧片等。

（5）**减摩、耐磨性能优良** 由于一些塑料的摩擦因数较小，硬度高，具有优良的减摩和耐磨特性，可以用来制造各种自润滑轴承、齿轮和密封圈等。

（6）**成型加工方便** 一般塑料都可以一次成型复杂的塑件，如各种家用电器的外壳等。塑料的机械加工也比金属容易。

但是，塑料也有不足的地方，如刚性差、尺寸精度低、易老化、耐热性差等。

二、塑料成型的方法及工艺特性

1. 塑料成型方法

常用的塑料成型方法有注射、挤出、压缩、压注、吹塑、层压、浇注、滚塑、烧结、发泡、压延、快速成型等。选用哪一种成型方法，取决于塑料本身的工艺性能、塑料原材料的状态及受热变化的状态。

（1）塑料状态与温度的关系　热塑性塑料在恒定压力下，根据受热温度的差别，存在着三种状态，即玻璃态、高弹态和黏流态。如果温度超过黏流态的界限，聚合物便开始分解，如图 5-3 所示。

1）玻璃态。塑料在温度 T_g 以下的状态为玻璃态，其在一定负荷作用下，当温度较低时形变很小，随着温度的增加，形变迅速增加，而当负荷消除后，其形变也随之消失。这是因为呈玻璃态的塑料在变形时只局限于材料内部分子间距离的改变，引起塑料体积的变化，而分子排列结构没有改变。若要将处于玻璃态温度范围的塑料加工成制品，只能采用车、铣、钳等机械加工方法。

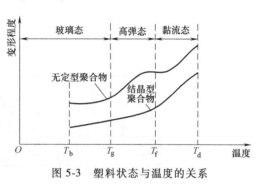

图 5-3　塑料状态与温度的关系

2）高弹态。塑料在玻璃化温度 T_g 与流动 T_f 之间的状态为高弹态，在一定的负荷作用下，其变形随温度的升高而增大，到一定限度后即变为定值。处于高弹态的塑料在形状改变时，其分子链状结构中的链节发生变动，但它们的分子结构总的排列依然不变。若要将处于高弹态的塑料加工成制品，可采用热冲压、弯曲、拉延、真空气压成型等加工方法。

3）黏流态。塑料在温度流动温度 T_f 与分解温度 T_d 之间的状态为黏流态，此时，塑料已不能保持原来形状，即使在负荷解除之后，变形仍不消失。处于黏流态的塑料，在变形时材料的分子间排列秩序发生了根本性的变化。对于处于这个状态的塑料，可采用注射成型、挤出成型、吹塑成形等加工方法来制作塑料制品。当温度高于 T_d 时，塑料受热分解。

热固性塑料在受热时与热塑性塑料的状态明显不同。在开始加热时它和热塑性塑料相似，当加热到一定温度时，树脂分子链运动的结果使之很快由固态变成黏流态，这使它具有成形的性能。但这种流动状态存在的时间很短，很快塑料就硬化而变成坚硬的固体。再加热，分子运动仍不能恢复，塑料还是坚硬的固体。当温度升到一定值时，塑料开始分解。

（2）塑料成型工艺方法

1）注射成型工艺。注射成型的原理是将颗粒状态或粉状塑料从注射机的料斗送进加热的料筒中，经过加热熔融塑化成为黏流态熔体，在注射机柱塞或螺杆的高压推动下，以很高的流速通过喷嘴，注入模具型腔，经一定时间的保压冷却后定型，然后开模顶出获得成型塑件，完成一次注射工作循环，如图 5-4 所示。

2）压缩成型工艺。压缩成型又称压塑成型、模压成型等，它的基本成型原理如图 5-5 所示。将松散状（粉状、粒状、碎屑状或纤维状）的固态成型物料直接加入到成型温度下的模具型腔中，使其逐渐软化熔融，并在压力作用下使物料充满模腔，这时塑料中的高分子产生化学交联反应，最终经过固化转变成为塑料制件。

3）压注成型工艺。压注成型又称传递成型，是在压缩成型基础上发展起来的一种热固性塑料的成型方法。其成型原理如图 5-6 所示，先将固态成型物料（最好是预压成锭或经预热的

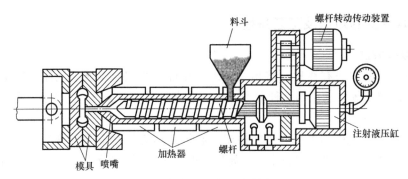

图 5-4　螺杆式注射机注射成型

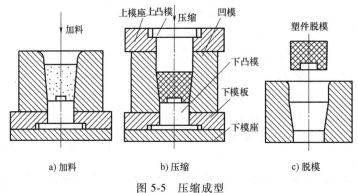

a) 加料　　　　　　　b) 压缩　　　　　　　c) 脱模

图 5-5　压缩成型

物料）加入装在闭合的压注模具上的加料腔内，使其受热软化转变为黏流态，并在压力机柱塞压力作用下，塑料熔体经过浇注系统充满型腔，塑料在型腔内继续受热受压，产生交联反应而固化定型，最后开模取出塑件。

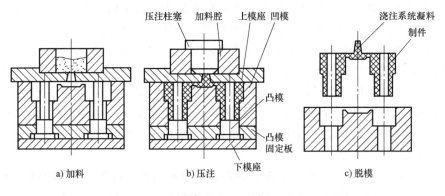

a) 加料　　　　　　　b) 压注　　　　　　　c) 脱模

图 5-6　压注成型

4）挤出成型工艺。热塑性塑料的挤出成型原理如图 5-7 所示（以管材的挤出为例）。

首先将颗粒状或粉状的塑料加入挤出机料筒内，在旋转的挤出机螺杆的作用下，加热的塑料通过沿螺杆的螺旋槽向前方输送。在此过程中，塑料不断地接受外加热和螺杆与物料之间、物料与物料之间及物料与料筒之间的剪切摩擦热，逐渐熔融呈黏流态，然后在挤出系统的作用下，塑料熔料通过具有一定形状的挤出模具（机头）口模以及一系列辅助装置（如定型、冷却、牵引、切割等装置），从而可以获得截面形状一定的塑料型材。

5）吹塑成型工艺。吹塑成型包括两大类：一类是吹塑薄膜，另一类是吹塑中空制品。

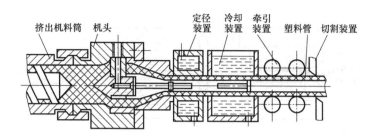

图 5-7 挤出成型原理

① 吹塑薄膜的工艺过程。如图 5-8 所示，由挤出机塑化好的物料经环状口模成圆筒状被挤出，再在膜管中鼓入一定量的压缩空气，使之横向吹胀，经过冷却的膜管被导入牵引辊叠成双折薄膜，以恒定的速度进入卷取装置而得到制品。

② 中空制品的工艺过程

a. 挤出吹塑。由挤出机挤出管状型坯，而后趁热将型坯放入打开的瓣合模内，夹紧并通入压缩空气进行吹胀以使其达到模腔形状，在

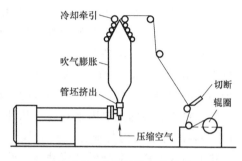

图 5-8 吹塑薄膜工艺过程

保持一定时间、压力的情况下经冷却定型后，打开模具取出制品，如图 5-9 所示。

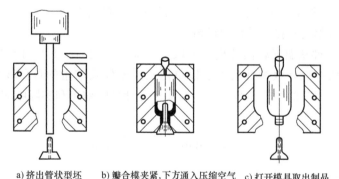

a) 挤出管状型坯   b) 瓣合模夹紧，下方通入压缩空气   c) 打开模具取出制品

图 5-9 挤出吹塑工艺过程

b. 注射吹塑。注射吹塑是由注射机将熔融物料注入注塑模内形成管坯，开模后管坯留在芯模上，而后趁热将型坯放入打开的瓣合模内并夹紧，从芯模所设通道引入压缩空气，使型坯吹胀，达到模腔形状，在保持一定时间、压力的情况下经冷却定型后，打开模具取出制品，如图 5-10 所示。

2. 塑料成型的工艺特性

塑料成型的工艺特性是指塑料在成型过程中表现出来的特有性质，在进行模具设计时必须加以充分的考虑。塑料成型的主要工艺特性如下：

（1）流动性 塑料在一定的温度、压力作用下能够充满模具型腔的能力，称为塑料的流动性。塑料的流动性差，就不容易充满型腔，易产生缺料或熔接痕等缺陷，因此成型需要较大的压力。相反，塑料的流动性好，则可以用较小的成型压力充满型腔。但流动性太好，会使塑

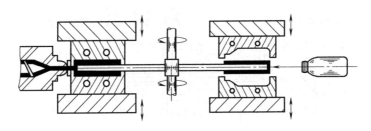

图 5-10　注射吹塑工艺过程

料在成型时发生溢料现象，产生飞边。

热塑性塑料的流动性大小，一般可从相对分子质量大小、熔融指数、阿基米德螺旋线长度、表观黏度及流动比等一系列指数进行分析。熔融指数高、螺旋线长度大、表观黏度小、流动比大的热塑性塑料流动性好。

热固性塑料的流动性通常以拉西格流动性（以 mm 计）来表示，该数值大则流动性好。每一个品种的塑料通常分三种不同等级的流动性，以供不同塑件及成型工艺选用。

影响塑料流动性的主要因素有以下几种：

1）塑料的分子结构与成分。具有线形分子结构而没有或很少有交联结构的塑料流动性好。塑料中加入填料，会降低其流动性；而加入增塑剂或润滑剂，则可增加其流动性。

2）温度。塑料温度高，则流动性好。

3）注射压力。注射压力增大，则熔料受剪切作用大，流动性也增大，尤其是聚乙烯和聚甲醛较对注射压力为敏感。成型时可通过调节注射压力大小来控制塑料的流动性。

4）模具结构。模具型腔表面粗糙度、型腔的形式、模具浇注系统、冷却系统、排气系统的形式及尺寸等因素都会直接影响熔料的流动性。

（2）收缩性　塑件从温度较高的模具中取出冷却到室温后，其尺寸或体积会发生收缩变化，这种性质称为收缩性。收缩性的大小以单位长度塑件收缩量的百分数来表示，称为收缩率。由于成型模具与塑料的线胀系数不同，收缩率分计算收缩率和实际收缩率两种，其计算公式分别如下

$$S_{\mathrm{j}} = \frac{a-b}{b} \times 100\% \qquad S_{\mathrm{s}} = \frac{c-b}{b} \times 100\%$$

式中，S_{j} 是计算收缩率；S_{s} 是实际收缩率；a 是模具型腔在室温时的尺寸；b 是塑件在室温时的尺寸；c 是模具型腔或塑件在成型温度时的尺寸。

塑件的收缩与塑料品种、塑件结构、模具结构、成型时的模具温度、压力、注射速度及冷却时间等因素有关。由于影响塑料收缩率变化的因素很多且相当复杂，所以收缩率在一定范围内是变化的。

一般在模具设计时采用的是计算收缩率。根据塑料的平均计算收缩率，得出模具型腔尺寸；而对于高精度塑件，在进行模具设计时应留有修模余量，在试模后修正模具，以达到塑件尺寸精度要求及改善成型条件。

（3）结晶性　结晶性是指塑料从熔融状态到冷凝过程中，分子由无次序的自由运动状态逐渐排列成为有序状态的一种现象。热塑性塑料按其冷凝时是否出现结晶现象可分为结晶型塑料和非结晶型塑料两大类。塑件结晶度大，则其密度大，硬度和强度高，力学性能好，耐磨性、耐化学腐蚀性及电性能提高；反之，塑件柔软性、透明性好，伸长率提高，冲击强度增大。一般来说，不透明的或半透明的是结晶型塑料，透明的是非结晶型塑料。但也有例外，如

离子聚合物属于结晶型塑料,但却高度透明;ABS 为非结晶型塑料,但却不透明。

(4) 硬化特性　硬化是指热固性塑料成型时完成交联反应的过程。硬化速度的快慢对成型工艺有很重要的影响。在塑化、充型过程中,希望硬化速度慢,以保持长时间的流动性;充满型腔后,希望硬化速度快,以提高生产率。

(5) 吸湿性　吸湿性是指塑料对水分的敏感程度。吸湿性塑料具有吸湿或黏附水分的倾向,在成型过程中由于高温、高压的作用容易使水分变成气体或发生水降解,成型后塑件上会出现气泡、斑纹等缺陷。因此,在成型前必须对塑料进行干燥处理。

(6) 热敏性及水敏性　热敏性塑料是指某些塑料对热较为敏感,其成型过程中在不太高的温度下也会发生热分解、热降解,从而影响塑件的性能、色泽和表面质量。因此,在模具设计、选择注射机及成型时都应注意,如采取选用螺杆式注射机、浇注系统截面宜大、模具表面镀铬、严格控制注射参数等措施,必要时还可在塑料中添加热稳定剂。

有的塑料即使含有少量水分,但在高温、高压下也会发生分解,这种现象称为塑料的水敏性,对此必须预先加热干燥。

三、塑件成型加工原料的选择原则

塑件成型原料的选用需要综合考虑用途、使用环境、成型加工的难易程度、成本等多方面因素。

(1) 一般结构零件用塑料　一般结构零件,如罩壳、支架、连接件、手轮、手柄等,对强度和耐热性能要求较低,但批量大,要求有较高的生产率和低廉的成本,有时还有外观要求。这类零件通常选用线性聚苯乙烯、低压聚乙烯、聚丙烯、ABS 工程塑料等。其中,前三种材料经过玻璃纤维增强后能显著提高机械强度和刚性,还能提高热变形温度。由于 ABS 具有良好的综合性能,在精密塑件中被普遍使用;为达到某一项较高性能指标,也采用一些较高品质的塑料,如尼龙 1010 和聚碳酸酯。

(2) 耐磨损传动零件用塑料　耐磨损传动零件,如各种轴承、齿轮、凸轮、蜗轮蜗杆、齿条、辊子、联轴器等,要求有较高的强度、刚度、韧性、耐磨性、耐疲劳性及较高的热变形温度。这类零件广泛使用的塑料为各种尼龙、聚甲醛、聚碳酸酯,其次是氯化聚醚、线性聚酯等。其中 MC 尼龙可在常压下快速聚合成型,用来制造大型塑件;各种仪表中的小模数齿轮可用聚碳酸酯制造;而氯化聚醚可用于腐蚀性介质中工作的轴承、齿轮以及摩擦传动零件。

(3) 减摩自润滑零件用塑料　减摩自润滑零件,如活塞环、机械运动密封圈、轴承等,一般受力较小,对机械强度要求不高,但运动速度较高,要求具有低的摩擦因数。这类零件通常选用聚四氟乙烯,以及用聚四氟乙烯粉末或纤维填充的聚甲醛、低压聚乙烯等为材料。

(4) 耐腐蚀零部件用塑料　塑料一般要比金属耐蚀性好,如果要求既耐强酸或强氧化性酸,同时又耐碱,则首推各种氟塑料,如聚四氟乙烯、聚全氟丙烯、聚三氟乙烯及聚偏氟乙烯等。氯化聚醚既有较高的力学性能,同时又具有突出的耐腐蚀特性,对于耐腐蚀零件可以优先采用。

(5) 耐高温零件用塑料　一般结构零件、耐磨损传动零件所选用的塑料,只能在 80~120℃的温度下工作,当受力较大时,则只能在 60~80℃的温度下工作。适应高温环境下的耐热塑料,除了各种氟塑料之外,还有聚苯醚、聚砜、聚酰亚胺、芳香尼龙等,它们大都可以在150℃以上,有时甚至可以在 260~270℃的温度下长期工作。

四、塑件的尺寸精度及表面质量

1. 尺寸精度

制品的尺寸精度是指所获得的制品尺寸和产品图样中尺寸的符合程度，即所获得制品尺寸的准确度。因塑件生产工艺需要特定条件，影响塑件尺寸精度的因素很多，因此塑件的尺寸精度一般不高，在保证使用要求的前提下尽可能选用较低的精度。塑件尺寸精度的选用与塑料的品种有关，不同塑料的公差等级要求可分为高精度、一般精度、未标注公差尺寸三种，见表 5-1。

表 5-1　公差等级的选用

材料代号	模塑材料		公差等级		
			标注公差尺寸		未标注公差尺寸
			高精度	一般精度	
ABS	(丙烯腈-丁二烯-苯乙烯)共聚物		MT2	MT3	MT5
EP	环氧树脂		MT2	MT3	MT5
PA	尼龙类塑料	无填料填充	MT3	MT4	MT6
		玻璃纤维填充	MT2	MT3	MT5
PC	聚碳酸酯		MT2	MT3	MT5
PE	聚乙烯		MT5	MT6	MT7
PF	酚醛塑料	无机填料填充	MT2	MT3	MT5
		有机填料填充	MT3	MT4	MT6
POM	聚甲醛	≤150mm	MT3	MT4	MT6
		>150mm	MT4	MT5	MT7
PP	聚丙烯	无填料填充	MT3	MT4	MT6
		无机填料填充	MT2	MT3	MT5
PPO	聚苯醚		MT2	MT3	MT5
PS	聚苯乙烯		MT2	MT3	MT5
PSU	聚砜		MT2	MT3	MT5
RPVC	硬质聚氯乙烯		MT2	MT3	MT5
SPVC	软质聚氯乙烯		MT5	MT6	MT7

工程塑料模塑件尺寸公差的国家标准见表 5-2。按此标准规定，塑件尺寸公差的代号为 MT，公差等级分为 7 级，每一级又可分为 A、B 两部分。其中 A 为不受模具活动部分影响尺寸的公差；B 为受模具活动部分影响尺寸的公差（如由于水平分型面溢料厚薄不同，影响塑件高度方向的尺寸公差）。该标准只规定标准公差值，而基本尺寸的上下偏差可根据塑件的配合性质来分配。

2. 表面粗糙度

塑件的表面粗糙度主要与模具型腔表面的粗糙度有关。一般来说，模具表面的粗糙度数值要比塑件低 1～2 级。塑件的表面粗糙度值一般为 $Ra0.8～0.2\mu m$。模具在使用过程中，由于型腔磨损而使表面粗糙度值不断加大，所以应随时抛光复原。透明塑件要求型腔和型芯的表面粗糙度相同且较低，而对不透明塑件则根据使用情况来决定它们的表面粗糙度。

表 5-2　塑件公差数值表（GB/T 14486—2008）

基本尺寸/mm	精度等级													
	MT1		MT2		MT3		MT4		MT5		MT6		MT7	
	A	B	A	B	A	B	A	B	A	B	A	B	A	B
	尺寸公差值/mm													
0~3	0.07	0.14	0.10	0.20	0.12	0.32	0.16	0.36	0.20	0.40	0.26	0.46	0.38	0.58
3~6	0.08	0.16	0.12	0.22	0.14	0.34	0.18	0.38	0.24	0.44	0.32	0.52	0.46	0.66
6~10	0.09	0.18	0.14	0.24	0.16	0.36	0.20	0.40	0.28	0.48	0.38	0.58	0.56	0.76
10~14	0.10	0.20	0.16	0.26	0.18	0.38	0.24	0.44	0.32	0.52	0.46	0.66	0.66	0.86
14~18	0.11	0.21	0.18	0.28	0.20	0.40	0.28	0.48	0.38	0.58	0.52	0.72	0.76	0.96
18~24	0.12	0.22	0.20	0.30	0.22	0.42	0.32	0.52	0.44	0.64	0.60	0.80	0.86	1.06
24~30	0.14	0.24	0.22	0.32	0.26	0.46	0.36	0.56	0.50	0.70	0.70	0.90	0.98	1.18
30~40	0.16	0.26	0.24	0.34	0.30	0.50	0.42	0.62	0.56	0.76	0.80	1.00	1.12	1.32
40~50	0.18	0.28	0.24	0.34	0.34	0.54	0.48	0.68	0.64	0.84	0.94	1.14	1.32	1.52
50~65	0.20	0.30	0.30	0.40	0.40	0.60	0.56	0.76	0.74	0.94	1.10	1.30	1.54	1.74
65~80	0.23	0.33	0.34	0.44	0.46	0.66	0.64	0.84	0.86	1.06	1.28	1.48	1.80	2.00
80~100	0.26	0.36	0.38	0.48	0.52	0.72	0.72	0.92	1.00	1.20	1.48	1.68	2.10	2.30
100~120	0.29	0.39	0.42	0.52	0.58	0.78	0.82	1.02	1.14	1.34	1.72	1.92	2.40	2.60
120~140	0.32	0.42	0.46	0.56	0.64	0.84	0.92	1.12	1.28	1.48	2.00	2.20	2.70	3.10
140~160	0.36	0.46	0.50	0.60	0.70	0.90	1.02	1.22	1.44	1.64	2.20	2.40	3.00	3.02
160~180	0.40	0.50	0.54	0.64	0.78	0.98	1.12	1.32	1.60	1.80	2.40	2.60	3.30	3.50
180~200	0.44	0.54	0.60	0.70	0.86	1.06	1.24	1.44	1.76	1.96	2.60	2.80	3.70	3.90
200~225	0.48	0.58	0.66	0.76	0.92	1.12	1.36	1.56	1.92	2.12	2.90	3.10	4.10	4.30
225~250	0.52	0.62	0.72	0.82	1.00	1.20	1.48	1.68	2.10	2.30	3.20	3.40	4.50	4.70
250~280	0.56	0.66	0.76	0.86	1.10	1.30	1.62	1.82	2.30	2.50	3.50	3.70	4.90	5.10
280~315	0.60	0.70	0.84	0.94	1.20	1.40	1.80	2.00	2.50	2.70	3.90	4.10	5.40	5.60
315~355	0.64	0.74	0.92	1.02	1.30	1.50	2.00	2.20	2.80	3.00	4.30	4.50	6.00	6.20
355~400	0.70	0.80	1.00	1.10	1.44	1.64	2.20	2.40	3.10	3.30	4.80	5.00	6.70	6.90
400~450	0.78	0.88	1.10	1.20	1.60	1.80	2.40	2.60	3.50	3.70	5.30	5.50	7.40	7.60
450~500	0.86	0.96	1.20	1.30	1.74	1.94	2.60	2.80	3.90	4.10	5.90	6.10	8.20	8.40

五、塑件的通用结构工艺性

合理的塑件结构不仅可使成型工艺得以顺利进行，而且还可以满足塑件和模具的经济性要求。

1. 壁厚

合理确定塑件的壁厚是很重要的。塑件的壁厚决定了塑件的使用性能，即强度、刚度、结构、电气性能、尺寸稳定性以及装配等各项要求。壁厚过大，则浪费材料，还易因收缩而产生气泡、缩孔等缺陷；壁厚过小，则成形时流动阻力大，难以充型。

壁厚应尽可能均匀，否则会因冷却或固化速度不同而产生内应力，使塑件产生变形、缩孔及凹陷等缺陷。如果在结构上要求塑件具有不同的壁厚时，壁厚变化比应不大于 1：2，且应采用适当的修饰半径使厚薄部分缓慢过渡。具体设计参数可参考表 5-3～表 5-5 选取。

表 5-3　热塑性塑件的最小壁厚和常用壁厚推荐值　　　（单位：mm）

塑料种类	制作流程 50mm 的最小壁厚	一般制件壁厚	大型制件壁厚
聚酰胺（PA）	0.45	1.75～2.60	>2.4～3.2
聚苯乙烯（PS）	0.75	2.25～2.60	>3.2～5.4
改性聚苯乙烯	0.75	2.29～2.60	>3.2～5.4
有机玻璃（PMMA）	0.80	2.50～2.80	>4.0～6.5
聚甲醛（POM）	0.80	2.40～2.60	>3.2～5.4
低密度聚氯乙烯（LPVC）	0.85	2.25～2.50	>2.4～3.2
聚丙烯（PP）	0.85	2.45～2.75	>2.4～3.2
氯化聚醚（CPT）	0.85	2.35～2.8	>2.5～3.4
聚碳酸酯（PC）	0.95	2.6～2.8	>3.0～4.5
高密度聚氯乙烯（HPVC）	1.15	2.6～2.8	>3.2～5.8
聚苯醚（PPO）	1.20	2.75～3.10	>3.5～6.4
聚乙烯（PE）	0.60	2.25～2.60	>2.4～3.2

表 5-4　热固性塑件壁厚推荐值　　　（单位：mm）

塑料名称	塑件外形高度		
	≤50	50～100	100
粉状填料的酚醛塑料	0.7～2.0	2.0～3.0	5.0～6.5
纤维状填料的酚醛塑料	1.5～2.0	2.5～3.5	6.0～8.0
氨基塑料	1.0	1.3～2.0	3.0～4.0
聚酯玻璃纤维填料的塑料	1.0～2.0	2.4～3.2	>4.8
聚酯无机物填料的塑料	1.0～2.0	3.2～4.8	>4.8

表 5-5　改善塑件壁厚的典型实例

序号	不合理	合理	说明
1	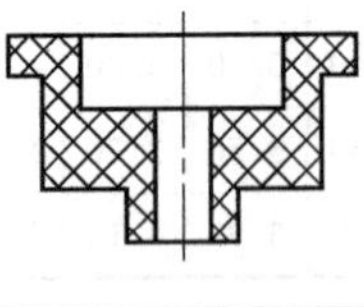	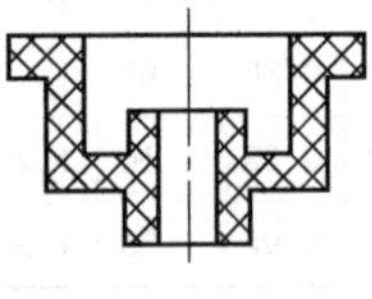	左图壁厚不均匀，易产生气泡、缩孔、凹陷等缺陷，使塑件变形；右图壁厚均匀，能保证质量
2	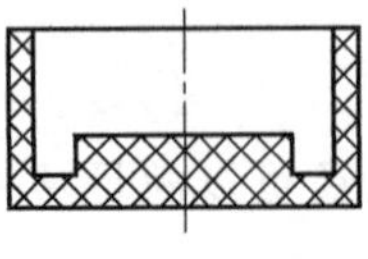	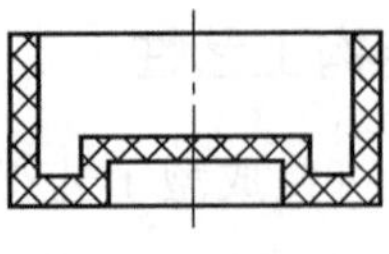	
3	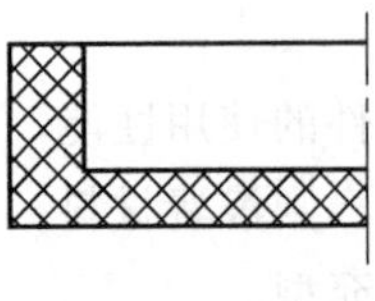	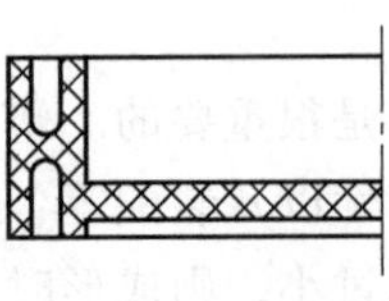	
4	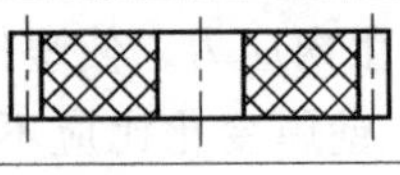	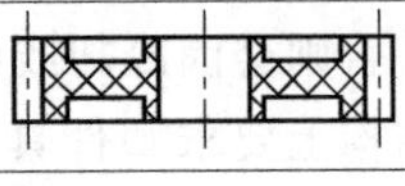	

（续）

序号	不合理	合　理	说　明
5			全塑齿轮轴应在中心设置钢芯
6			对于壁厚不均塑件,可在易产生凹痕的表面设计成波纹形式或在厚壁处开设工艺孔,以掩盖或消除凹痕

2. 加强筋设计

加强筋的作用是在不增加塑件壁厚的情况下,增加塑件的刚度和强度,防止翘曲变形以及增加承受负荷的能力。

加强筋的形状和尺寸如图 5-11 所示。加强筋本身的厚度不应大于塑件壁厚,否则在其对应部位会产生明显凹陷。同样,加强筋也应有足够的脱模斜度,其底部和壁部连接处以圆角过渡。塑件上设置数量多、高度低的加强筋的效果要比数量少、高度大的效果好。加强筋之间的中心距离应大于壁厚。

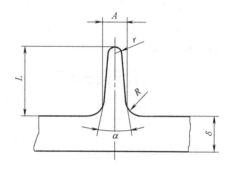

图 5-11　加强筋的形状和尺寸

沿着塑料流向的加强筋,还可以降低塑料在型腔内的流动阻力。

设制件壁厚为 δ,则加强筋的尺寸可以按照下式计算

$$A=\frac{1}{2\delta},\quad L=(1\sim3)\delta,\quad R=\frac{1}{4\delta},\quad r=\frac{1}{8\delta},\quad \alpha=2°\sim5°$$

式中,A 是加强筋底部厚度;L 是加强筋高度（mm）;R 是加强筋底部圆角半径（mm）;r 是加强筋顶部圆角半径（mm）;α 是加强筋锥角（°）。

加强筋设计的典型实例见表 5-6。

表 5-6　加强筋设计的典型实例

序号	不合理	合　理	说　明
1			过厚处应减薄并设置加强筋以保持原有强度
2			过高的塑件应设置加强筋,以减薄塑件壁厚
3			平板状塑件,加强筋应与料流方向平行,以免造成充模阻力过大和降低塑件韧性

（续）

序号	不 合 理	合　　理	说　明
4	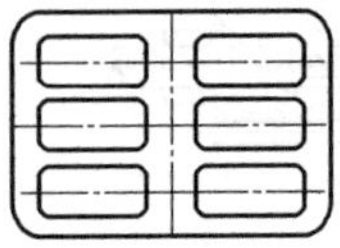	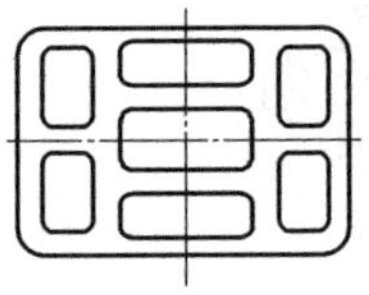	非平板状塑件,加强筋应交错排列,以免塑件产生翘曲变形
5	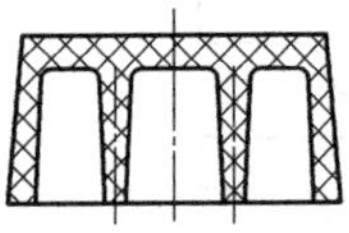	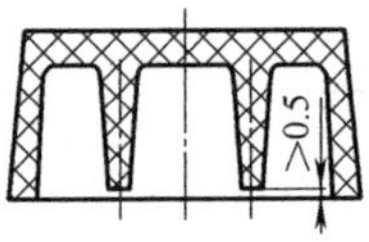	加强筋应设计得矮一些,与支承面的间隙应大于 0.5mm

3. 薄壁容器设计

薄壳状塑料结构件和容器不仅在成型后易产生明显变形,而且在使用时还会因刚性不够而变形或损坏。对于这类塑料制品的底和盖,可采用图 5-12 所示形式,边缘可做成如图 5-13 所示的凸缘状结构。

图 5-12　容器底与盖的加强

图 5-13　容器边缘的增加

若采用收缩大、刚性差的柔性塑料（如聚乙烯、软聚氯乙烯等）制作矩形薄壁容器,则制品侧壁的内凹明显,如图 5-14a 所示。理想的情况是将制品的各个侧壁设计成稍许外凸形状,以抵消收缩,形成平直的侧壁,如图 5-14b 所示。不过也存在不易配合的问题,解决方法是采用如图 5-14c 所示的形状,即将制品各侧壁设计成弧度较大的外凸形,收缩后外形变化不明显。

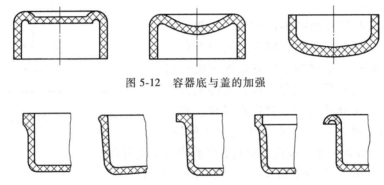

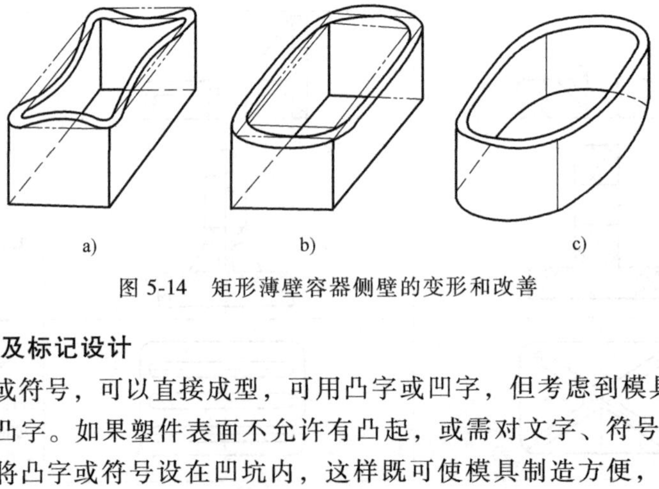

a)　　　　　　　　　　b)　　　　　　　　　　c)

图 5-14　矩形薄壁容器侧壁的变形和改善

4. 图案、文字及标记设计

塑件上的文字或符号,可以直接成型,可用凸字或凹字,但考虑到模具加工的难易程度,尽量在塑件上采用凸字。如果塑件表面不允许有凸起,或需对文字、符号涂色时,可采用图 5-15 所示的形式,将凸字或符号设在凹坑内,这样既可使模具制造方便,又能使塑件上的凸起文字、符号免受摩擦等损坏。

图案、文字及标记尺寸推荐如下：凸出的高度不小于 0.2mm，线条宽度不小于 0.3mm，通常以 0.8mm 为宜。两条线间距离不小于 0.4mm，边框可比图案纹高出 0.3mm 以上。标记符号的脱模斜度应大于 10°。

5. 其他结构要素

（1）脱模斜度设计　塑件在脱模时，由于本身的冷却收缩和表面对模具型面的粘附、摩擦等作用，使塑件脱模困难或引起损坏变形，所以在塑件的内表面和外面，沿脱模方向均应设计足够的脱模斜度，如图 5-16 所示。

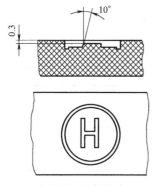

图 5-15　文字设计

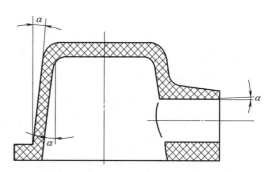

图 5-16　脱模斜度

常用的脱模斜度为 30′~1°30′，见表 5-7。脱模斜度的大小与塑料性质、收缩率、摩擦因数、塑件结构形状有关，具体选择时应考虑下列因素：

表 5-7　塑料常用的脱模斜度

塑料名称	脱模斜度	
	型腔	型芯
聚乙烯、聚丙烯、软聚氯乙烯、聚酰胺、氯化聚醚、聚碳酸酯、聚砜	25′~45′	20′~45′
硬聚氯乙烯、聚碳酸酯、聚砜	35′~40′	30′~50′
聚苯乙烯、有机玻璃、ABS、聚甲醛	35′~1°30′	30′~40′
热固性塑料	25′~40′	20′~50′

1）性能硬脆的塑件，其脱模斜度比性能柔韧的大。例如 PS、POM、PMMA 和多数热固性塑料的性能都属硬脆类型，需要较大的脱模斜度。

2）形状复杂或不厚的塑件，由于脱模时的表面黏附力及收缩率大，所以塑件的脱模斜度较大。

3）按照塑料的收缩规律，一般塑件是向心收缩，所以塑件的内表面脱模斜度要比外面大；增强塑料的收缩率虽小于普通塑料，但缩紧力大，脱模时易擦伤塑件和模具塑料面，故脱模斜度应取大值。

4）对于塑件上数值较大的深度、高度尺寸，为了防止因脱模斜度而使一端超出公差范围，脱模斜度宜取小值。

5）塑件不标明脱模斜度时，通常内孔以下极限偏差尺寸为起点（还应考虑收缩率），斜度沿上极限偏差向扩大；外形以上极限偏差尺寸为起点，斜度沿下极限偏差方向缩小。精度较低塑件的脱模斜度可不受此限制。

6）箱形或盖状制品的脱模斜度根据高度不同而略有不同，高度在 50mm 以下时，取

$1/50 \sim 1/30$；高度超过 100mm 时，取 $1/60$；在两者之间时取 $1/60 \sim 1/30$。格子状制品的脱模斜度与格子部分的面积有关，一般取 $1/14 \sim 1/12$。

（2）支承面设计　以塑件整个底面作为支承面显然是不合理的，因为在实际生产中，要得到一个相当平整的表面是困难的，如图 5-17a 所示。通常都用凸出的支承点、底脚或凸边作为支承面，如图 5-17b、c 所示。

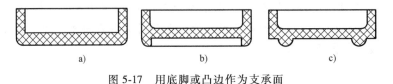

a)　　　　　　　　　b)　　　　　　　　　c)

图 5-17　用底脚或凸边作为支承面

（3）圆角设计　在塑件的表面转折处，尽可能采用圆角过渡，以减少应力集中，尤其是塑件的内角，即使只有 $R0.5$mm 的圆角，也能使塑件的强度大为提高。理想的内圆角半径应大于壁厚的 $1/4$。此外，圆角过渡还使塑件变得美观，改善塑料在型腔内的流动状况。对于塑件的某些部位，如分型面处，则不宜采用圆角。如无特殊要求，塑件各连接处的圆角半径 $\geqslant 0.5 \sim 1$mm。一般内圆角半径 $R = 0.5t$，外圆角半径 $R_1 = 1.5t$，如图 5-18 所示。

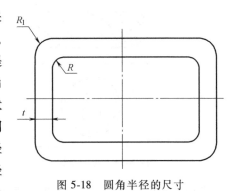

图 5-18　圆角半径的尺寸

知识点②　单分型面注射模结构总体方案的拟订

● **教学目标**

通过本节的学习，了解注射模的结构分类、单分型面注射模典型结构、注射模装配，塑料模具材料及其选用、中小型标准模架基本型的选用和塑料成型设备的基本知识、注射模与注射机有关工艺参数的校核，能够独立进行简单注射模的拆装，理解注射模在塑料成型设备上的装卸，能够根据实际情况选用塑料模具材料，具备针对简单塑件进行注射模结构总体方案设计的能力。

● **教学重、难点**

重点：注射模结构分类；单分型面注射模典型结构；塑料成型设备；注射模与注射机有关工艺参数的校核。

难点：对单分型面注射模典型结构的理解；注射模与注射机有关工艺参数的校核。

● **建议教学方法**

本节内容具有实践性强的特点，教学内容的先后次序要符合注射模的认知规律。在通过讲授法初步了解注射模和注射机的结构和原理后，建议先在注射机上进行整套注射模的示范性装卸实验（有条件的情况下）或视频播放，并通过现场教学法进一步了解注射模和注射机的结构，然后才能进行注射模结构组成的示范性拆装实验，以进一步了解注射模的内部结构，增强感性认识。

● **问题导入**

在进行塑件的工艺性分析，即解决塑件注射工艺是否适合之后，还需要确定塑件注射模的总体结构方案。为此，需要了解注射模的典型结构组成及各部分的功能，并通过注射模装配来进一步强化对注射模结构的认识。由于注射模的结构与注射机是有关联的，因此，必须了解"注射模与注射机有关工艺参数的校核"，而要做到这一点则需先清楚注射机的结构和成型原理。

本节正是按照这一认识规律，通过掌握注射模和注塑机的结构原理以及两者之间的关联的知识，完成旋转底座注射模结构总体设计方案。

一、单分型面注射模典型结构

注射模的分类方法很多，按注射模的典型结构特征可分为单分型面注射模、双分型面注射模、斜导柱侧向分型与抽芯注射模、带有活动镶件的注射模、定模带有推出机构的注射模、自动卸螺纹注射模和热流道注射模；按型腔数量可分为单型腔注射模和多型腔注射模。

单分型面注射模又称二板式注射模，它是注射模中最简单、最基本的一种结构形式，应用十分广泛。这种模具只有动、定模之间的一个分型面，其典型结构如图5-19所示。

注射模由动模和定模两部分组成。其中定模部分安装在注射机的固定模板上，动模部分安装在注射机的移动模板上。在注射成型过程中，动模部分随注射机上的合模系统运动，通过导柱导向与定模部分闭合，从而构成浇注系统和型腔，塑料熔体从注射机喷嘴经浇注系统进入型腔，冷却定型后开模，动模部分与定模部分分离，推出机构取出塑件。

根据模具上各个部分所起的作用不同，注射模可分为以下7个部分：

（1）成型部分　成型部分由型芯、型腔以及嵌件和镶块等组成。型芯形成塑件的内表面形状，型腔形成塑件的外表面形状。图5-19中的成型部分由动模板1、定模板2和型芯7组成。

（2）浇注系统　指塑料熔体从注射机喷嘴进入模具型腔所流经的通道。浇注系统由主流道、分流道、浇口及冷料穴四部分组成。图5-19中的浇注系统由动模板1、定模板2和浇口套6组成。

（3）导向机构　为确保动、定模之间的正确合模运动，需要在动、定模部分采用导柱、导套或在动、定模部分设置互相吻合的内外锥面，如图5-19中的导柱8和导套9。为确保推出机构的运动平稳，其导向通常由推板导柱和推板导套组成，如图5-19中的16、17。

（4）推出机构　推出机构是指模具分型后将塑件从模具中推出的装置。通常推出机构由推杆、复位杆、推杆固定板、推板、主流道拉料杆、推板导柱和推板导套等组成。图5-19中的推出机构由推板13、推杆固定板14、拉料杆15、推板导柱16、推板导套17、推杆18和复位杆19组成。

（5）温度调节系统　为满足注射工艺对模具温度的要求，必须对模具温度进行控制，所以模具通常设有冷却或加热温度调节系统。冷却系统一般是在模具上开设冷却水道，如图5-19中定模板2中的冷却水道3，而加热系统是在模具内部或四周安装加热元件。

（6）排气系统　在注射成型过程中，为了将型腔内的气体排出模外，常需要开设排气系统。排气系统通常是在分型面上有目的地开设几条排气沟槽，另外，许多模具的推杆或活动型芯与模板之间的配合间隙也可起到排气作用。小型塑件的排气量不大，因此可直接利用分型面排气。

（7）支承零部件　用来安装固定或支承成型零部件及前述各部分机构的零部件均称为支承零部件。支承零部件组装在一起，就构成了注射模的基本骨架，如图5-19中的定模座板4、动模座板10、支承板11、垫块20。

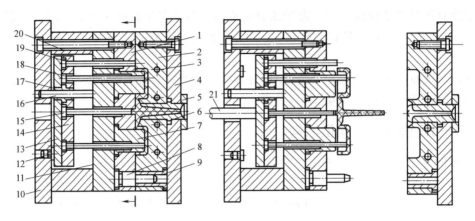

图 5-19   单分型面注射模结构

1—动模板   2—定模板   3—冷却水道   4—定模座板   5—定位圈   6—浇口套   7—型芯   8—导柱   9—导套
10—动模座板   11—支承板   12—支承钉   13—推板   14—推板固定板   15—主流道拉料杆   16—推板导柱
17—推板导套   18—推杆   19—复位杆   20—垫块   21—注射机顶杆

二、塑料成型设备

注射模只有安装在相应的注射机上才能正常工作，因此，在设计注射模时除了必须了解注射成型工艺外，还应先了解所选用的注射机的技术规格与使用性能。

1. 注射机的分类

1）按外形特注射机可分为立式注射机、卧式注射机、直角式注射机三类。

2）按塑化方式注射机可分为柱塞式注射机、螺杆式注射机两类。

2. 注射机的结构组成

图 5-20 为最常用的螺杆注射机。

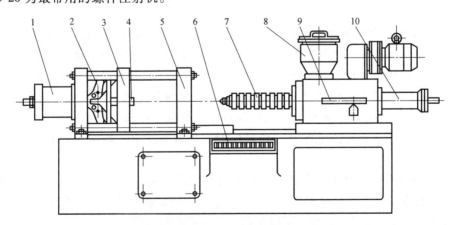

图 5-20   螺杆注射机的结构组成

1—锁模液压缸   2—锁模机构   3—移动模板   4—顶杆   5—固定模板   6—控制台   7—料筒及加热器
8—料斗   9—定量供料装置   10—注射液压缸

塑料注射模具被安装在移动模板 3 与固定模板 5 之间，由锁模液压缸 1 将模具锁紧。塑料原料放在料斗 8 中，经计量后流入料筒 7 中，经加热塑化后，由注射液压缸 10 将塑料熔体注入模具中（熔料经模具浇口进入模具型腔）。在保压、冷却塑料制品固化后，由液压缸 1 打开模具，并由顶出装置推出制品。注射机主要由注射装置、锁模装置、液压传动与电气控制系统组成。

（1）注射装置　注射装置的主要作用是使固态的塑料颗粒均匀地塑化成熔融状态，并以足够的压力和速度将塑料熔体注入闭合的型腔内。注射装置包括料斗、料筒、加热器、计量装置、螺杆（柱塞式注射机为柱塞和分流梭）及其驱动装置、喷嘴等部件。

（2）锁模装置　锁模装置的作用有三点：第一是实现模具的开闭动作；第二是在成型时提供足够的夹紧力使模具锁紧；第三是开模时推出模内制品。锁模装置可以是机械式推出和液压式推出两种，液压式推出既有单点推出，又有多点推出。

（3）液压传动和电气控制系统　由注射成型工艺过程可知，注射成型由塑料熔融、模具闭合、熔体充模、压实、保压、冷却定型、开模推出制品等多道工序组成。液压传动和电气控制系统是保证注射成型按照预定的工艺要求（压力、速度、时间、温度）和动作程序准确进行而设置的。液压传动系统是注射机的动力系统，而电气控制系统则是完成各个动力液压缸开启、闭合和注射、推出等动作的控制系统。

3. 注射机的规格及主要技术参数

目前，注射机型号的标准表示法有采用注射量为参数的，也有采用锁模力为参数的。我国标准采用的是注射量表示法。注射机型号中的字母 X 表示成型，S 表示塑料机械，Z 表示注射机，Y 表示螺杆式（无 Y 表示柱塞式）等。如 XS-ZY-125 注射机，表示公称注射量为 125cm^3 的螺杆式塑料注射机。

国际通用以注射量/锁模力来表示注射机的主要特征。如 XZ-63/50 型注射机，表示注射量为 63cm^3，锁模力为 $50\times10\text{kN}$ 的塑料注射机。

注射机的主要参数包括注射量、注射压力、锁模力、与模具的配合连接尺寸等。表 5-8 列出了部分国产常用注射机的主要技术参数。

4. 注射模与注射机有关工艺参数的校核

（1）型腔数目的确定与布置

1）型腔数目设计。一次注射若只能生产一件塑件的模具称为单型腔注射模具，若一次注射能生产两件或两件以上塑件的模具则称为多型腔注射模。单型腔模具生产的塑件精度高，工艺参数易于控制，模具结构简单且制造成本低、周期短，但生产率低，塑件成本高，适用塑件较大、精度要求较高或小批量及试生产。多型腔模具成型的生产率高，塑件成本低但塑件精度低，模具结构复杂且制造成本高，周期长，应用于大批量长期生产的小型塑件。

确定型腔数目（n）常用以下三种方法：

① 根据锁模力确定型腔数目

$$n = \frac{\left(\dfrac{F_p}{p} - A\right)}{A_1}$$

式中，F_p 是注射机的锁模力（N）；p 是型腔内熔体的平均压力（MPa）；A 是单个制品在分型面上的投影面积（mm^2）；A_1 是浇注系统在分型面上的投影面积（mm^2）。

② 根据最大注射量确定型腔数目

$$n = \frac{(0.8m_\text{p} - m_1)}{m}$$

式中，m_p 是注射机的最大注射量（g 或 cm^3）；m 是单个制品的质量或体积（g 或 cm^3）；m_1 是浇注系统的质量或体积（g 或 cm^3）。

表 5-8　部分国产常用注射机的主要技术参数

型号 项目	XS-ZS-22	XS-Z-30	XS-Z-60	XS-ZY-125	G54-S200/400	SZY-300	XS-ZY-500	XS-ZY-1000	SZY-2000	XS-ZY-4000
额定注射量/cm³	30、20	30	60	125	200~400	320	500	1000	2000	4000
螺杆(注塞)直径/mm	25、20	28	38	42	55	60	65	85	110	130
注射压力/MPa	75、115	119	122	120	109	77.5	145	121	90	106
注射行程/mm	130	130	170	115	160	150	200	260	280	370
注射方式	双注塞(双色)	注塞式	注塞式	螺杆式	螺杆式	螺杆式	螺杆式	螺杆式	螺杆式	螺杆式
锁模力/kN	250	250	500	900	2540	1500	3500	4500	6000	10000
最大成型面积/cm²	90	90	130	320	645		1000	1800	2600	3800
最大开合模行程/mm	160	160	180	300	260	340	500	700	750	1100
模具最大厚度/mm	180	180	200	300	406	355	450	700	800	1000
模具最小厚度/mm	60	60	70	200	165	285	300	300	500	700
喷嘴圆弧半径/mm	12	12	12	12	18	12	18	18	18	
喷嘴孔直径/mm	2	2	4	4	4		3、5、6、8	7.5	10	
顶出形式	四侧设有顶杆,机械顶出	四侧设有顶杆,机械顶出	中心设有顶杆,机械顶出	两侧设有顶杆,机械顶出	动模板设顶板,开模时模具顶杆固定板上的顶杆通过动模板顶与动模板相碰,机械顶出塑件	中心及上,下两侧设有顶杆,机械顶出	中心液压顶出,顶出距100mm,两侧顶杆机械顶出	中心液压顶出,两侧机械顶杆机械顶出	中心液压顶出,顶出距125mm,两侧顶杆机械顶出	中心液压顶出,两侧机械侧顶出
动、定模固定板尺寸/(高/mm×宽/mm)	250×280	250×280	330×440	428×458	532×634	620×520	700×850	900×1000	1180×1180	1050×950
拉杆空间/(长/mm×宽/mm)	235×235	235×235	190×300	260×290	290×368	400×300	540×440	650×550	760×700	
合模方式	液压-机械	液压-机械	液压-机械	液压-机械	液压-机械	液压-机械	液压-机械	两次动作液压式	液压-机械	两次动作液压式
液压泵 流量/(L/min)	50	50	70、12	100、12	170、12	103.9、12.1	200、25	200、18.1.8	175.8×2、14.2	50、50
液压泵 压力/MPa	6.5	6.5	6.5	6.5	6.5	7.0	6.5	14	14	20
机器外形尺寸/(长/mm×宽/mm×高/mm)	2340×800×1460	2340×850×1460	3160×850×1550	3340×750×1550	4700×1400×1800	5300×940×1815	6500×1300×2000	7670×1740×2380	10908×1900×3430	11500×3000×4500

③ 根据经济性确定型腔数目

$$n = \sqrt{\frac{NYT}{C_2}}$$

式中，N 是制品的生产塑件总数（件）；Y 是单位时间的加工费用（元/min）；T 是成型周期（min）；C_2 是每一型腔所需费用（元）。

2）型腔的布局。

① 单型腔模具塑件在模具中的布局。单型腔模具有塑件在动模部分、定模部分及同时在动模和定模的结构。塑件在单型腔模具中的位置如图 5-21 所示。图 5-21a 所示为塑件全部在定模中的结构；图 5-21b 所示为塑件在动模中的结构；图 5-21c 与 d 所示为塑件同时在定模和动模中的结构。

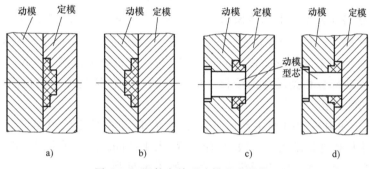

图 5-21　塑件在单型腔模具中的位置

② 多型腔模具中型腔的布局。对于多型腔模具，由于型腔的排布与浇注系统密切相关，所以在模具设计时应综合考虑。型腔的排布应使每个型腔都能通过浇注系统从总压力中均等地分得所需的足够压力，以保证塑料熔体能同时均匀充满每一个型腔，从而使各个型腔的塑件内在质量均一稳定。多型腔排布方法如下：

a. 平衡式排布。平衡式多型腔排布的特点是从主流道到各型腔浇口的分流道的长度、截面形状、尺寸及分布对称性对应相同，可实现各型腔均匀进料和达到同时充满型腔的目的，如图 5-22 所示。

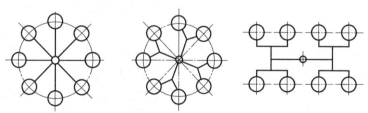

图 5-22　平衡式多型腔排布

b. 非平衡式排布。非平衡式多型腔排布的特点是从主流道到各型腔浇口的分流道的长度不相同，因而不利于均衡进料，但这种方式可以明显缩短分流道的长度，节约塑件的原材料，如图 5-23 所示。为了达到同时充满型腔的目的，往往各浇口的截面尺寸要制造得不相同。

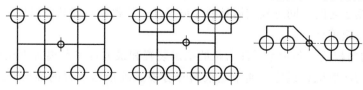

图 5-23　非平衡式多型腔排布

（2）注射机主要工艺参数的校核

1）最大注射量的校核。塑件连同凝料在内的总注射量一般不应大于注射机公称注射量，可采用下式校核

$$nm + m_2 \leqslant Km_p$$

式中，n 是型腔的数量；m 是单个制品的质量或体积（g 或 cm^3）；m_2 是浇注系统的质量或体积（g 或 cm^3）；K 是注射机最大注射量的利用系数，一般取 0.8；m_p 是注射机的最大注射量（g 或 cm^3）。

2）锁模力的校核。由于高压塑料熔体充满型腔时，会产生一个沿注射机轴向的很大的推力，这个力应小于注射机的公称锁模力，否则将产生溢料现象，即

$$F_z = p(nA + A_1) < F_p$$

式中，F_z 是熔融塑料在分型面上的胀模力（N）；p 是型腔内熔体的平均压力（MPa），其大小一般为注射压力的 80%；n 是型腔的数量；A 是每一个制品在分型面上的投影面积（mm^2）；A_1 是浇注系统在分型面上的投影面积（mm^2）；F_p 是注射机公称锁模力（N）。

（3）注射机安装部分相关尺寸的校核　应校核的尺寸包括喷嘴、定位圈、最大模厚、最小模厚及模板上的螺纹孔。

1）喷嘴尺寸。注射机的喷嘴头部的球面半径 R_1 应与模具主流道始端的球面半径 R_2 吻合，以免高压熔体从狭缝处溢出。一般 R_2 应比 R_1 大 1~2mm，否则主流道内的塑料凝料无法脱出；主流道始端直径要比喷嘴直径略大一些，如图 5-24 所示。

2）定位圈尺寸。为了使模具的主流道中心线与注射机喷嘴的中心线相重合，模具定模板上的定位圈外直径或主流道衬套与定位圈一体式结构（图 5-24）的外直径 d 应与注射机固定模板上的定位孔呈较松间隙配合。

3）安装螺纹孔尺寸。注射模具的动模板、定模板应分别与注射机动模板、定模板上的螺纹孔相适应。模具在注射机上的安装方法有螺栓固定和压板固定，如图 5-25 所示。

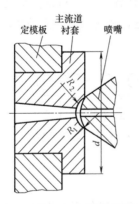

图 5-24　喷嘴与主流道始端的匹配

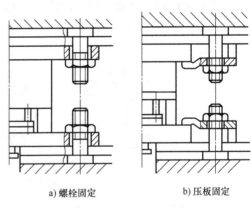

a) 螺栓固定　　　　　b) 压板固定

图 5-25　模具的固定

4）模具厚度、长度和宽度。在模具设计时应使模具的闭合厚度位于注射机可安装模具的最大模厚和最小模厚之间。同时校核模具的外形尺寸，使得模具能从注射机拉杆之间装入并固定在注射机的动、定模板上。

5）推出机构的校核。各种型号注射机的推出装置和最大推出距离各不相同，设计时应使模具的推出机构与注射机相适应。通常是根据开合模系统推出装置的推出形式（中心推出还是两侧推出）、注射机的顶杆直径、顶杆间距和推出距离等，来校核模具的推出机构是否合

理、推杆推出距离是否能达到使塑件脱模的要求。

6）开模行程的校核。注射机的开模行程是有限制的。塑件从模具中取出时所需的开模距离必须小于注射机的最大开模距离，否则塑件无法从模具中取出。开模距离一般可分为以下情况校核，如图 5-26 所示。

① 当注射机采用液压机械联合作用的锁模机构时，最大开模行程由连杆机构的最大行程决定，不受模具厚度的影响，即注射机最大开模行程与模具厚度无关，则单分型面注射模的开模行程可按下式校核

$$s \geqslant H_1 + H_2 + (5 \sim 10) \, \text{mm}$$

② 对于采用全液压锁模机构或带有丝杆开模锁模机构的直角式注射机，其最大开模行程受模具厚度的影响，即注射机最大开模行程与模具厚度有关，则单分型面注射模的开模行程可按下式校核

$$s \geqslant H_m + H_1 + H_2 + (5 \sim 10) \, \text{mm}$$

式中，s 是注射机的最大开模行程（mm）；H_1 是推出距离（脱模距离）（mm）；H_2 是包括浇注系统在内的塑件高度（mm）；H_m 是模具厚度（mm）。

三、中小型标准模架基本型的选用

为适应大规模成批量生产塑料成型模具、提高模具精度和降低模具成本的要求，模具的标准化工作是十分重要的。注射模具的基本结构有很多共同点，所以模具标准化的工作现在已经基本形成。目前市场上有模架标准件出售，这为制造注射模具提供了便利条件。

中小型标准注射模架（GB/T 12556.1）标准中规定，中小型模架的周界尺寸范围 ≤ 500mm×900mm，还规定了其模架结构形式为品种型号。可以分为基本型和派生型，其中基本型分为 A1、A2、A3、A4 四个品种，如图 5-27 所示。模架的组成、功能及用途见表 5-9。

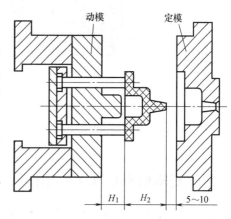

图 5-26　单分型面注射模的开模行程

表 5-9　基本型模架的组成、功能及用途

型　号	组成、功能及用途
中小模架 A1 型（大型模架 A 型）	定模采用两块模板。动模采用一块模板，无支承板，设置以推杆推出塑件的机构组成模架。适用于立式与卧式注射机，单分型面一般设在合模面上，可设计成多个型腔成型多个塑件的注射模
中小模架 A2 型（大型模架 B 型）	定模和动模均采用两块模板，有支承面，设置以推杆推出塑件的机构组成模架。适用于立式或卧式注射机上，用于直浇道，采用斜导柱侧向抽芯，单型腔成型，其分型面可在合模面上，也可设置斜滑块垂直分型脱模式机构的注射模
中小模架 A3、A4 型（大型模架 P1、P2 型）	A3 型（P1 型）的定模采用两块模板，动模采用一块模板，它们之间设置一块推件板连接推出机构，用以推出塑件，无支承面 A4 型（P2 型）的定模和动模均采用两块模板，它们之间设置一块推件板连接推出机构，用以推出塑件，有支承面 A3、A4 型均适用于立式或卧式注射机上，脱模力大，适用于薄壁壳形塑件，以及塑件表面不允许留有顶出痕迹的塑件注射成型的模具

注：1. 根据使用要求选用导向零件和安装形式。

　　2. A1～A4 型是以直浇口为主的基本型模架，其功能及通用性强，是国际上使用有代表性的模架结构。

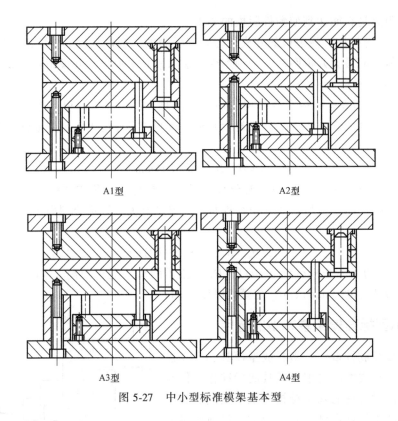

A1型　　　　　　　　　　　　　　A2型

A3型　　　　　　　　　　　　　　A4型

图 5-27　中小型标准模架基本型

　　模架的选用与塑件的尺寸大小、形状及模具设计者的设计风格以及模具制造所具有的生产设备有关。

四、塑料模具材料及其选用

1. 塑料模成型零件材料选用的要求

　　(1) 机械加工性能良好　要选用易于切削，且在加工后能得到较高的精度，其中，以中碳钢和中碳合金钢最常用。对需电火花加工的零件，还要求该钢种的烧伤硬化层较薄。

　　(2) 抛光性能良好　注射成型零件工作表面多需抛光达到镜面 $\leqslant Ra0.05\mu m$，要求钢材硬度达到 35~40HRC，过硬表面会使抛光困难。钢材的显微组织应均匀致密、较少杂质、无瑕疵和针点。

　　(3) 耐磨性和抗疲劳性能好　注射模型腔不仅受到高压塑料熔体的冲刷，而且还受到冷热交变的温度作用。一般的高碳合金钢可经热处理获得高硬度，但韧性差易形成表面裂纹，不易采用。应选择可减少模具抛光次数、能长期保持型腔尺寸精度的钢材，达到批量生产的使用寿命期限。

　　(4) 具有耐腐蚀性能　对有些塑料品种，如聚氯乙烯和阻燃型塑料，必须选用耐腐蚀性的钢材。

2. 注射模钢种的选用

　　热塑性塑料注射模成型零件的毛坯、型腔和主型芯以板材和块体作为供应原件，常用 50或 55 调质钢，硬度为 250~280HBW，易于切削加工，旧模修复时的焊接性能较好，但抛光性和耐磨性较差。

小型芯和镶件常以棒材为供应原件，采用淬火变形小、淬透性好的高碳合金钢，经热处理后在磨床上直接研磨至镜面。常用 9CrWMn、Cr12MoV 和 3Cr2W8V 等，淬火后回火硬度 ≥ 55HRC，有良好的耐磨性；也可采用高速钢基体的 65Nb（65Cr4W3Mo2VNb）；廉价但淬火性能差的 T8A、T10A 也可采用。

一般注射模钢种可以分为以下几类：

（1）碳素塑料模具钢　主要用于生产批量不大，没有特殊要求的小型塑料模具，通常采用价格便宜，来源方便，切割加工性能好的碳素钢，如 45 钢、50 钢、55 钢、T8 钢、T10 钢以及优质的碳素钢如 SM45、SM50、SM55 等，国外一般采用碳质量分数为 0.5%～0.6% 的碳素钢，如日本的 S55C。

（2）渗碳型塑料模具钢　主要用于冷挤压成型塑料模具，一般要求较低的含碳量，同时钢中加入能提高淬透性而固溶强化铁素体效果弱的合金元素。国内的有 20、20Cr、20CrMnTi 等，在国外有这类专用钢材，如美国的 P1、P2、P4、P6，日本的 CH1、CH2、CH41，瑞典的 8416 等。

（3）预硬型塑料模具钢　预硬型塑料模具钢是目前主要使用的塑料模具钢。所谓预硬型塑料模具钢，就是钢厂供货时已预先对模具钢进行了热处理，使之达到了模具使用时的硬度，以解决模具热变形问题。根据模具工作条件，硬度范围变化较大，较低硬度为 25～35HRC，较高硬度为 40～50HRC。

我国的预硬型塑料模具钢目前大多数以中碳钢为基础，适当加入 Cr、Mn、Mo、Ni、V 等合金元素制成。国内主要有 3Cr2Mo、3Cr2MnNiMo 两种，分别相当于国外的 P20 和 718。与 718 钢化学成分相近的还有日本大同的 PX4、PX5 钢和日立的 HPM7、HPM17。为了提高切削加工性能，也适当地加入 S、Ca、Pb、Se 等元素，如国内的 SM1（Y55CrNiMnMoVS）、5NiSCa（5CrNiMnMoVSCa）等。

（4）时效硬化型塑料模具钢　这类钢多属于析出硬化钢，也称为镜面钢，采用真空熔炼的方法生产，主要用于制造精密、复杂的热塑性塑料模具。时效硬化型塑料模具钢在淬火（固溶）后变软（硬度为 28～34HRC），便于切削加工成型，然后再进行时效硬化，以获得所需的综合力学性能，解决了要求模具硬度高，同时又需要保持模具加工精度的问题。

国内典型的有国产 PMS（10Ni3CuAlVS）、SM2（Y20CrNi3AlMnMo）、高强度钢 8CrMn（8Cr5MnWMoVS）、可氮化高硬度钢 25CrNi3MoAl 等，国外的有美国的 P2（20CrNi4AlV）钢，日本大同特殊钢公司的 NAK80、NAK55（15Ni3MnMoAlCuS）钢等。

（5）耐腐蚀性塑料模具钢　适用于生产中产生化学腐蚀介质的塑料制品，如聚氯乙烯、氟塑料、阻燃塑料等。一般采用中碳或高碳的高铬马氏体不锈钢来制作。国内的有国产 PCR（0Cr16Ni4Cu3Nb），国外的耐腐蚀镜面塑料模具钢比较常用，如法国的 CLC2316H、德国的 X36CrMo17、奥地利百禄的 M300、瑞典 ASSAB 的 S-136、日本大同的 S-STAR 等是预硬化型的抗腐蚀镜面塑料模具钢。

注射模选用钢材时应按塑件的生产批量、塑料品种及塑件精度与表面质量要求来确定，具体可参见表 5-10。

表 5-10　模具钢材与寿命

塑料与制品	型腔注射次数/次	适用钢材
PP、HDPE 等一般塑料件	10 万左右	50、55 正火
	20 万左右	50、55 调质
	30 万左右	P20
	40 万左右	SM1、5NiSCa

（续）

塑料与制品	型腔注射次数/次	适用钢材
工程塑料	10 万左右	P20
精密塑件	20 万左右	PMS、SM1、5NiSCa
玻璃纤维增强塑料	10 万左右、20 万左右	PMS、25CrNiMoAl 氮化、H13 氮化
PC、PMMA、PS 透明塑料	120 万左右	PMS、SM2
PVC 和阻燃塑料	150 万左右	PCR

五、注射模装配

1. 注射模具间隙控制方法

（1）大型模具　可分为以下两种情况：

1）装配保证。大中型模具以模具中主要零件如定模、动模的型腔、型芯为装配基准。这种情况下，定模和动模的导柱和导套孔先不加工，先将型腔和型芯加工好，装入定模板和动模板内，将型腔和型芯之间以垫片法或工艺定位器法来调整模具间隙均匀，然后将动模部分和定模部分固定成一体，镗制导柱和导套孔。

2）机床加工保证。大中型模具的动、定模板采用整体结构时，可以在加工中心上一次装夹，加工出成型部分和导柱导套的固定孔，依靠加工中心的精度来保证模具间隙的均匀一致。

（2）中、小型模具　中、小型模具的间隙控制方式如图 5-28 所示。

由于中、小型模具常采用标准模架，动、定模固定板上已装配好导柱、导套。这种情况下，将已有导向机构的动模、定模板合模后，同时磨削模板的侧基准面，保证其与底面垂直，然后以模板侧基准面为基准加工固定板中的内形方框。在加工动、定模镶块时，将其加工基准按合模状态统一，如图 5-29 所示，并严格控制固定板与镶块的配合精度。通过以上工艺可以保证模具间隙均匀。

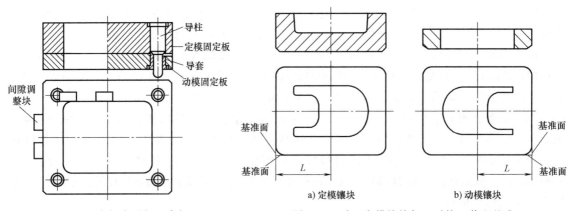

图 5-28　固定板内形框组合加工　　　　　图 5-29　动、定模镶块加工时统一装配基准

实际应用中，更多的是通过间隙调整块调整动、定模镶块的间隙，如图 5-28 所示。

2. 注射模具的组件装配

（1）型芯的装配　可分为如下三种情况：

1）型芯与通孔或固定板装配。型芯与通孔或固定板孔之间一般采用过渡配合，压入装配。在装配前必须检查其过盈量、配合部分的表面粗糙度以及压入端的引导斜度等，在符合要求后方可压入装配。图 5-30 为型芯与固定板的装配。为便于将型芯压入固定板并防止损伤孔壁，应将型芯端部四周修出斜度。若型芯上不允许修出斜度，则可将固定板孔口修出导向斜度，如图 5-31 所示。此时斜度可取 1° 以内，高度为 5mm 以内。

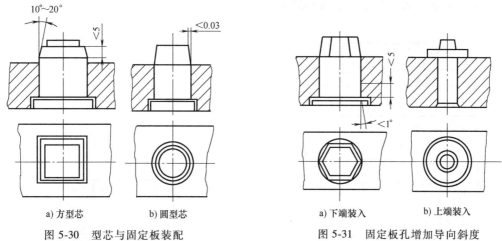

图 5-30　型芯与固定板装配　　　　　　　　图 5-31　固定板孔增加导向斜度

为了避免型芯与固定板配合的尖角部分发生干涉且便于加工，可将型芯角部修成大圆角，如图 5-32a 所示。当不允许型芯修成圆角时，则应将固定板孔的角部修出清角、圆角或窄槽，如图 5-32b 所示。

型芯与通孔或固定板压入装配前应涂润滑油，先将导入部分放入通孔或固定板中，测量并矫正其垂直度后方可缓慢而平稳地压入。在全部压入过程中应随时测量与矫正型芯的垂直度，以保证装配质量。型芯装入后，还应将型芯尾部同固定板装配平面一起磨平。

2）型芯埋入式装配。型芯埋入式装配结构如图 5-33 所示。固定板沉孔与型芯尾部为过渡配合。

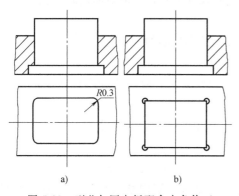

图 5-32　型芯与固定板配合尖角修正

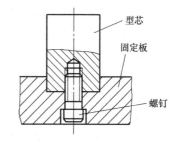

图 5-33　型芯埋入式装配

固定板沉孔一般均由立铣刀加工，由于沉孔具有一定形状，因此往往与型芯埋入部分尺寸有差异，所以在装配前应检查两者尺寸，如有偏差应立即修正。一般多采用修正型芯的方法，但应注意，修正不能影响装配后型芯与型腔的配合。

3）型芯螺钉固定式装配。对于面积大而高度低的型芯，常采用螺钉、销钉直接与固定板连接的装配方法，如图 5-34 所示。

（2）型腔装配　塑料注射模的型腔多采用压入、镶嵌或拼合的形式，型腔与模板的装配方式和要素有：

1）压入法装配。将型腔直接压入模板型孔中的装配方法叫压入法。压入前，首先要调整好装配位置，并在装配面涂油润滑。当开始压入模板一少部分后，要测量、调整装配的垂直度，确定达到垂直度要求后，再将型腔全部压入模板。在压入时，最好采用液压机或手动压力机进行，并防止在压入时转动，如图 5-35 所示。

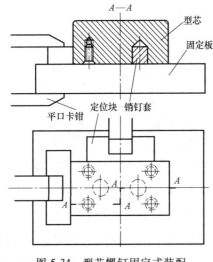

图 5-34 型芯螺钉固定式装配

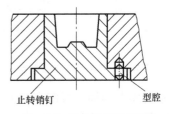

图 5-35 压入法装配型腔

2）镶嵌法装配。在一块模板上需镶入两个或两个以上的型腔或型芯，而且要求动、定模之间要有较高的相对位置精度时可采用此种方法。图 5-36 所示为一组合型腔的装配，此模具的装配要求保证小型芯与定模镶块上孔的同轴度，这就需要通过合理的装配方法来保证。镶嵌法的装配工艺如下：

① 以定模镶块上的孔为基准，用工艺销钉代替小型芯穿入其中。

② 将推块和型腔套入工艺销钉，按型腔外形的实际尺寸 l 和 L 修正动模板固定孔。

③ 将型腔压入动模板，并磨平两端面。

④ 将推块装入型腔内，以推块上的孔配钻固定板上的小型芯的固定孔。

3）型腔拼块法装配。装配多块拼合而成的型腔时应注意：

① 在拼合装配时，所有拼合面要进行研配以保证配合紧密，要防止配合面产生缝隙，以免在注射生产时产生飞边。

② 模板上的型腔固定孔，一般要留有修正余量，按拼块拼合后的尺寸进行修正，使型腔拼块的镶入有足够的过盈量。

③ 拼块的某些部位必须在装配后进行加工，如图 5-37 所示拼块上的矩形型腔。

4）型腔装配后的修磨。为保证装配后小型芯与定模镶块型腔面紧密贴合，在加工小型芯时，将小型芯的成型高度略加长 0.2mm，如图 5-38a 所示。小型芯装配后合模时，在分型面出现了间隙 Δ。通过测量出间隙 Δ（即修磨量），然后对小型芯端面进行修磨，并在小型芯端面抹红丹粉进行合模修研，既消除了分型面间隙，又保证小型芯装配后与定模镶块型腔面紧密贴合，如图 5-38b 所示。

图 5-39a 为装配后在型腔端面与型芯固定板间出现了间隙 Δ。为了消除间隙 Δ 可以采用以下修配方法：

① 修磨型芯工作面 A。此方法只适用于型芯工作面为平面的情况。

② 在型芯台阶和固定板的沉孔底部垫上垫片，或者在型芯台阶的下端面焊接等厚度的材料，如图 5-39b 所示。此方法只适用于小模具的修磨，且须将型芯大端面与固定板背面一起磨平。

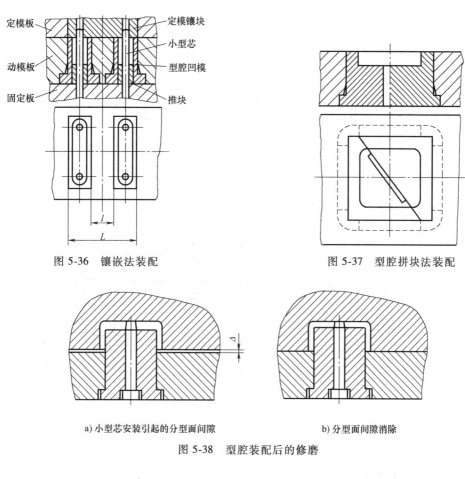

图 5-36　镶嵌法装配　　　　　　　　　　图 5-37　型腔拼块法装配

a) 小型芯安装引起的分型面间隙　　　　　b) 分型面间隙消除

图 5-38　型腔装配后的修磨

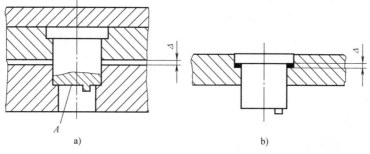

图 5-39　型腔端面与型芯固定板间隙的消除

（3）浇口套的装配　浇口套与定模板的配合一般采用过盈配合（H7/m6），装配后要求浇口套与固定板内孔配合紧密、无缝隙，并保证注射过程中浇口套被压紧不动。

为满足以上要求，在浇口套压入固定板时，浇口套压入外表面不允许设置导入斜度，如需设置导入斜度，则将导入斜度开在固定板上浇口套配合孔的入口处；浇口套在压入固定板后，其台肩应和沉孔底面紧密贴实，装配后浇口套要高出固定板平面 0.02mm，如图 5-40c 所示。为了防止压入浇口套时损伤固定板配合孔壁，常将浇口套的压入端制成小圆角。在浇口套加工时应留有修磨余量 z 以供去除圆角，压入后使圆角突出在固定板之外，如图 5-40a 所示；然后在平面磨床上磨平端面，如图 5-40b 所示。最后再把修磨后的浇口套稍微退出，将固定板磨去 0.02mm，重新压入后即成为图 5-40c 所示的形式。

（4）推出机构装配　推杆的作用是推出制件，如图 5-41 所示。在推件时，推杆应工作可

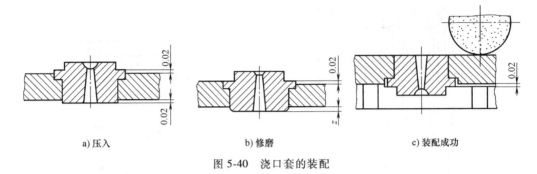

a) 压入   b) 修磨   c) 装配成功

图 5-40 浇口套的装配

靠、动作灵活，尽量避免磨损，因此对推杆的装配有如下要求：

1）推杆与动模镶块推杆孔的配合间隙要合理，即要保证推杆动作灵活，又要防止间隙太大而渗料，一般采用 H7/f8 配合。

2）推杆装配后在推杆孔中应往复平稳，无卡滞现象，推杆与推板固定板、支承板和动模固定板等通孔每边应有 0.5mm 的间隙。

3）推杆和复位杆端面应分别与型腔表面和分型面齐平或高出分型面 0.05～0.1mm。

为了使推杆在推杆孔中往复平稳，推杆与推杆固定孔的装配部分每边留

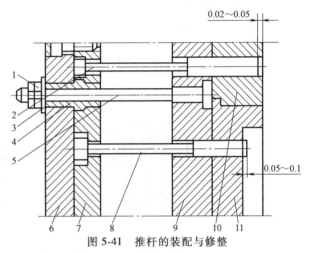

图 5-41 推杆的装配与修整

1—螺母 2—复位杆 3—垫圈 4—小导套 5—小导柱
6—推板 7—推杆固定板 8—推杆 9—支承板
10—动模板 11—动模镶块

0.5mm 的间隙，所以，推杆固定孔的位置应采用通过型腔上的推杆孔复钻得到。

（5）抽芯机构的装配 滑块的主要功能是带动活动型芯做横向抽出与复位运动。要求其位置正确、滑动灵活可靠。装配过程为：

1）确定滑块槽的位置。如图 5-42 所示，一般情况下滑块的安装是以动模型腔镶块的型面为基准。因此，要确定滑块的位置，必须先将定模型芯安装在定模板中，然后使其进入动模型腔镶块中，调整、修磨无误后，确定滑块型芯的位置。

2）精加工滑块槽及铣 T 形槽。以分型面为基准，根据滑块实际尺寸配磨或精铣滑块槽底面。再按照滑块台肩的实际尺寸，精铣动模板上的 T 形槽，最后由钳工修正，使滑块与导滑槽正确配合，保证滑块运动平稳。

3）测定型孔位置及配制型芯固定孔。固定在滑块上的型芯往往要求穿过动模型腔镶块上的孔进入型腔，并要求型芯与孔配合正确，滑动灵活。为此，

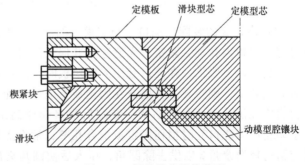

图 5-42 滑块抽芯机构装配

要确定滑块上型芯固定孔的正确位置，然后加工出型芯固定孔。

4）安装滑块型芯。将滑块型芯装入滑块上的型芯固定孔，并用销钉定位。研配滑块型芯的端部，使其与定模型芯贴合，同时滑块的前端面应与动模型腔镶块贴紧。

5）装配楔紧块。滑块型芯安装后即可确定楔紧块的位置。在楔紧块装配时，首先要保证楔紧块斜面与滑块斜面必须均匀接触。其次，模具闭合后，保证楔紧块与滑块之间具有锁紧力，方法是在装配过程中使楔紧块与滑块的斜面接触后，分型面之间留有 0.2mm 的间隙。当间隙被压合后即产生锁紧力。最后通过楔紧块对定模板复钻销钉孔，装入销钉紧固。

6）斜导柱装配。斜导柱孔的加工是在滑块、动模板和定模板组合在一起的情况下进行的。此时楔紧块对滑块做了锁紧，分型面之间留有 0.2mm 的间隙并用金属片垫实。斜导柱孔加工后装入斜导柱。滑块上的斜导柱孔要与斜导柱留有 0.5~1.0mm 的间隙。

7）安装滑块复位、定位装置。滑块复位、定位装置的安装与位置调整一般在滑块装配基本完成后进行。图 5-43 为常用的复位、定位装置。图 5-43a 为采用定位板作定位；图 5-43b 为采用滚珠定位。

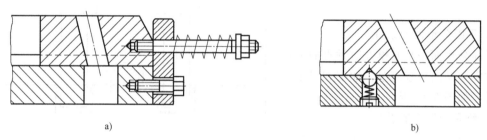

a) b)

图 5-43 滑块复位、定位装置

8）调整与试模。滑块抽芯机构装配结束后，必须经试模、修整，检查其动作的灵活程度及安装位置的正确性。

知识点③ 常见分型面和成型零件的结构设计

- **教学目标**

通过本节的学习，了解分型面的概念和塑件分型的流程以及常见分型面的设计原则，了解成型零件的结构设计和尺寸计算，能够对简单塑件进行分型，确定成型零件的具体结构和尺寸。

- **教学重、难点**

重点：常见分型面的设计；成型零件的结构设计；成型零件工作尺寸的计算。

难点：分型面的概念和分型的实际运用；成型零件工作尺寸的计算。

- **建议教学方法**

本节的"常见分型面的设计"的内容具有实践性强的特点，建议通过软件的实际操作来进行演示性教学；"成型零件的结构设计"的内容以介绍其具体结构为主，适宜于讲授法教学，但各结构的应用特点的介绍建议采用启发性问答教学法，以启发思维和调动参与的积极性。"成型零件工作尺寸的计算"的计算原理与冲裁模的相应章节类似，需要从原理上来讲解计算公式的来源，也建议采用讲授法中穿插启发性问答的教学法。

- **问题导入**

注射模的结构设计工作中，最为关键的是确定塑件的分型面，可以说，分型面的设计决定了注射模的基本结构；分型后再确定成型零件的具体结构，并通过成型零件工作尺寸的计算来确定其具体尺寸。

需要强调的是，目前通常都采用了计算机三维设计，其做法是在考虑塑件收缩率的情况下，进行三维模型及分型面设计，再抽取成型零件的基本结构，然后对其结构细节进行修改。

一、常见分型面的设计

注射模中用以取出塑件和浇注系统凝料的可分离的接触表面称为分型面。分型面是决定模具结构形式的一个重要因素。由于塑料件外形变化多样，要得到一个合理的分型面设计方案需要从模具结构的复杂性、模具加工、模具研配、确保模具的封胶要求等多方面综合考虑。事实上，分型面方案的确定在一定程度上已经决定了模具的结构和加工工艺。注射模有单个分型面和多个分型面之分，当注射模有两个或两个以上的分型面时，常将脱模时取出塑件的分型面称为主分型面，其他分型面称为辅助分型面。

1. 平面分型面的设计

平面分型面是与开模方向垂直的分型面。这类分型面比较简单，加工和研配也较容易，如图 5-44 所示。

2. 斜面分型面的设计

通常斜面分型面是依据塑件分型处的斜面延长而成的，但斜面分型面的设计仍有些需要注意的问题。在图 5-45 所示的几种分型方案中，图 5-45b 和 c 的分型方

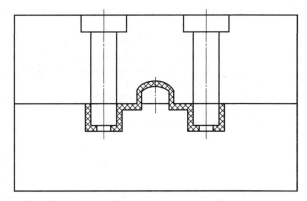

图 5-44　平面分型面

案较好，因为两者均在型腔和型芯两端设置了一段平面，在注射过程中两端的平面可起到防滑和定位作用，同时可修正斜面的装配误差，而图 5-45a 是直接将斜面延长，在模具研配时由于没有定位基准而使得制造较为困难。

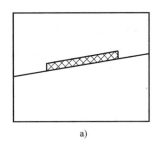
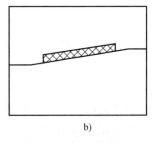
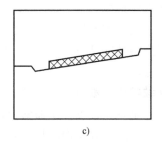

　　　　a)　　　　　　　　　　　　　b)　　　　　　　　　　　　　c)

图 5-45　斜面分型面

3. 曲面分型面的设计

曲面分型面的设计方案通常应先沿着塑件分型处曲面的曲率方向延伸一定的距离，以便于模具的配合定位和模具研配，同时，延伸曲面后在保证封胶且允许的情况下尽量设置平面定位，如图 5-46 所示。设置平面定位是为了避免塑件在成型过程中产生溢料，便于前、后模的配合定位，按照曲面的曲率方向延伸则可以避免产生尖角形的封胶面，以避免漏胶和封胶位的损坏。当分型面为较复杂的曲面，以至难以实现按曲面的曲率方向延伸一定距离时，不宜将曲面直接延伸到某一平面，因为此时会产生如图 5-47a 所示的角部的台阶和尖形封胶面，而应该沿曲率方向人工构建一个较平滑的封胶位，如图 5-47b 所示。

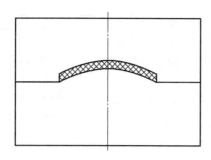
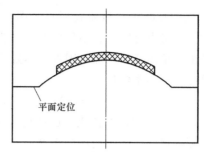

图 5-46　曲面分型面

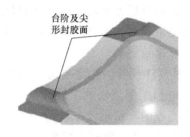
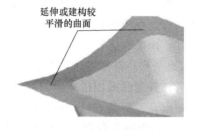

a) 出现台阶和尖角的分型面　　　　　　　　　b) 构建平滑的分型面

图 5-47　复杂空间分型面

4. 圆管类塑件的分型面设计

由于圆管类塑件的特点，塑件的分型面必须设置在圆管的最大直径处，这就不可避免出现尖角位，从而容易出现溢料的情况，并可能影响到塑件的质量。为了避免出现影响塑件质量的情况，在设计此类塑件分型面时常采取以下两种方式来优化处理：

1）塑件的外形决定了分型面的位置在圆管的中间，但模具在生产过程中由于注射产生的压力，所成型的塑件分型面处很容易产生飞边等现象，从而影响到圆度。通常可将塑件尺寸缩小 0.05~0.1mm，以减少飞边对圆度的影响，如图 5-48 所示。

2）分型面因合模误差的影响将使得塑件的分型线产生错位问题，通常可以采取设置"虎口"定位的方式来解决，如图 5-49 所示。

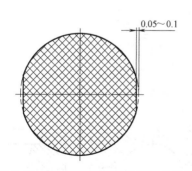
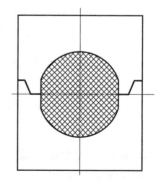

图 5-48　保证圆管类塑料件圆度的措施　　　　图 5-49　圆管类塑料件错位问题的解决措施

二、成型零件的结构设计

1. 型腔的结构设计

型腔零件是成型塑件外表面的主要零件。按结构不同可分为：

（1）整体式型腔结构　整体式型腔（图 5-50）是由整块金属加工而成的，其特点是牢固、不易变形、不会使塑件产生拼接线痕迹。但是由于整体式型腔加工困难，热处理不方便，所以常用于形状简单的中、小型模具。

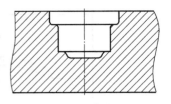

图 5-50　整体式型腔

（2）组合式型腔结构　指型腔是由两个以上的零部件组合而成的。按组合方式不同，组合式型腔结构可分为整体嵌入式、局部镶嵌式、侧壁镶嵌式和四壁拼合式等形式。

采用组合式凹模，可简化复杂凹模的加工工艺，减少热处理变形，由于拼合处有间隙，也利于排气，便于维修，节省贵重的模具钢。为了保证组合后型腔尺寸的精度和装配的牢固，减少塑件上的镶拼痕迹，镶块的尺寸、几何公差等级要求较高，组合结构必须牢固，镶块的机械加工、工艺性要好。因此，选择较好的镶拼结构是非常重要的。

1）整体嵌入式型腔。整体嵌入式型腔结构如图 5-51 所示。它主要用于小型塑件成型，而且是多型腔的模具，各型腔采用机加工、冷挤压、电加工等方法加工制成，然后压入模板中。这种结构的加工效率高，拆装方便，可以保证各个型腔的形状尺寸一致。

图 5-51a、b、c 均为通孔台肩式，即型腔带有台肩，从下面嵌入模板，再用垫板与螺钉紧固。如果型腔嵌件是回转体，而型腔是非回转体，则需要用销钉或键止转定位。图 5-51b 采用销钉定位，结构简单，装拆方便；图 5-51c 是键定位，接触面积大，止转可靠；图 5-51d 是通孔无台肩式，型腔嵌入模板内，用螺钉与垫板固定；图 5-51e 是不通孔式型腔嵌入固定板，直接用螺钉固定，在固定板下部设计有装拆型腔用的工艺通孔，这种结构可省去垫板。

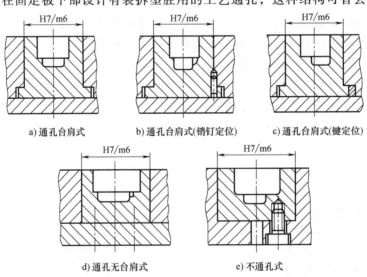

a）通孔台肩式　　b）通孔台肩式（销钉定位）　　c）通孔台肩式（键定位）

d）通孔无台肩式　　e）不通孔式

图 5-51　整体嵌入式型腔

2）局部镶嵌组合式型腔。局部镶嵌组合式型腔结构如图 5-52 所示。为了加工方便，或由于局部导热的要求，或由于型腔的某一部分容易损坏，需要经常更换，可采用这种局部镶嵌的办法。

3）底部镶拼式型腔。底部镶拼式型腔的结构如图 5-53 所示。为了机械加工、研磨、抛光、热处理方便，形状复杂的型腔底部可以设计成镶拼式结构。选用这种结构时应注意平磨结合面，抛光时

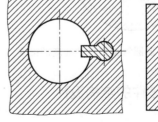
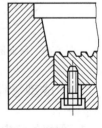

a）　　　　　b）

图 5-52　局部镶嵌组合式型腔

应仔细，以保证配合紧密。此外，底板还应有足够的厚度以免因变形出现缝隙，使塑料熔体进入。

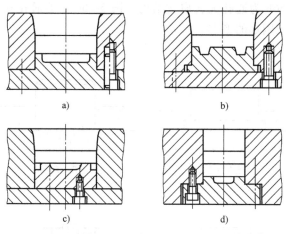

a)　　　　　　　　　b)

c)　　　　　　　　　d)

图 5-53　底部镶拼式型腔

4）四壁拼合式型腔。四壁拼合式型腔如图 5-54 所示。四壁拼合式型腔适用于大型和形状复杂的型腔，可以把它的四壁和底板分别加工经研磨后压入模架中。为了保证装配的准确性，侧壁之间采用锁扣连接，连接处外壁留有 0.3~0.4mm 的间隙，以使内侧接缝紧密，减少塑料的挤入。

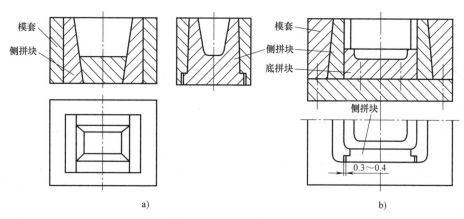

a)　　　　　　　　　　　　　　b)

图 5-54　四壁拼合式型腔

2. 型芯的结构设计

成型塑件内表面的零件称型芯，主要有主型芯、小型芯等。对于简单的容器，如壳、罩、盖之类的塑件，成型其主要部分内表面的零件称为主型芯，而将成型其他小孔的型芯称为小型芯或成型杆。

（1）主型芯的结构设计　按结构分类，可分为整体式和组合式两种。

1）整体式结构。如图 5-55 所示的整体式主型芯结构，其结构牢固，但不便加工，消耗的模具钢多，主要用于工艺实验或小型模具上的简单型芯。

2）组合式结构。组合式主型芯结构如图 5-56 所示。为了便于加工，形状复杂型芯往往采用镶拼组合式的结构，这种结构是将型芯单

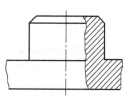

图 5-55　整体式
主型芯结构

独加工后，再镶入模板中。图 5-56a 为通孔台肩式，型芯用台肩和模板连接，再用垫板、螺钉紧固，连接牢固，是最常用的方法。对于固定部分是圆柱面，而型芯又有方向性的场合，可采用销钉或键定位。图 5-56b 为通孔无台肩式结构。图 5-56c 为不通孔式的结构。图 5-56d 适用于塑件内形复杂、机加工困难的型芯。

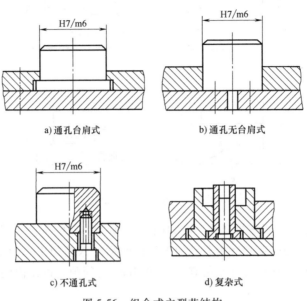

a) 通孔台肩式   b) 通孔无台肩式

c) 不通孔式   d) 复杂式

图 5-56   组合式主型芯结构

采用组合式主型芯要注意以下几点：

镶拼组合式型芯的优缺点和组合式型腔的优缺点基本相同。设计和制造这类型芯时，必须注意使结构合理，保证型芯和镶块的强度，防止热处理时变形且应避免出现尖角与壁厚突变。

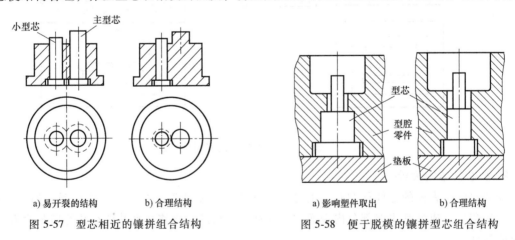

a) 易开裂的结构   b) 合理结构

图 5-57   型芯相近的镶拼组合结构

a) 影响塑件取出   b) 合理结构

图 5-58   便于脱模的镶拼型芯组合结构

当小型芯靠主型芯太近时，如图 5-57a 所示，热处理时薄壁部位易开裂，故应采用图 5-57b 结构，将大的型芯制成整体式，再镶入小型芯。在设计型芯结构时，应注意塑件的飞边不应该影响脱模取件。如图 5-58a 所示的结构溢料飞边的方向与塑件脱模方向相垂直，影响塑件的取出；而采用图 5-58b 所示的结构，其溢料飞边的方向与脱模方向一致，便于脱模。

（2）小型芯的结构设计   小型芯是用来成型塑件上的小孔或槽。小型芯单独制造后，再嵌入模板中。

1）圆形小型芯的几种固定方法。圆形小型芯采用图 5-59 所示的几种固定方法。图 5-59a

使用台肩固定的形式，下面用垫板压紧；图 5-59b 中的固定板厚，可在固定板上减小配合长度，细小的型芯可制成台阶的形式；图 5-59c 是型芯细小、固定板厚的形式，型芯镶入后，在下端用圆柱垫垫平；图 5-59d 适用于固定板厚、无垫板的场合，在型芯的下端用螺塞紧固；图 5-59e 是型芯镶入后，在另一端采用铆接固定的形式。

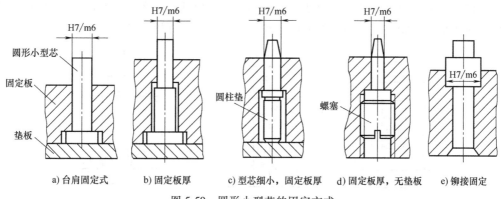

a) 台肩固定式   b) 固定板厚   c) 型芯细小，固定板厚   d) 固定板厚，无垫板   e) 铆接固定

图 5-59 圆形小型芯的固定方式

2）异形小型芯的几种固定方法。对于异形小型芯，为了制造方便，常将型芯设计成两段。型芯的连接固定段制成圆形台肩和固定板连接，如图 5-60a 所示；也可以用螺母紧固，如图 5-60b 所示。

3）相互靠近的小型芯的固定。图 5-61 中有多个相互靠近的小型芯，如果台肩固定时，台肩会发生重叠干涉，可将台肩相碰的一面磨去，将型芯固定板的台阶孔加工成大圆台阶孔（图 5-61a）或长腰圆形台阶孔（图 5-61b），然后再将型芯镶入。

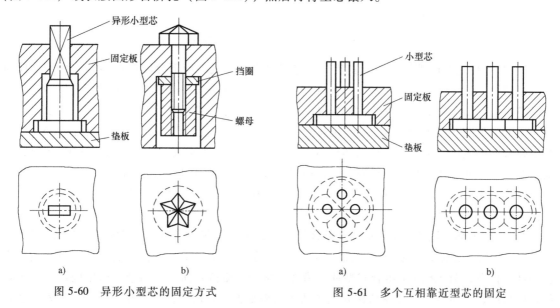

图 5-60 异形小型芯的固定方式   图 5-61 多个互相靠近型芯的固定

（3）螺纹型芯和螺纹型环结构设计   螺纹型芯和螺纹型环是分别用来成型塑件内螺纹和外螺纹的活动镶件。另外，螺纹型芯和螺纹型环也是可以用来固定带螺纹的孔和螺杆的嵌件。成型后，螺纹型芯和螺纹型环的脱卸方法有两种，一种是模内自动脱卸，另一种是模外手动脱卸，这里仅介绍模外手动脱卸螺纹型芯和螺纹型环的结构及固定方法。

1）螺纹型芯的安装形式。图 5-62 所示为螺纹型芯的安装形式，其中图 5-62a、b、c 是成型内螺纹的螺纹型芯，图 5-62d、e、f 是安装螺纹嵌件的螺纹型芯。图 5-62a 是利用锥面定位和支承的形式；图 5-62b 是利用大圆柱面定位和台阶支承的形式；图 5-62c 是用圆柱面定位和垫板支承的形式；图 5-62d 是利用嵌件与模具的接触面起支承作用，防止型芯受压下沉；图 5-62e 是将嵌件下端以锥面镶入模板中，以增加嵌件的稳定性，并防止塑料挤入嵌件的螺纹孔中；图 5-62f 是将小直径螺纹嵌件直接插入固定在模具的光杆型芯上，因螺纹牙沟槽很细小，塑料仅能挤入一小段，并不妨碍使用，这样可省去模外脱卸螺纹的操作。螺纹型芯的非成型端应制成矩形或将相对应的两边磨成两个平面，以便在模外用工具将其旋下。

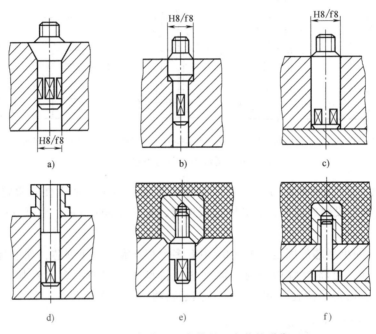

图 5-62　螺纹型芯在模具上安装的形式

2）带弹性连接的螺纹型芯的安装。固定在立式注射机动模部分的螺纹型芯，由于合模时冲击振动较大，螺纹型芯插入时应有弹性连接装置，以免造成型芯脱落或移动，导致塑件报废或模具损伤。图 5-63a 是带豁口柄的结构，豁口柄的弹力将型芯支承在模具内，适用于直径小于 φ8mm 的型芯；图 5-63b 的台阶起定位作用，并能防止成型螺纹时挤入塑料；图 5-63c 和 d 是用弹簧钢丝定位，常用于直径为 φ5～φ10mm 的型芯上；当螺纹型芯直径大于 φ10mm 时，可采用图 5-63e 的结构，用钢球弹簧定位；而当螺纹型芯直径大于 φ15mm 时，则可反过来将钢球和弹簧装置在型芯杆内；图 5-63f 是利用弹簧卡圈定位，固定型芯；图 5-63g 是用弹簧夹头定位，固定型芯的结构。

3）螺纹型环。图 5-64a 为整体式的螺纹型环，型环与模板的配合用 H8/f8，配合段长 3～5mm，为了安装方便，在配合段以加工出 3°～5°的斜度，型环下端可铣削成矩形，以便用扳手从塑件上拧下；图 5-64b 是组合式型环，型环由两个半瓣拼合而成，两个半瓣中间用导向销定位。成型后，可用尖劈状卸模器楔入型环两边的楔形槽撬口内，使螺纹型环分开，这种方法快而省力，但该方法会在成型的塑料外螺纹上留下难以修整的拼合痕迹，因此这种结构只适用于精度要求不高的粗牙螺纹的成型。

三、成型零件工作尺寸的计算

1. 计算成型零部件工作尺寸要考虑的要素

成型零件工作尺寸指直接用来构成塑件型面的尺寸，例如型腔和型芯的径向尺寸、深度和

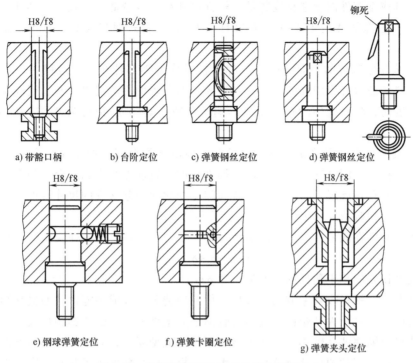

图 5-63　带弹性连接的螺纹型芯的安装形式

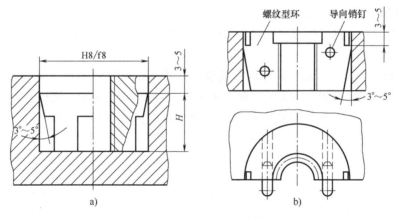

图 5-64　螺纹型环的结构

高度尺寸、孔间距离尺寸、孔或凸台至某成形表面的距离尺寸、螺纹成型零件的径向尺寸和螺距尺寸等。

（1）塑料收缩率波动公差 δ_s　塑件收缩率的变动对制品尺寸精度影响较大，特别是有配合要求的大型塑件，将会影响到产品的装配和使用，如精密电器的壳体、框架、结构件等。由于塑料本身的生产工艺、成分、保存条件等的差异，使得一种塑料的收缩率在一定范围内变动。此外，成型时的工艺条件变动也会直接影响塑件的成型收缩。塑件本身的结构形状同样影响到制品的成型收缩。塑料收缩率波动公差 δ_s 可以通过下式计算

$$\delta_s = L_s(S_{max} - S_{min})$$

式中，L_s 是塑件的基本尺寸（mm）；S_{max} 是塑料的最大收缩率；S_{min} 是塑料的最小收缩率。

（2）模具成型零件的制造误差 δ_z　模具成型零件的制造精度是影响塑件尺寸精度的重要

因素之一。模具成型零件的制造精度越低，塑件尺寸精度也越低。一般成形零件工作尺寸制造公差值 δ_z 取塑件公差值 Δ 的 $1/4 \sim 1/3$ 或为 IT7 ~ IT8，组合式型腔或型芯的制造公差应根据尺寸链来确定。

（3）模具成型零部件的表面磨损公差 δ_C　模具成型零部件在工作过程中，表面经常受摩擦，含矿粉填料和玻璃纤维增强的塑料，对型腔、型芯表面的磨损更大些。当成型零部件的磨损达到一定程度时，将对塑件的精度带来影响。一般模具的 δ_C 值可为 $0.02 \sim 0.04$mm 或取为塑件公差值 Δ 的 $1/6$。

（4）模具安装配合的误差 δ_i　模具的成型零件由于配合间隙的变化，会引起塑件的尺寸变化。例如型芯按间隙配合安装在模具内，塑件孔的位置误差会受到配合间隙值的影响；若采用过盈配合，则不存在此误差。因模具配合间隙的变化而引起塑件的尺寸误差用 δ_i 来表示。

各项误差的累积数值 δ，应不大于塑件的公差 Δ。

综上所述，塑件在成型过程产生的最大尺寸误差 δ 应该是上述各种误差的总和，即

$$\delta = \delta_s + \delta_z + \delta_C + \delta_i$$

塑件的成型误差应小于塑件的公差值，即 $\delta \le \Delta$

在一般情况下，塑料收缩率波动、成型零件的制造公差和成型零件的磨损是影响塑件尺寸和精度的主要原因。对于大型塑件，其塑料收缩率对塑件的尺寸公差影响最大，应稳定成型工艺条件，并选择收缩率波动较小的塑料来减小塑件的成型误差；对于中、小型塑件，成型零件的制造公差及磨损对塑件的尺寸公差影响最大，应提高模具精度等级和减小磨损来减小塑件的成型误差。

2. 成型零部件工作尺寸计算

通常，型芯、型腔的工作尺寸根据塑料的收缩率、型芯和型腔的制造公差及磨损量三个因素确定。

（1）型腔尺寸的计算　型腔尺寸也是成型塑件外形的模具尺寸，塑件外形径向、高度尺寸公差的标准标注形式分别为 $(L_s)_{-\Delta}^{0}$ 和 $(H_s)_{-\Delta}^{0}$，如图 5-65b 所示。型腔在使用过程中因磨损会使其尺寸逐渐增大，为使模具留有修模余地，在设计模具时，型腔尺寸尽量取下极限尺寸，制造公差取上极限偏差，如图 5-65c 所示。

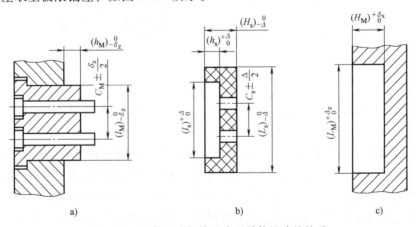

图 5-65　塑件尺寸与模具成型零件尺寸的关系

1）型腔径向尺寸的计算。型腔径向尺寸的计算公式为

$$(L_m)_0^{+\delta_z} = \left[(1 + \bar{S}) L_s - \frac{3}{4}\Delta \right]_0^{+\delta_z}$$

式中，L_m 是模具型腔的径向公称尺寸（mm）；$\bar{S}$ 是塑料的平均收缩率（%）；L_s 是塑件外形的径向公称尺寸（mm）；δ_z 是模具制造公差，取塑件公差值 Δ 的 $1/4 \sim 1/3$（mm）；Δ 是塑件外形径向尺寸的公差（mm）。

2）型腔深度方向尺寸的计算。型腔深度方向尺寸的计算公式为

$$(H_m)^{+\delta_z}_{0} = \left[(1+\bar{S})H_s - \frac{2}{3}\Delta \right]^{+\delta_z}_{0}$$

式中，H_m 是模具型腔深度公称尺寸（mm）；H_s 是塑件凸起部分的高度公称尺寸（mm）；Δ 是塑件深度方向尺寸的公差（mm）。

（2）型芯尺寸的计算　型芯是成型塑件内形的模具零件，塑件内形径向、深度尺寸公差的标准标注形式分别为 $(l_s)^{+\Delta}_{0}$ 和 $(h_s)^{+\Delta}_{0}$，如图 5-65b 所示。型芯在使用过程中会因磨损而使尺寸逐渐减小，为使模具留有修模余量，在设计模具时，型腔尺寸尽量取上极限尺寸，制造公差取下极限偏差，如图 5-65a 所示。

1）型芯径向尺寸的计算。型芯径向尺寸的计算公式为

$$(l_m)^{0}_{-\delta_z} = \left[(1+\bar{S})l_s + \frac{3}{4}\Delta \right]^{0}_{-\delta_z}$$

式中，l_m 是模具型芯的径向公称尺寸（mm）；l_s 是塑件内形的径向公称尺寸（mm）；Δ 是塑件内形径向尺寸的公差（mm）。

2）型芯高度尺寸的计算。型芯高度尺寸的计算公式为

$$(h_m)^{0}_{-\delta_z} = \left[(1+\bar{S})h_s + \frac{2}{3}\Delta \right]^{0}_{-\delta_z}$$

式中，h_m 是模具型芯高度公称尺寸（mm）；h_s 是塑件孔或凹槽深度公称尺寸（mm）；Δ 是塑件孔或凹槽深度尺寸的公差（mm）。

3）中心距尺寸计算。塑件上凸台之间、凹槽之间或凸台与凹槽之间中心线间的距离称为中心距。由于中心距的公差都是双向等值公差，双向同时磨损不会使中心距尺寸发生变化，因此在计算时不必考虑磨损量，如图 5-65a 所示。中心距的计算公式为

$$C_m \pm \frac{\delta_z}{2} = (1+\bar{S})C_s + \frac{\delta_z}{2}$$

式中，C_m 是模具中心距基本尺寸（mm）；C_s 是塑件中心距基本尺寸（mm）。

需要特别强调的是，对于结构形状复杂的塑件，实用中型芯和型腔尺寸往往采用塑件的尺寸乘以塑件材料的收缩率作为计算的依据，即型腔尺寸是在塑件原始外形尺寸的基础上放大了，放大倍数就是塑件材料的收缩率，而型芯尺寸是在塑件原始内形尺寸的基础上缩小了，缩小的倍数也是塑件材料的收缩率。

四、成型零件壁厚的计算

1. 计算准则

型腔在成型过程中受到塑料熔体的高压作用，应具有足够的强度和刚度。理论分析和实践表明，大尺寸型腔，刚度不足是主要矛盾，型腔应以满足刚度条件为准（即型腔的弹性变形不超过允许变形量 $\delta_{max} \leq [\delta]$）；而对于小尺寸的型腔，强度不足是主要矛盾，型腔应以满足强度条件为准（即型腔在各种受力形式下的应力值不得超过模具材料的许用应力 $\sigma_{max} \leq [\sigma]$）。

强度不足，会使模具发生塑性变形，甚至破碎，因此，强度计算的条件是在受力状态下满足许用应力的要求。而刚度不足，会导致型腔尺寸扩大，其结果会使注射时产生溢料现象，会使塑件的精度降低或脱模困难。因此，刚度计算的条件可以从以下几个方面来考虑：

（1）要防止溢料　当高压熔体注入型腔时，型腔的某些配合面产生间隙，间隙过大则会产生溢料。在不产生溢料的前提下，将允许的最大间隙值 $[\delta]$ 作为型腔的刚度条件。各种常用塑料的最大不溢料间隙值见表 5-11。

表 5-11　不发生溢料的间隙值　　　　　　　　（单位：mm）

黏度特性	塑料品种举例	允许变形值 $[\delta]$
低黏度特性	尼龙（PA）、聚乙烯（PE）、聚丙烯（PP）、聚甲醛（POM）	≤0.04
中黏度特性	聚苯乙烯（PS）、ABS、聚甲基丙烯酸甲酯（PMMA）	≤0.05
高黏度特性	聚碳酸酯（PC）、聚砜（PSF）、聚苯醚（PPO）	≤0.08

（2）保证塑件尺寸精度　当塑件要求整体或部分有较高的精度时，模具就必须要有很好的刚度，以保证塑料熔体在注入型腔时型腔不产生过大的弹性变形。表 5-12 列出了保证塑件尺寸精度的刚度条件的经验公式。

表 5-12　塑件尺寸精度的刚度条件

塑件尺寸	经验公式 $[\delta]$	塑件尺寸	经验公式 $[\delta]$
≤10	$\Delta_i/3$	>200~500	$\Delta_i/10(1+\Delta_i)$
>10~50	$\Delta_i/3(1+\Delta_i)$	>500~1000	$\Delta_i/15(1+\Delta_i)$
>50~200	$\Delta_i/5(1+\Delta_i)$	>1000~2000	$\Delta_i/20(1+\Delta_i)$

注：i 为塑件精度等级，Δ_i 为塑件尺寸公差值。

（3）保证塑件顺利脱模　如果凹模的刚度不足，在熔体高压下会产生过大的弹性变形，当变形量超过塑件的收缩量时，塑件被紧紧包住而难以脱模，强制顶出易使塑件划伤或破裂，因此型腔的允许弹性变形量应小于塑件壁厚的收缩值

$$[\delta] < tS$$

式中，$[\delta]$ 是保证塑件顺利脱模的型腔允许弹性变形量（mm）；t 是塑件壁厚（mm）；S 是塑料的平均收缩率。

上述要求在设计模具时，以这些条件中最苛刻的（即允许的最小变形量）为设计标准。

2. 计算方法

对凹模的侧壁厚和底板的厚度进行精确的力学计算是相当困难的。在工厂中，也常用经验数据或者有关表格简化对凹模侧壁和底板厚度的设计。表 5-13 列举了矩形型腔壁厚的经验推荐数据，表 5-14 列举了圆形型腔壁厚的经验推荐数据，可供设计时参考。

表 5-13　矩形型腔壁厚尺寸　　　　　　　　（单位：mm）

矩形型腔内壁短边 b	整体式型腔侧壁厚 s	镶拼式型腔	
		凹模壁厚 s_1	模套壁厚 s_2
0~40	25	9	22
40~50	25~30	9~10	22~15
50~60	30~35	10~11	25~28
60~70	35~42	11~12	28~35
70~80	42~48	12~13	35~40

（续）

矩形型腔内壁短边 b	整体式型腔侧壁厚 s	镶拼式型腔	
		凹模壁厚 s_1	模套壁厚 s_2
80~90	48~55	13~14	40~45
90~100	55~60	14~15	45~50
100~120	60~72	15~17	50~60
120~140	72~85	17~19	60~70
140~160	85~95	19~21	70~80

表 5-14　圆形型腔壁厚尺寸　　　　　　（单位：mm）

圆形型腔内壁直径 $2r$	整体式型腔壁厚 $s=R-r$	组合式型腔	
		型腔壁厚 $s_1=R-r$	模套壁厚 s_2
0~40	20	8	18
40~50	25	9	22
50~60	30	10	25
60~70	35	11	28
70~80	40	12	32
80~90	45	13	35
90~100	50	14	40
100~120	55	15	45
120~140	60	16	48
140~160	65	17	52
160~180	70	19	55
180~200	75	21	58

知识点④　注射模通用功能系统的设计

● **教学目标**

　　通过本节的学习，了解注射模各功能系统的设计流程，了解注射模各功能系统的功能、结构设计原则、结构类型及各类型的应用特点，能够针对具体塑件的特点确定注射模各功能系统的结构，设计出各功能系统，并绘制出模具结构的总装图和零件图。

● **教学重、难点**

　　重点：浇注系统设计；排气与引气系统设计；注射模推出机构的设计；注射模温度调节系统设计。

　　难点：注射模各功能系统设计的灵活运用。

● **建议教学方法**

　　本节内容看来难度不大，着重于结构的设计原则、类型及特点，具体结构尺寸的设计，易于理解。建议采用简单的讲授法教学，教学中可以采用针对若干案例进行分组讨论分析的教学法来强化所学内容，并进行灵活运用。

● **问题导入**

　　注射模通常采用三维软件设计，浇注系统的设计是与塑件的分型紧密结合在一起的，在分型的同时往往就必须考虑浇注系统的设计，因此，分型后成型零件的主要结构和浇注系统也都随之确定，其他功能系统的设计则可以在之后再进行。各功能系统的设计往往是互相影响的，例如温度调节系统在设计时就必须考虑推出机构的推出位置，以保证不妨碍推出机构的运动。

　　本节的任务是在掌握注射模各功能系统的设计知识后，完成旋转底座注射模功能系统的设计。

一、浇注系统设计

　　浇注系统是指模具中由注射机喷嘴到型腔之间的进料通道。普通浇注系统一般由主流道、分流道、浇口和冷料穴 4 部分组成，如图 5-66 所示。

　　图 5-67a 为安装在卧式或立式注射机上的注射模具所用的浇注系统，亦称为直浇口式浇注系统，其主流道垂直于模具分型面；图 5-67b 为安装在角式注射机上的注射模具所用的浇注系统，主流道平行于分型面。

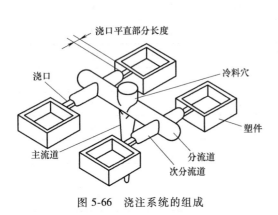

图 5-66　浇注系统的组成

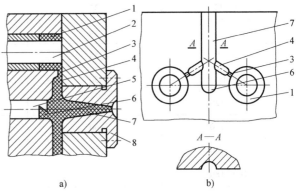

a)　　　　　　　　b)

图 5-67　注射模具的普通浇注系统

1—型腔　2—型芯　3—浇口　4—分流道　5—拉料杆
6—冷料穴　7—主流道　8—浇口套

　　设计浇注系统应遵循如下基本原则：

　　1）了解塑料的成型性能。掌握塑料的流动特性以及温度、剪切速率对黏度的影响，以设计出合适的浇注系统。

　　2）尽量避免或减少熔接痕。熔体流动时应尽量减少分流的次数，有分流必然有汇合，熔体汇合之处必然会产生熔接痕，尤其在流程长、塑料熔体前沿温度低时。

　　3）有利于型腔中气体的排出。浇注系统应能顺利地引导塑料熔体充满型腔的各个部分，使浇注系统及型腔中原有的气体能有序排出，避免充填过程中产生紊流或涡流，也避免因气体积存而引起凹陷、气泡、烧焦等塑件的成型缺陷。

　　4）防止型芯的变形和嵌件的位移。浇注系统设计时应尽量避免塑料熔体直接冲击细小型芯和嵌件，以防止熔体的冲击力使细小型芯变形或嵌件位移。

　　5）尽量采用较短的流程充满型腔，这样可有效减少各种质量缺陷。

　　6）选择合理的流动距离比。对于大型或薄壁塑料制件，塑料熔体有可能因其流动距离过长或流动阻力太大而无法充满整个型腔。

1. 主流道设计

主流道是指浇注系统中从注射机喷嘴与模具接触处开始到分流道为止的塑料熔体的流动通道。主流道是熔体最先流经模具的部分，它的形状与尺寸对塑料熔体的流动速度和充模时间有较大的影响，因此，必须使熔体的温度降和压力损失最小。

（1）主流道尺寸　如图 5-68 所示，在卧式或立式注射机上使用的模具中，主流道垂直于分型面。由于主流道要与高温塑料熔体及注射机喷嘴反复接触，所以只有在小批量生产时，主流道才在注射模上直接加工，在大部分注射模中，主流道通常设计成可拆卸、可更换的主流道浇口套。

为了让主流道凝料能从浇口套中顺利拔出，主流道设计成圆锥形，其锥角 α 为 2°~6°，小端直径 d 比注射机喷嘴直径大 0.5~1mm。由于小端的前面是球面，其深度为 3~5mm，注射机喷嘴的球面在该位置与模具接触并且贴合，因此要求主

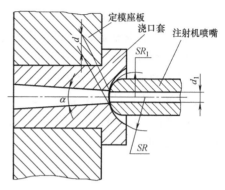

图 5-68　主流道尺寸及其与注射机喷嘴的关系

流道球面半径 SR 比喷嘴球面半径 SR_1 大 1~2mm。流道的表面粗糙度值为 $Ra0.08\mu m$。

（2）主流道浇口套　主流道浇口套一般采用碳素工具钢如 T8A、T10A 等材料制造，热处理淬火硬度为 53~57HRC。主流道浇口套及其固定形式如图 5-69 所示。

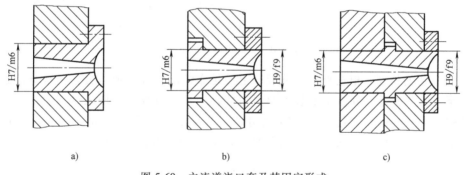

| a) | b) | c) |

图 5-69　主流道浇口套及其固定形式

图 5-69a 为浇口套与定位圈设计成整体形式，用螺钉固定于定模座板上，一般只用于小型注射模；图 5-69b、c 为浇口套与定位圈设计成两个零件的形式，以台阶的方式固定在定模座板上，其中图 5-69c 为浇口套穿过定模座板与定模板的形式。浇口套与模板间的配合采用 H7/m6 的过渡配合，浇口套与定位圈采用 H9/f9 的配合。

定位圈在模具安装调试时应插入注射机定模板的定位孔内，用于模具与注射机的安装定位。定位圈外径比注射机定模板上的定位孔径小最多 0.2mm。

2. 分流道设计

分流道是指主流道末端与浇口之间的一段塑料熔体的流动通道。分流道作用是改变熔体流向，使其以平稳的流态均衡地分配到各个型腔。设计时应注意尽量减少流动过程中的热量损失与压力损失。

（1）分流道的截面形状与尺寸　分流道开设在动、定模分型面的两侧或任意一侧，其截面形状应尽量使其比表面积（流道表面积与其体积之比）小。常用的分流道截面形式有圆形、梯形、U 形、半圆形及矩形等，如图 5-70 所示。圆形、梯形及 U 形截面分流道加工较容易，

且热量损失与压力损失均不大，是常用的形式。

分流道的截面尺寸视塑料品种、塑件尺寸、成型工艺条件以及流道的长度等因素确定。对于质量在 200g 以下，壁厚在 3mm 以下的塑件可用下面经验公式计算分流道的直径

$$D = 0.2654\sqrt{m}\sqrt[4]{L}$$

式中，D 是分流道的直径（mm）；m 是塑件的质量（g）；L 是分流道的长度（mm）。

D 算出后一般取整数，此式计算的分流道直径限于 3.2～9.5mm。对于 HPVC 和 PMMA，应将计算结果增加 25%。对于梯形分流道，$H = 2D/3$；对于 U 形分流道，$H = 1.25R$，$R = 0.5D$；对于半圆形，$H = 0.45R$。

圆形截面分流道的直径常为 $\phi2 \sim \phi113$mm。流道短、流动性较好的塑料，截面直径可取较小值，流道长、流动性较差的塑料，截面直径可取较大值。对于大多数塑料，截面直径在 $\phi6 \sim \phi10$mm 之间。

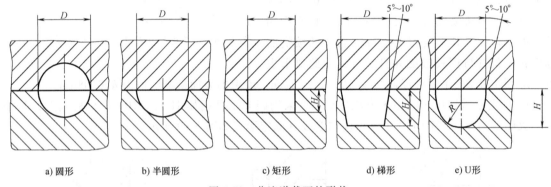

a) 圆形　　　　b) 半圆形　　　　c) 矩形　　　　d) 梯形　　　　e) U形

图 5-70　分流道截面的形状

（2）分流道的长度　根据型腔在分型面上的排布情况，分流道可分为一次分流道、两次分流道甚至三次分流道。分流道的长度要尽可能短，且弯折少，以便减少压力损失和热量损失，节约塑件的原材料和能耗。图 5-71 为分流道长度的设计参数尺寸，其中 $L_1 = 6 \sim 10$mm，$L_2 = 3 \sim 6$mm，$L_3 = 6 \sim 10$mm，L 的尺寸根据型腔的多少和型腔的大小而定。

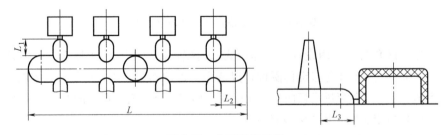

图 5-71　分流道的长度

（3）分流道的表面粗糙度　由于分流道中与模具接触的外层塑料迅速冷却，只有内部的熔体流动状态比较理想，因此分流道表面粗糙度数值不能太小，一般值为 $Ra0.16\mu$m 左右，这可增加对外层塑料熔体的流动阻力，使外层塑料冷却皮层固定，形成绝热层。

（4）分流道的布置　分流道常用的布置形式有平衡式和非平衡式两种，这与多型腔模具中型腔的布局是一致的。

3. 冷料穴设计

冷料穴位于主流道正对面的动模板上，或处于分流道末端。其作用是捕集料流前锋的"冷料"，防止"冷料"进入型腔而影响塑件质量，开模时又能将主流道的凝料拉出。冷料穴

的直径宜大于主流道大端直径，长度约为主流道大端直径。

（1）底部带有推杆的冷料穴　这类冷料穴的底部由一根推杆组成，推杆装于推杆固定板上，因此它常与推杆或推管脱模机构连用。这类冷料穴的结构如图 5-72a~c 所示，其中图 5-72a 为 Z 形推料杆的冷料穴，便于将主流道的凝料拉出；图 5-72b 为倒锥孔冷料穴，图 5-72c 为圆环槽冷料穴，它们由冷料穴倒锥或侧凹将主流道凝料拉出，但仅适合于韧性塑料。当其被推出时，塑件和流道能自动坠落，易实现自动化操作。

（2）底部带有拉料杆的冷料穴　这类冷料穴的底部由一根拉料杆构成，拉料杆装于型芯固定板上，因此它不随脱模机构运动，其结构如图 5-72d~f 所示。图 5-72d 为球头形，图 5-72e 为菌头形，图 5-72f 为圆锥头形。圆锥头形无贮存冷料的作用，仅靠塑料收缩的抱紧力拉出主流道凝料，可靠性欠佳。

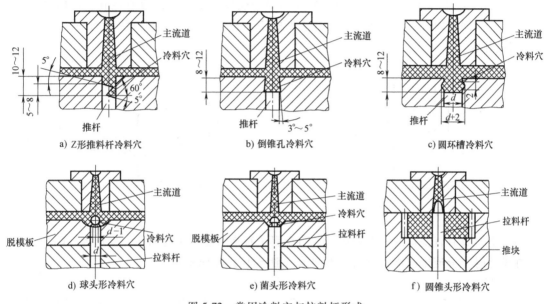

图 5-72　常用冷料穴与拉料杆形式

4. 浇口设计

浇口又称进料口，是连接分流道与型腔之间的一段细短流道（除直浇口外），它是浇注系统的关键部分。浇口可分成限制性浇口和非限制性浇口两类。

限制性浇口是整个浇注系统中截面尺寸最小的部位，其作用如下：

1）浇口通过截面积的突然变化，使分流道送来的塑料熔体提高注射压力，使塑料熔体通过浇口的流速有一突变性增加，提高塑料熔体的剪切速率，降低黏度，使其成为理想的流动状态，从而迅速均衡地充满型腔。对于多型腔模具，调节浇口的尺寸，还可以使非平衡布置的型腔实现同时进料。

2）浇口因截面较小，固化较早，可以防止型腔中熔体倒流的作用。

3）浇口通常是浇注系统最小截面部分，这有利于在塑件的后加工中塑件与浇口凝料的分离。

非限制性浇口是整个浇注系统中截面尺寸最大的部位，它主要是对中大型筒类、壳类塑件型腔起引料和进料后的施压作用。

单分型面注射模的浇口包括直浇口、中心浇口、侧浇口、环形浇口、轮辐浇口和爪形浇口等形式。

（1）直浇口　直浇口又称为主流道型浇口，它属于非限制性浇口。这种形式的浇口只适于单型腔模具，直浇口的形式如图 5-73 所示。其特点是：

1）流动阻力小，流动路程短及补缩时间长等。

2）有利于消除深型腔处气体不易排出的缺点。

3）塑件和浇注系统在分型面上的投影面积最小，模具结构紧凑，注射机受力均匀。

4）塑件翘曲变形、浇口截面大，去除浇口困难，去除后留有较大的浇口痕迹，影响塑件的美观。

直浇口大多用于注射成型大、中型长流程深型腔筒形或壳形塑件，尤其适合于如聚碳酸酯、聚砜等高黏度塑料。

设计时，应选用较小的主流道锥角 $\alpha = 2° \sim 4°$，且尽量减少定模板和定模座板的厚度。

（2）中心浇口　当筒类或壳类塑件的底部中心或接近于中心部位有通孔时，内浇口就开设在该孔处，同时中心设置分流锥，这种类型的浇口称中心浇口，是直浇口的一种特殊形式，如图 5-74 所示。

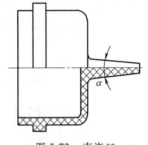

图 5-73　直浇口

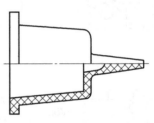

图 5-74　中心浇口

中心浇口具有直浇口的一系列优点，而克服了直浇口易产生的缩孔、变形等缺陷。

在设计时，分流锥与浇口壁的环形间隙一般不小于 0.5mm。

（3）侧浇口

1）侧浇口的形式。侧浇口一般开设在分型面上，塑料熔体从内侧或外侧充填模具型腔，其截面形状多为矩形（扁槽），是限制性浇口。侧浇口广泛使用在多型腔单分型面注射模上，侧浇口的形式如图 5-75 所示。

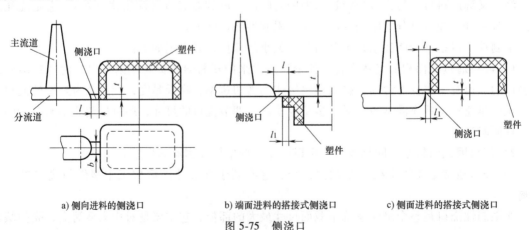

a) 侧向进料的侧浇口　　　b) 端面进料的搭接式侧浇口　　　c) 侧面进料的搭接式侧浇口

图 5-75　侧浇口

2）侧浇口的特点。由于浇口截面小，减少了浇注系统塑料的消耗量，同时去除浇口容易，不留明显痕迹。但这种浇口成形的塑件往往有熔接痕存在，且注射压力损失较大，对深型腔塑件排气不利。

3）侧浇口的尺寸。侧浇口尺寸计算的经验公式如下

$$b = \frac{0.6 \sim 0.9}{30}\sqrt{A}$$

$$t = (0.6 \sim 0.9)\delta$$

式中，b 是侧浇口的宽度（mm）；A 是塑件的外侧表面积（mm^2）；t 是侧浇口的厚度（mm）；δ 是浇口处塑件的壁厚（mm）。

① 侧向进料的侧浇口。图 5-75a 所示，对于中小型塑件，一般厚度 $t = 0.5 \sim 2.0$mm（或取塑件壁厚的 $1/3 \sim 2/3$），宽度 $b = 1.5 \sim 5.0$mm，浇口的长度 $l = 1.7 \sim 2.0$mm。

② 端面进料的搭接式侧浇口。图 5-75b 所示，搭接部分的长度 $l_1 = (0.6 \sim 0.9) + b/2$，浇口长度 l 可适当加长，取 $l = 2.0 \sim 3.0$mm。

③ 侧面进料的搭接式侧浇口。图 5-75c 所示，其浇口长度选择可参考端面进料的搭接式侧浇口。

4）侧浇口有两种典型变异形式：扇形浇口和平缝浇口。

① 扇形浇口。扇形浇口是一种沿浇口方向宽度逐渐增加、厚度逐渐减小的呈扇形的侧浇口，如图 5-76 所示，常用于扁平而较薄的塑件，如盖板和托盘类等。通常在与型腔结合处形成长 $l = 1.0 \sim 1.3$mm，厚 $t = 0.25 \sim 1.0$mm 的进料口，进料口的宽度 b 视塑件大小而定，一般取 6mm 到浇口处型腔宽度的 $1/4$，整个扇形的长度 L 可取 6mm 左右，塑料熔体通过它进入型腔。采用扇形浇口，使塑料熔体在宽度方向上的流动得到更均匀的分配，使塑件的内应力减小，减少带入空气的可能性，但浇口痕迹较明显。

② 平缝浇口。又称薄片浇口，如图 5-77 所示。这类浇口宽度很大，厚度很小，主要用来成形厚度较小、尺寸较大的扁平塑件，可减小平板塑件的翘曲变形，但浇口的去除比扇形浇口更困难，浇口在塑件上的痕迹也更明显。平缝浇口的宽度 b 一般取塑件长度的 $25\% \sim 100\%$，厚度 $t = 0.2 \sim 1.5$mm，长度 $l = 1.2 \sim 1.5$mm。

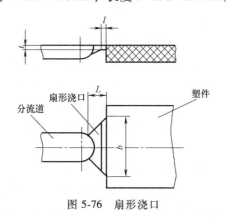

图 5-76　扇形浇口

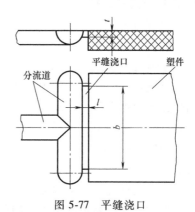

图 5-77　平缝浇口

（4）环形浇口　对型腔填充采用圆环形进料形式的浇口称环形浇口。环形浇口的形式如图 5-78 所示。环形浇口的特点是进料均匀，圆周上各处流速大致相等，熔体流动状态好，型腔中的空气容易排出，熔接痕可基本避免，但浇注系统耗料较多，浇口去除较难。图 5-78a 为内侧进料的环形浇口，浇口设计在型芯上，浇口的厚度 $t = 0.25 \sim 1.6$mm，长度 $l = 0.8 \sim 1.8$mm；图 5-78b 为端面进料的搭接式环形浇口，搭接长度 $l_1 = 0.8 \sim 1.2$mm，总长 l 可取 $2 \sim 3$mm。

（5）轮辐浇口　轮辐浇口是在环形浇口基础上改进而成，由原来的圆周进料改为数小段圆弧进料，轮辐浇口的形式如图 5-79 所示。这种形式的浇口耗料比环形浇口少得多，且去除

浇口容易。这类浇口在生产中比环形浇口应用广泛，多用于底部有大孔的圆筒形或壳形塑件。轮辐浇口的缺点是增加了熔接痕，这会影响塑件的强度。

　　轮辐浇口尺寸可参考侧浇口尺寸取值。

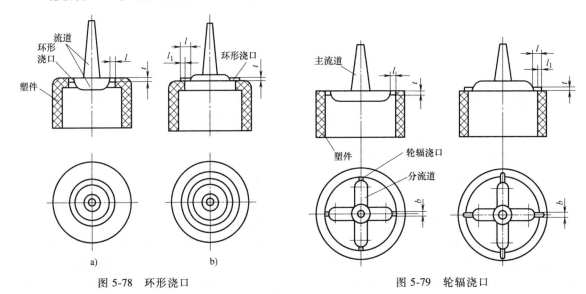

图 5-78　环形浇口　　　　　　　　　　　　　　　图 5-79　轮辐浇口

　　（6）爪形浇口　爪形浇口如图 5-80 所示，爪形浇口加工较困难，通常用电火花成形。型芯可用做分流锥，其头部与主流道有自动定心的作用（型芯头部有一端与主流道下端大小一致），从而避免了塑件弯曲变形或同轴度差等成型缺陷。爪形浇口的缺点与轮辐浇口类似，主要适用于成型内孔较小且同轴度要求较高的细长管状塑件。

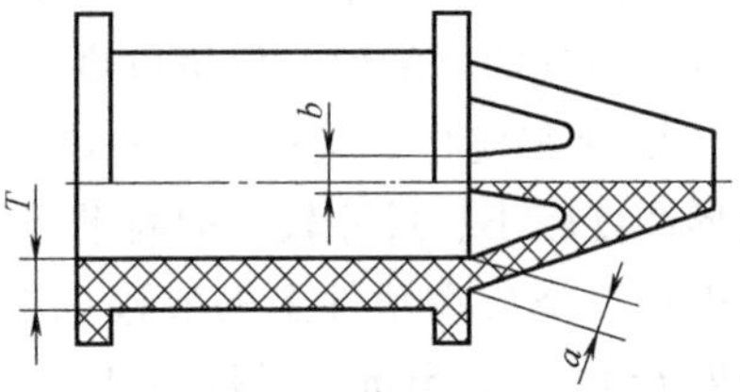

图 5-80　爪形浇口

5. 浇口位置的选择

　　（1）尽量缩短流动距离　浇口位置的选择应保证迅速和均匀地充填模具型腔，尽量缩短熔体的流动距离，这对大型塑件更为重要。

　　（2）避免熔体破裂而导致塑件的缺陷　小的浇口如果正对着一个宽度和厚度较大的型腔，则熔体经过浇口时，由于受到很高的剪切应力，将产生喷射和蠕动等现象，这些喷出的高度定向的细丝或断裂物会很快冷却变硬，与后进入型腔的熔体不能很好熔合而使塑件出现明显的熔接痕。要克服这种现象，可适当地加大浇口的截面尺寸，或采用冲击型浇口（浇口对着大型芯等），避免熔体破裂。

　　（3）浇口应开设在塑件厚壁处　当塑件的壁厚相差较大时，若将浇口开设在薄壁处，这时塑料熔体进入型腔后，不但流动阻力大，而且还易冷却，影响熔体的流动距离，难以保证充填满整个型腔。从收缩角度考虑，塑件厚壁处往往是熔体最晚固化的地方，如果浇口开设在薄壁处，那厚壁的地方因熔体收缩得不到补缩就会形成表面凹陷或缩孔。为了保证塑料熔体顺利充填型腔，使注射压力得到有效传递，而在熔体液态收缩时又能得到充分补缩，一般浇口的位置应开设在塑件的厚壁处。

　　（4）考虑分子定向的影响　由于垂直于流向和平行于流向之处的强度和应力开裂倾向是有差别的，往往垂直于流向的方位的强度低，容易产生应力开裂，所以在选择浇口位置时，应充分注意这一点。如图 5-81 所示塑件，理论上可从 A 处或 B 处开设浇口。

　　由于图 5-81 所示塑件底部圆周带有一金属环嵌件，如果浇口开设在 A 处（直浇口或点浇口），则此塑件使用不久就会断裂，因为塑料与金属环形嵌件的线收缩系数不同，嵌件周围的塑料层有很大的周向应力。若浇口开设在 B 处（侧浇口），由于聚合物分子沿塑件圆周方向定向，应力开裂的机会就会大为减少。

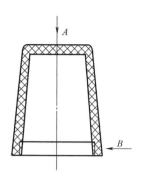

图 5-81　浇口的位置对定向的影响

（5）减少熔接痕，提高熔接强度　由于浇口位置的原因，塑料熔体充填型腔时会造成两股或两股以上的熔体料流的汇合。在汇合之处，料流前端是气体且温度最低，所以在塑件上就会形成熔接痕。熔接痕部位塑件的熔接强度会降低，也会影响塑件外观，在成型玻璃纤维增强塑料制件时这种现象尤其严重。

一般如无特殊需要最好不要开设一个以上的浇口，图 5-82a 所示的浇口会形成两个熔接痕，而图 5-82b 所示的浇口仅形成一个熔接痕。为了提高熔接的强度，避免熔接痕，可以在料流汇合之处的外侧或内侧设置一冷料穴（溢流槽），将料流前端的冷料引入其中，如图 5-82c 所示。

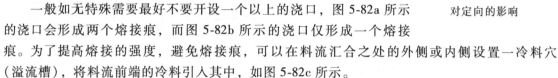
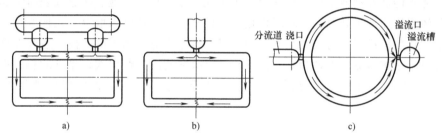

图 5-82　减少和避免熔接痕

环形浇口流动状态好，无熔接痕，而轮辐浇口有熔接痕，而且轮辐越多，熔接痕越多，如图 5-83 所示。

（6）应有利于型腔中气体的排除　为了有利于排气，浇口位置通常应尽量远离排气结构；否则，流入模腔的塑料熔体就会过早地封闭排气结构，致使模腔内气体无法顺利排出，从而使制品内形成气泡、缺料、熔接不牢或局部炭化烧焦等缺陷。图 5-84 所示制品，若采用图 5-84a 所示的浇口位置，熔体会立即封闭模具在分型面处的气隙，使模腔内的气体无法排出，最终在制品顶部形成气泡；如果改用图 5-84b 所示的浇口位置，则可克服上述缺陷。

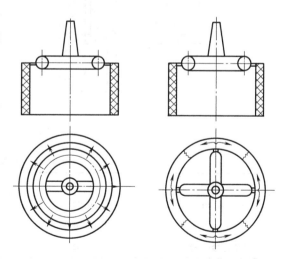

图 5-83　环行浇口与轮辐浇口熔接痕的比较

（7）浇口位置的选择要避免塑件变形　图 5-85a 所示平板形塑件，只用一个中心浇口，塑件会因内应力集中而翘曲变形，而图 5-85b 采用多个点浇口，就可以克服翘曲变形的缺陷。

二、排气与引气系统设计

当塑料熔体充填型腔时，必须顺利地排出型腔及浇注系统内的空气及塑料受热而产生的气

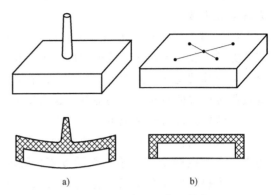

图 5-84　浇口位置有利于排气　　　　　　　　图 5-85　浇口位置避免塑件变形

体。如果气体不能被顺利地排出，塑件会由于填充不足而出现气泡、接缝或表面轮廓不清等缺陷，甚至气体受压而产生高温，使塑料焦化。注射模的排气通常采取以下几种方式：

（1）采用排气槽排气　对大中型塑件的模具，通常在分型面上的凹模一边开设排气槽，排气槽的位置以处于熔体流动末端为好，图 5-86a 所示排气槽为燕尾式，排气顺畅；图 5-86b 所示排气槽为转弯式，可以防止喷出伤人，也可降低动能的损失。常用塑料排气槽深度尺寸见表 5-15。

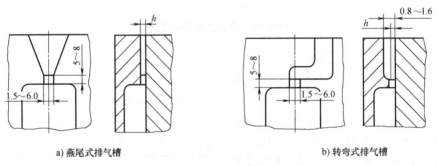

a) 燕尾式排气槽　　　　　　　　　　b) 转弯式排气槽

图 5-86　排气槽排气

表 5-15　排气槽的深度　　　　　　　　　　（单位：mm）

塑料制品	深度 h	塑料制品	深度 h
聚乙烯（PE）	0.02	聚酰胺（PA）	0.01
聚丙烯（PP）	0.01～0.02	聚碳酸酯（PC）	0.01～0.03
聚苯乙烯（PS）	0.02	聚甲醛（POM）	0.01～0.03
ABS	0.03	丙烯酸共聚物	0.03

（2）分型面排气　对于小型模具可利用分型面间隙排气，分型面须位于熔体流动末端，如图 5-87a 所示。

（3）利用型芯、顶杆、镶拼件等的间隙排气　如图 5-87b、c、d 所示。

（4）利用排气塞排气　在无法采用上述方法排气的情况下，可以考虑利用排气塞排气。排气塞是一种特别烧制的有气孔的金属块，在模具中开孔后并安装排气塞后，气体可以通过排气塞排出，如图 5-88 所示。

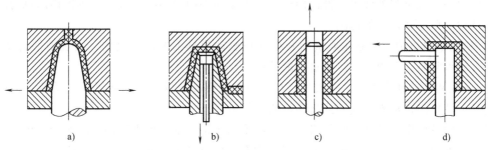

图 5-87　利用分型面间隙或其他配合间隙排气

对于一些大型、深腔、壳形塑件，注射成型以后，整个型腔由塑料填满，型腔内部气体被排除。当塑件脱模时，塑件的包容面与型芯的被包容面基本上构成真空，由于受到大气压力的作用，造成脱模困难，因而必须考虑引气。引气方法同样可采用利用型芯与顶杆之间的间隙、加大型芯的斜度或镶块边上开侧隙（同排气槽的尺寸）等方法。

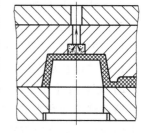

图 5-88　利用排气塞排气

三、注射模推出机构的设计

1. 推出机构概述

在注射成型的每个周期中，将塑料制品及浇注系统凝料从模具中脱出的机构称为推出机构，也叫顶出机构或脱模机构。推出机构的动作通常是由安装在注射机上的机械顶杆或液压缸的活塞杆来完成的。推出机构一般由推出、复位和导向零件组成。

（1）推出机构的结构组成　推出机构一般由推出、复位和导向零件组成。在图 5-89 中，推出部件由推杆 1 和拉料杆 6 组成，它们固定在推杆固定板 2 和推板 5 之间，两板用螺钉固定连接，注射机上的顶出力作用在推板上。

为了使推出过程平稳，推出零件不至于弯曲或卡死，常设有推出系统的导向机构，即图 5-89 中的推板导柱 4 和推板导套 3。

为了使推杆回到原来位置，就要设计复位装置，即复位杆 8，复位杆的头部设计在动、定模的分型面上，合模时，定模一接触复位杆，就将推杆及顶出装置恢复到原来的位置。

拉料杆 6 的作用是开模时将浇注系统冷料拉到动模一侧。

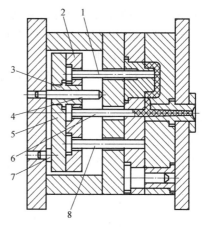

图 5-89　单分型面注射模的推出机构

1—推杆　2—推板固定板　3—推板导套　4—推板导柱
5—推板　6—拉料杆　7—支承钉　8—复位杆

支承钉 7 有两个作用：一是使推板与动模座板之间形成间隙，不但便于清除废料及杂物，而且可以可靠支承推出机构；另一作用是通过调节支承钉的高度来调整推杆的位置及推出的距离。

（2）推出机构的结构分类　推出机构可以按动力来源分类，也可以按模具结构分类。

按动力来源分类时有以下几种推出形式：

1）手动推出机构。手动推出机构指当模具分开后，用人工操纵脱模机构使塑件脱出，它可分为模内手工推出和模外手工推出两种。这类结构多用于形状复杂不能设置推出机构的模具或塑件结构简单、产量小的情况。

2）机动推出机构。依靠注射机的开模动作驱动模具上的推出机构，实现塑件自动脱模。这类模具结构复杂，多用于生产批量大的情况。

3）液压和气动推出机构。一般是指在注射机或模具上设有专用液压或气动装置，将塑件通过模具上的推出机构推出模外或将塑件吹出模外。

推出机构按照模具的结构特征可分为一次推出机构、定模推出机构、二次推出机构、浇注系统凝料的推出机构、带螺纹塑件的推出机构等。由于单分型面注射模以一次推出机构为主，这里仅介绍一次推出机构，其他较复杂的推出机构在以后相关章节中讲述。

2. 常用推出机构

对推出机构的要求随制品形状、结构的不同而变化。

1）塑件留在动模。在模具的结构上应尽量保证塑件留在动模一侧，因为大多数注射机的推出机构都设在动模一侧。如果不能保证塑件留在动模上，就要在定模上设计推出机构。

2）塑件在推出过程中不变形、不损坏。保证塑件在推出过程中不变形、不损坏是推出机构应该达到的基本要求，所以设计模具时要正确分析塑件对模具包紧力的大小和分布情况，用此来确定合适的推出方式、推出位置、型腔的数量和推出面积等。

3）不损坏塑件的外观质量。对于外观质量要求较高的塑件，推出的位置应尽量设计在塑件内部，以免损伤塑件的外观。由于塑件收缩时包紧型芯，因此推出力作用点应尽可能靠近型芯，同时推出力应施于塑件强度、刚度最大的地方，如筋部、凸台等处，推杆头部的面积也尽可能大些，保证制品不损坏。

4）合模时应使推出机构正确复位。推出机构设计时应考虑合模时推出机构的复位，在斜导杆和斜导柱侧向抽芯及其他特殊情况下，有时还应考虑推出机构的先复位问题。

5）推出机构动作可靠。推出机构在推出与复位过程中，要求其工作准确可靠，动作灵活，制造容易，配换方便。

6）要求推出机构本身要有足够的强度和刚度。

常用推出机构的类型和特点如下：

（1）推杆推出机构　一次推出机构又称简单脱模机构，是最常用的推出机构的结构形式，它是指开模后塑件在推出零件的作用下，通过一次动作将制品从模具中脱出，如图5-90所示。一次推出机构包括推杆推出机构、推管推出机构、推件板推出机构、活动嵌件及凹模推出机构和多元推出机构等。

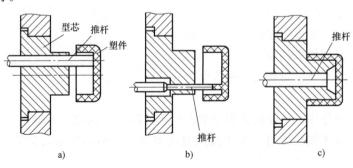

图 5-90　推杆推出机构

1）推杆的优点和适用的场合。推杆推出机构是整个推出机构中最简单、最常见的一种形式。由于设置推杆的自由度较大，而且推杆截面大部分为圆形，容易达到推杆与模板或型芯上推杆孔的配合精度，推杆推出时运动阻力小，推出动作灵活可靠，损坏后也便于更换，因此在生产中广泛应用。

但是因为推杆的推出面积一般比较小，易引起较大局部应力而顶穿塑件或使塑件变形，所以很少用于脱模斜度小和脱模阻力大的管类或箱类塑件。

2）推杆的基本形状。推杆的基本形状如图 5-91 所示。图 5-91a 为直通式推杆，尾部采用台肩固定，图 5-91a 是最常用的形式；图 5-91b 所示为阶梯式推杆，由于工作部分较细，故在其后部加粗以提高刚性，一般直径小于 2.5～3mm 时采用；图 5-91c 所示为顶盘式推杆，这种推杆加工起来比较困难，装配时也与其他推杆不同，需从动模型芯插入，端部用螺钉固定在推杆固定板上，适合于深筒形塑件的推出。

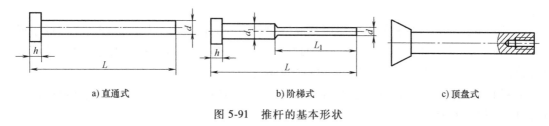

| a）直通式 | b）阶梯式 | c）顶盘式 |

图 5-91　推杆的基本形状

3）推杆的工作端面形状。推杆工作端面的主要形状如图 5-92 所示，最常用的是圆形，还可以设计成特殊的端面形状，如矩形、三角形、椭圆形、半圆形等。这些特殊形状对于杆来说加工容易，但孔需要采用电火花、线切割等特殊机床加工。因此，在一般情况下都采用圆形杆。

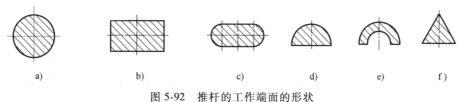

| a） | b） | c） | d） | e） | f） |

图 5-92　推杆的工作端面的形状

4）推杆的材料和热处理。推杆的材料常用 T8A、T10A 等碳素工具钢或 65Mn 弹簧钢等，前者的热处理要求硬度为 50～54HRC，后者的热处理要求硬度为 46～50HRC。自制的推杆常采用前者，而市场上的推杆标准件多为后者的形式。推杆工作端配合部分的粗糙度值一般取 $Ra0.8\mu m$。

5）推杆的固定形式。图 5-93 所示为推杆在模具中的固定形式。图 5-93a 是最常用的形式，直径为 d 的推杆，在推杆固定板上的孔应为 $(d+1)$mm，推杆台肩部分的直径为 $(d+6)$mm；图 5-93b 为采用垫块或垫圈来代替图 5-93a 中固定板上沉孔的形式，这样可使加工方便；图 5-93c 是推杆底部采用紧定螺钉拧紧的形式，适合于推杆固定板较厚的场合；图 5-93d 用于

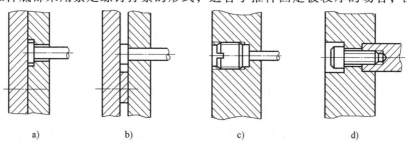

| a） | b） | c） | d） |

图 5-93　推杆的固定形式

较粗的推杆，采用螺钉固定。

6）推杆设计的注意事项。在推杆设计时，需考虑如下因素：

① 推杆设计时应重点考虑推杆位置的确定。推杆应选在脱模阻力最大的地方，因塑件对型芯的包紧力在四周最大，如塑件较深，应选在塑件内部靠近侧壁的地方，如图 5-90a 所示；如果塑件局部有细而深的凸台或筋，则必须在该处设置推杆，如图 5-90b 所示。推杆不宜设在塑件最薄处，否则很容易使塑件变形甚至破裂；必要时，可增大推杆面积来降低塑件单位面积上的受力，如图 5-90c 所示采用顶盘推出。

② 应考虑推杆本身的刚性。当细长推杆受到较大脱模力时，推杆就会失稳变形，这时就必须增大推杆直径或增加推杆的数量。同时要保证塑件推出时受力均匀，从而使塑件推出平稳而且不变形。

③ 推杆的高度。因推杆的工作端面是成型塑件部分的内表面，如果推杆的端面低于或高于该处型面，则在塑件上就会产生凸台或凹痕，影响塑件的使用及美观，因此，通常推杆装入模具后，其端面应与型面平齐或高出 $0.05 \sim 0.1 \mathrm{mm}$。

④ 推杆的布置。当塑件各处脱模阻力相同时，应均匀布置推杆，以保证塑件被推出时受力均匀、平稳、不变形。

（2）推管推出机构　推管推出机构是用来推出圆筒形、环形塑件或带有孔的塑件的一种特殊结构形式，其脱模运动方式和推杆相同。由于推管是一种空心推杆，故整个周边接触塑件，推出塑件的力量均匀，塑件不易变形，也不会留下明显的推出痕迹。

1）推管推出机构的结构形式。图 5-94a 所示的是最简单最常用的推管结构形式，模具型芯穿过推板固定于动模座板。这种结构的型芯较长，可兼作推出机构的导向柱，多用于脱模距离不大的场合，结构比较可靠。

图 5-94b 所示的是型芯用销或键固定在动模板上的结构形式。这种结构要求在推管的轴向开一长槽，容纳与销（或键）相干涉的部分，槽的位置和长短依模具结构和推出距离而定，一般略长于推出距离。与上一种形式相比，这种结构形式的型芯较短，模具结构紧凑；缺点是型芯的紧固力小，适用于受力不大的型芯。

图 5-94c 是型芯固定在动模垫板上，而推管在动模板内滑动，这种结构可使推管与型芯的长度大为缩短，但推出行程包含在动模板内，致使动模板的厚度增加，适用于脱模距离不大的场合。

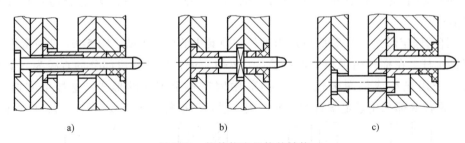

a)　　　　　　　　　　b)　　　　　　　　　　c)

图 5-94　推管推出机构的结构

2）推管的配合。推管的配合如图 5-95 所示。推管的内径与型芯相配合，小直径时选用 H8/f7 的配合，大直径时取 H7/f7 的配合；外径与模板上的孔相配合，直径较小时采用 H8/f8 的配合，直径较大时采用 H8/f7 的配合。推管与型芯的配合长度一般比推出行程大 $3 \sim 5 \mathrm{mm}$，推管与模板的配合长度一般为推管外径的 $1.5 \sim 2$ 倍，推管固定端外径与模板有单边 $0.5 \mathrm{mm}$ 的装配间隙，推管的材料、热处理硬度要求及配合部分的表面粗糙度要求与推杆相同。

（3）推件板推出机构的形式

1）推板和推件板之间采用固定连接形式。如图 5-96 所示，推板和推件板之间采用固定连接形式，即将推杆头部设计成螺纹用与推件板连接，以防止推件板在推出过程中脱落。

其中图 5-96a 所示是最常用的一种推件板推出机构形式，图 5-96b 所示的结构为注射机上的推杆直接作用在推件板上的形式，适用于两侧有顶杆的注射机，此种模具结构简单，但是推板尺寸要适当增大以满足两侧顶杆的间距，并适当加厚推板以增加刚性。图 5-96c

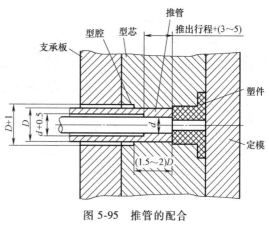

图 5-95　推管的配合

为推件板镶入动模板内的形式，推杆端部用螺纹与推件板相连接，并且与动模板作导向配合。推出机构工作时，推件板除了与型芯作配合外，还依靠推杆进行支承与导向。这种推出机构结构紧凑，推板在推出过程中也不会掉下。推件板和型芯的配合公差与推管和型芯相同，为 H9/f7 ~ H7/f7 的配合。

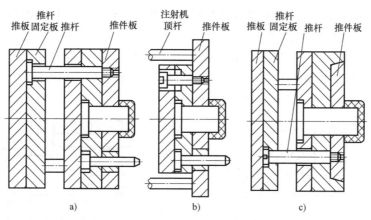

图 5-96　推板和推件板之间的固定连接形式

2）推板和推件板之间无固定连接形式。与前一种结构类似，只是头部没有螺纹和推板连接，如图 5-97 所示。这种形式的推杆和推板之间没有固定连接，为了防止在生产中推板从导柱上脱落，必须严格控制推出行程并保证导柱要有足够的长度。

3）推件板设计的注意事项如下：

① 减小推件板和型芯摩擦的结构。为了减少推出过程中推件板和型芯的摩擦，装配关系可采用如图 5-98 所示的结构，在推件板和型芯间留有 0.20 ~ 0.25mm 的间隙（原则上应不擦伤型芯），并采用 3° ~ 5°的锥面配合，其锥度起到辅助定位作用，防止推件板偏心而引起溢料。

② 设置进气装置。如果成型的制品为大型深腔的容器，并且还采用软质塑料成型，当推件板推出塑件时，在型芯与塑件中间易出现真空，从而造成脱模困难，甚至使塑件变形损坏，这时应考虑设置进气装置。图 5-99 所示的结构是靠大气压力进气的推出机构，开模时，大气克服弹簧力将推杆抬起而进气，塑件就能顺利地从型芯被推出。

推件板推出机构适用于大型塑件、薄壁容器及各种罩壳类塑件的脱模。与推杆、推管推出机构相比，推件板推出机构推出受力均匀、力量大、运动平稳、塑件不易变形、表面无顶痕、

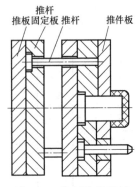
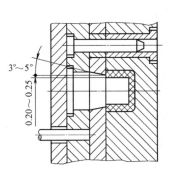
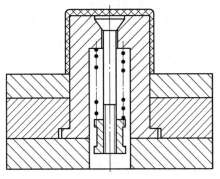

图 5-97　推板和推件板　　　　图 5-98　减小推件板和型芯摩擦　　　　图 5-99　推件板推出机构的进气装置
之间无固定连接

结构简单；无须另设复位机构。在合模过程中，待分型面一接触，推件板即可在合模力的作用下回到初始位置。

（4）多元推出机构　在实际生产中往往遇到一些深腔壳体、薄壁、有局部管形、凸台或金属嵌件等复杂的塑件，如果采用单一的推出机构，不能保证塑件的质量，这时就要采用两种或两种以上的多元推出机构。

图 5-100a 所示的塑件带有脱模斜度小且很深的管状凸台，在凸台周边和里边的脱模阻力大，因此采用推杆和推管并用的机构。

图 5-100b 所示是推管、推件板并用的示例，因为塑件在中间有一凸台，凸台中心有一不通孔，成型后凸台对中心型芯包紧力很大，如果只用推件板脱模，很可能产生断裂或残留的现象，因此增加推管推出机构，可保证塑件顺利脱模。

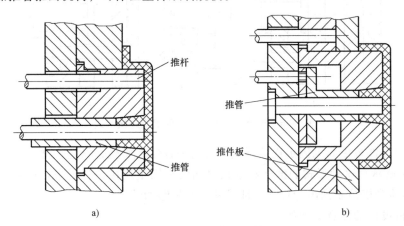

a)　　　　　　　　　　　　　　　　b)

图 5-100　多元推出机构

3. 推出机构的导向和复位

（1）推出机构的导向　为了保证塑件顺利脱模、各个推出部件运动灵活以及推出元件的可靠复位，必须有导向装置配合使用。推出机构在注射机工作时，除了推杆、推管和复位杆与模板的滑动配合以外，其余部分均处于浮动状态，但推杆固定板与推杆的重量不应作用在推杆上，而是由导向零件来支承。因此，必须设计推出机构的导向装置。

图 5-101 是推出系统导向装置结构图。大面积的推件板在推出过程中，防止其歪斜和扭曲是非常重要的，否则会造成推杆变形、折断或使推件板与型芯间磨损研伤，因此要求在推出机构中设计导向装置。

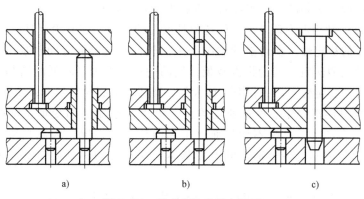

图 5-101　推出机构的导向装置

图 5-101a 和图 5-101b 的导柱同时还起支承作用，提高了支承板的刚性，也改善了其受力状况。当模具较大，或型腔在分型面上的投影面积较大、生产批量较大时，最好采用这两种形式。图 5-101a 是推件板导柱固定在动模座板上的形式，推件板导柱也可以固定在支承板上；图 5-101b 中推件板导柱的一端固定在支承板上，另一端固定在动模座板上，适于大型注射模。

图 5-101c 是将导柱固定在中间垫板上，只起导向作用不起支承作用。由于没有导向套，所以只适用于批量较小的小型模具。

（2）推出机构的复位　推出机构在开模推出塑件后，为下一次的注射成型做准备，还必须使推出机构复位，以便恢复完整的模腔，这就必须设计复位装置。复位装置的类型有复位杆复位装置和弹簧复位装置。

1）复位杆复位。要使推出机构复位，最简单最常用的方法是在推杆固定板上同时安装复位杆，也叫回程杆。

复位杆端面设计在动、定模的分型面上。开模时，复位杆与推出机构一同推出；合模时，复位杆先与定模分型面接触，在动模向定模逐渐合拢过程中，推出机构被复位杆顶住，从而与动模产生相对移动直至分型面合拢，推出机构就回复到原来的位置。这种结构中的合模和复位是同时完成的，如图 5-89 所示。

复位杆为圆形截面，每副模具一般设置四根复位杆，其位置应对称设在推杆固定板的四周，以便推出机构在合模时能平稳复位。

2）弹簧复位。图 5-102 所示装置为弹簧复位，即利用压缩弹簧的回复力使推出机构复位，其复位先于合模动作完成。使用弹簧复位结构简单，但必须注意弹簧要有足够的弹力，如弹簧失效，要及时更换。

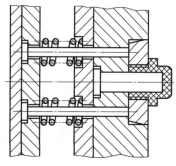

图 5-102　弹簧复位

四、注射模温度调节系统的设计

1. 温度调节系统概述

一般的塑料都需在 200℃ 左右的温度时，由注射机的喷嘴注射到注射模具内，熔体在温度为 60℃ 左右的模具内固化、脱模，其热量除少数辐射、对流到大气环境以外，大部分是由模具内通入的冷却水带走；而有些塑料的成型工艺要求模具的温度较高（80~120℃）时，模具不能仅靠塑料熔体的热量成型，需给注射模设计加热系统。

注射模的温度对塑料熔体的充模流动、固化定型、生产效率及制品的形状和尺寸精度都有重要的影响。温度调节对制品质量的影响表现在如下几个方面：

（1）尺寸精度　利用温度调节系统保持模具温度的恒定，能减少制品成型收缩率的波动，提高制品尺寸精度的稳定性。在可能的情况下采用较低的模温能有助于减小制品的成型收缩率，例如，对于结晶型塑料，因为模温较低，制品的结晶度低，较低的结晶度可以降低收缩率。但是，从尺寸的稳定性考虑，模温不能太低，要适当提高模具温度，使制品结晶均匀。

（2）变形　模具温度稳定、冷却速度均衡，可以减小制品的变形。壁厚不一致和形状复杂的制品，经常会产生因收缩不均匀而产生翘曲变形的情况，因此必须采用合适的冷却系统，使模具凹模与型芯的各个部位的温度基本上保持均匀，以便使型腔内的塑料熔体同时凝固。

（3）表面质量　模具温度的恒定可以保证制品质量，如果温度过低，会使制品轮廓不清晰并产生明显的熔合纹，表面光泽低、缺陷多；而提高模具温度，可使制品表面粗糙度降低。

（4）力学性能　对于结晶型塑料，结晶度越高，制品的应力开裂倾向越大，故从减小应力开裂的角度出发，降低模温是有利的；但对于聚碳酸酯一类高黏度无定形塑料，其应力开裂倾向与制品中的内应力的大小有关，提高模温有助于减小制品中的内应力，也就减小了其应力开裂倾向。

2. 冷却装置设计

在模具设计时，除大型模具的预热和热固性塑料及少数热塑性塑料的注射成型需考虑加热装置外，大多数热塑性塑料的注射成型，如聚乙烯、聚丙烯、聚苯乙烯、ABS 等，模温一般低于80℃，只需考虑冷却装置。

（1）冷却水回路布置的基本原则　设置冷却效果良好的冷却水回路的模具是缩短成型周期、提高生产效率最有效的方法。如果不能实现均匀的快速冷却，则会使塑件内部产生应力而导致产品变形或开裂，所以应根据塑件的形状、壁厚及塑料的品种，设计与制造出能实现均一、高效冷却的回路。

1）冷却水道应尽量多、截面尺寸应尽量大。型腔表面的温度与冷却水道的数量、截面尺寸及冷却水的温度有关。图 5-103 所示的情况是在冷却水道数量和尺寸不同的条件下，通入不同温度（59.83℃和45℃）的冷却水后，模内温度的分布情况。由图 5-103 可知，采用 5 个较大的水道孔时，型腔表面温度比较均匀，各处温度在 60～60.05℃ 之间变化，如图 5-103a 所示；而同一型腔采用 2 个较小的水道孔时，型腔表面温度在 53.33～58.38℃ 之间变化，如图 5-103b 所示。

由此可见，为了使型腔表面温度分布均匀，防止塑件不均匀收缩和产生残余应力，在模具结构允许的情况下，应尽量多设冷却水道，并使用较大的截面尺寸。

确定冷却水孔的直径时应注意，无论多大的模具，水道孔的直径不能大于 $\phi14mm$，否则冷却水难以成为湍流状态，以致降低热交换效率。一般水孔的直径可根据塑件的平均壁厚来确定。平均壁厚为 2mm 时，水孔直径可取 $\phi10～\phi14mm$。

2）冷却水道离模具型腔表面的距离。当塑件壁厚均匀时，冷却水道到型腔表面最好距离相当，但当塑件壁厚不均匀时，壁厚较厚处冷却水道到型腔表面的距离则应近一些，间距也可适当小些，一般水道孔边至型腔表面距离为 10～15mm。

3）水道出入口的布置。水道出入口的布置应该注意两个问题，即浇口处加强冷却和冷却水道的出入口温差应尽量小。塑料熔体充填型腔时，浇口附近温度最高，距浇口越远，温度就越低，因此浇口附近应加强冷却，其办法就是冷却水道的入口处要设置在浇口的附近，如图 5-104 所示。

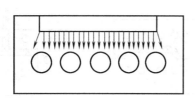
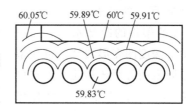

a) 合理

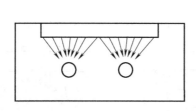
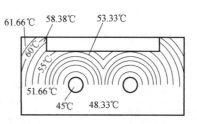

b) 不合理

图 5-103　模具内的温度分布

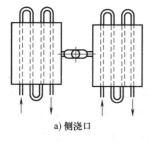
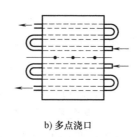
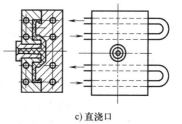

a) 侧浇口　　　　　　　　b) 多点浇口　　　　　　　　c) 直浇口

图 5-104　冷却水道出、入口的布置

为了缩小出入口冷却水的温差，应根据型腔形状的不同进行水道的排布。图 5-105b 的形式比图 5-105a 的形式要好，即降低了出入口温差，提高了冷却效果。

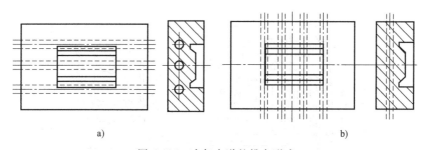

a)　　　　　　　　　　　　　　　　　　　　b)

图 5-105　冷却水道的排布形式

4）冷却水道应畅通无阻。冷却水通道不应有存水和产生回流的部位，应畅通无阻，要避免过大的压降。

5）冷却水道的布置应避开塑件易产生熔接痕的部位。塑件易产生熔接痕的地方，本身的温度就比较低，如果在该处再设置冷却水道，就会导致熔接痕的产生。

（2）常见冷却系统的结构　冷却水道的结构是根据塑件的形状而设置的，塑件的形状是多种多样的，因此，对于不同形状的塑件，冷却水道的位置与形状也不一样。

1）浅型腔扁平塑件的冷却水道。对于扁平的塑件，在使用侧浇口的情况下，常采用动、定模两侧与型腔等距离钻孔的形式设置冷却水道，如图 5-106a 所示；在使用直浇口的情况下，可采用如图 5-106b 所示的形式。

2）中等深度的塑件的冷却水道。采用侧浇口进料的中等深度的壳形塑件，可在型腔底部采用与型腔表面等距离钻孔的形式设置冷却水道。在型芯中，由于容易储存热量，所以要加强冷却，按塑件形状铣出矩形截面的冷却环形水槽，如图 5-107a 所示；如型腔也要加强冷却，则可采用如图 5-107b所示的（铣出冷却环形槽）形式；型芯上的冷却水道也可采用图 5-107c 所示的形式。

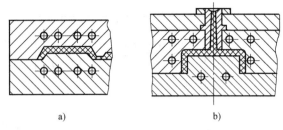

图 5-106　浅型腔扁平塑件的冷却水道

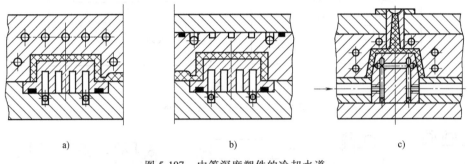

图 5-107　中等深度塑件的冷却水道

3）深型腔塑件的冷却水道。深型腔塑件模具，最困难的是型芯的冷却问题。图 5-108 所示的大型深型腔塑件模具，在型腔一侧，其底部可从浇口附近进入冷却水，流经沿矩形截面的水槽后流出，其侧部开设圆形截面水道，围绕模腔一周之后从出口排出。型芯上加工出螺旋槽，并在螺旋槽内加工出一定数量的不通孔，而每个不通孔用隔板分成底部连通的两个部分，从而形成型芯中心进水、外侧出水的冷却回路。这种隔板形式的冷却水道加工麻烦，隔板与孔配合要求高，否则隔板易转动而达不到要求。隔板常用先车削成形（与孔的过渡配合），然后把两侧铣削掉或采用线切割成形的办法制成，然后再插入孔中。

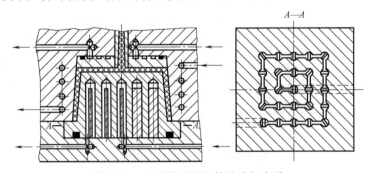

图 5-108　大型深型腔塑件的冷却水道

4）大型特深型腔塑件的冷却水道。对于大型特深型腔的塑件，其模具的型腔和型芯均可采用在对应的镶拼件上分别开设螺旋槽的形式，如图 5-109 所示，这种形式的冷却效果特别好。

5）细长塑件的冷却水道。

①喷射式冷却。空心细长塑件需要使用细长的型芯，在细长的型芯上开设冷却水道是比较困难的。当塑件内孔相对比较大时可采用喷射式冷却，如图 5-110 所示，即在型芯的中心制出一个不通孔，在孔中插入一根管子，冷却水从插在中心的管子流入，喷射到浇口附近型芯不通孔的底部对型芯进行冷却，然后经过管子与型芯的间隙从出口处流出。

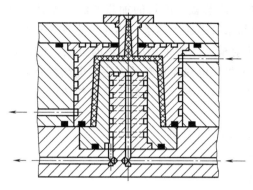

图 5-109   大型特深型腔塑件的冷却水道

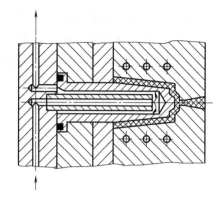

图 5-110   采用喷射式冷却对长型芯冷却

② 间接式冷却。对于型芯更加细小的模具，可采用间接冷却的方式进行冷却。图 5-111a 所示为冷却水喷射在铍铜制成的细小型芯的后端，靠铍铜良好的导热性能对其进行冷却；图 5-111b 所示为在细小型芯中插入一根与之配合、接触很好的铍铜杆，在其另一端加工出翅片，用它来扩大散热面积，提高水流的冷却效果。

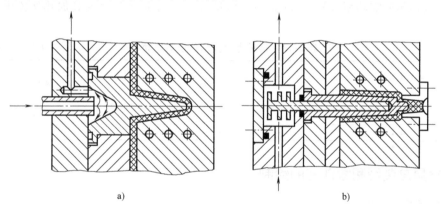

a)   b)

图 5-111   采用间接式冷却对细长型芯冷却

以上介绍了冷却回路的各种结构形式。在设计冷却水道时必须对结构问题加以认真考虑，但另外一点也应该引起重视，那就是冷却水道的密封问题。模具的冷却水道穿过两块或两块以上的模板或镶件时，在它们的结合面处一定要用密封圈加以密封，以防模板之间、镶拼零件之间渗水，影响模具的正常工作，而且结合面一般应该平行于装配方向。

3. 加热装置设计

对于热固性塑料，模具都要求有较高的温度，有的热塑性塑料流动性较差（如 PC，POM，PPO，PSF 等），要求模具加温，这些塑料成型时模具需要有加热装置。表 5-16 为常用热塑性塑料要求的模具温度。

表 5-16   常用热塑性塑料的模具温度   （单位：℃）

塑料名称	模具温度	塑料名称	模具温度
聚苯乙烯	40~60	聚丙烯	55~65
低压聚乙烯	60~70	ABS	40~60
高压苯乙烯	35~55	聚碳酸酯	80~110
尼龙 1010	40~60	聚甲醛	90~120
聚氯乙烯	30~60	聚苯醚	110~150
有机玻璃	40~60	聚砜	130~150

通常来说，温度要求在80℃以上的模具就要有加热装置。模具的加热方法有多种。对大型模具的预热除了可采用电加热方法外，还可在冷却水管中通入热水、热油、蒸汽等介质进行预热。对于模温要求高于80℃的注射模或热流道注射模，一般采用电加热的方法。电加热又可分为电阻丝加热和电热棒加热，目前，大部分厂家采用电热棒加热的方法，电热棒有多种成品规格可供选择。在设计模具时，要先计算加热所需的电功率，加工好安装电热棒的孔，然后将购置的电热棒插入其中接通电源即可加热。

（1）理论计算　电加热装置加热模具的总功率可用下式计算

$$P = \frac{mC_p(\theta_2 - \theta_1)}{3600\eta t}$$

式中，P 是加热模具所需的总功率（kW）；m 是模具的质量（kg）；C_p 是模具材料的比定压热容 [kJ/(kg·K)]；θ_1 是模具初始温度（℃）；θ_2 是模具要求加热后的温度（℃）；η 是加热元件的效率，约 0.3~0.5；t 是加热时间（h）。

（2）经验计算　计算电加热装置的功率时通常采用经验计算公式

$$P = mq$$

式中，P 是电加热所需功率（W）；m 是模具质量（kg）；q 是每千克模具加热所需电功率，见表 5-17。

表 5-17　每千克模具加热所需电功率　　　　　　　　（单位：W/kg）

模具类型	q 值	
	电热棒加热	电热圈加热
大型（>100kg）	35	60
中型（40~100kg）	30	50
小型（<40kg）	25	40

五、模具总装图和零件图的绘制

1. 绘制模具装配图

模具装配图应尽量按国家制图标准绘制，在装配图中要清楚地标明各个零件的装配关系，即各个零件的位置关系和连接关系，以便于装配。当凹模与型芯镶块很多时，为了方便与测绘各个镶块零件，还有必要先绘制动模和定模部装图，在部件装配图的基础上再绘制总装图。装配图上应包括必要的尺寸，如外形尺寸、定位和安装尺寸、极限尺寸（如活动零件移动的起止点）、重要的配合公差，并附有技术条件和使用说明、零件明细栏等。

2. 绘制模具零件图

模具装配图拆绘零件的顺序为：先复杂后简单，先成型零件后结构零件。零件图上应标出必要的定位尺寸和形状尺寸、几何公差、表面粗糙度、制造偏差，并注明零件材料、热处理要求和必要的技术条件等。

需要再次强调的是，注射模零件的尺寸标注一般也采用坐标标注法，以免标注尺寸间的互相干涉。

项目实施及评价

项　　目	序号	技术要求	配分	评分标准	得分
产品成型工艺分析 （15%）	1	成型工艺分析合理	5	不合理每处扣1分	
	2	技术要求分析合理	5	不合理每处扣1分	
	3	结构工艺分析合理	5	不合理每处扣1分	

（续）

项　　目	序号	技术要求	配分	评分标准	得分
模具总体结构方案拟订（15%）	1	注射模总体结构方案合理	5	不合理每处扣 1 分	
	2	注射机选用合理	5	不合理每处扣 1 分	
	3	模具材料的选用合理	2	不合理每处扣 1 分	
	4	标准模架的选用合理	3	不合理每处扣 1 分	
分型面和成型零部件设计（15%）	1	分型面设计合理	5	不合理每处扣 1 分	
	2	成型零部件结构合理	5	不合理每处扣 1 分	
	3	成型零部件尺寸准确	5	不正确每处扣 1 分	
功能系统设计（45%）	1	浇注系统设计合理	10	不合理每处扣 1 分	
	2	模排气与引气系统设计合理	5	不合理每处扣 1 分	
	3	推出机构设计合理	5	不合理每处扣 1 分	
	4	冷却系统设计合理	5	不合理每处扣 1 分	
	5	注射机有关工艺参数校核合理	10	不合理每处扣 1 分	
	6	总装图和零件图的绘制准确	10	不正确每处扣 1 分	
相关知识及职业能力（10%）	1	理论知识	2	视情况酌情给分	
	2	图样整洁性和报告撰写能力	2		
	3	自学能力	2		
	4	表达沟通能力	2		
	5	合作能力	2		

拓展训练

一、讨论生活中各种塑件的成型方法。

二、分析讨论常见注射件的分型方案。

三、进行注射模的装配及在注射机上进行装卸实训。

1. 实训目的

完成注射模具拆装及在注射机上的装卸，具体认识注射模的结构和各零件的功能及其配合关系，提高实践能力，增加对注射模结构的感性认识，并提高模具拆装的实际操作技能。

2. 实训设备和工具

注射机，配套工具。

3. 实训要求

完成指定注射模具的拆装及在注射机上的装卸，在注射模装配过程中，注意对照本章所讲内容进行调整和修配，保证装配后的模具符合验收要求。

项目 5　扩展任务——回转体塑件注射模成型零件的制造

项目6 鼠标上盖双分型面注射模具的设计与制造

项目目标

通过本项目的实施和相关知识的掌握，要求达到以下目标：

1）了解塑件中孔的设计和嵌件的设计，能够对带孔和带有嵌件的塑件进行合理的工艺性分析。

2）了解双分型面注射模的典型结构、开模行程的校核、中小型标准模架派生型的选用，具备根据塑件的工艺性分析选择正确的注射机和模架，并确定注射模结构总体方案的能力。

3）了解带塑件中带孔结构的分型面设计，了解塑件上带有圆角、倒角时的分型面位置的选择，能够对带孔塑件进行合理分型。

4）了解点浇口和潜伏浇口的设计要点，以及点浇口流道推出机构的设计要点，能够合理设计双分型面注射模的功能系统。

5）进一步熟悉注射模成型零件和辅助结构件的制造要点，能编制简单非回转体注射模工作零件的合理的加工工艺。

项目分析

鼠标上盖表面为曲面，底部不是平面，顶面带有孔，图6-1所示为零件三维图。材料为黑色聚碳酸酯，收缩率为0.8%，壁厚为1.2mm，大批量生产。该项目要求制订出该塑件的合理成型工艺方案，设计出相应的注射模。

图 6-1 鼠标上盖零件图

知识链接

知识点① 带孔塑件的结构工艺性

- **教学目标**

通过本节的学习，了解塑件中一般孔结构的设计和嵌件的设计，具有处理此类结构塑件的工艺性分析问题的能力，并进一步巩固已学的塑件工艺性分析内容。

- **教学重、难点**

重点：塑件的孔结构设计。

难点：塑件孔结构和嵌件设计的实际运用。

- **建议教学方法**

本节的内容比较简单，难点在于这些设计要点的灵活运用。建议在采用讲授法教学后，再采用讨论法对若干案例进行分析，以强化教学内容的实际运用。

- **问题导入**

带孔塑件是日常中经常遇到的，嵌件结构在塑件的某些局部位置也会采用，因而，有必要了解这方面的知识，在对此类塑件作工艺性分析时才能更全面。请列举若干日常生活中的带有孔结构和嵌件结构的塑件。

本节的任务是在掌握塑件中孔结构和嵌件的设计基础上，结合上一项目已学内容，完成鼠标上盖注射成型的工艺性分析。

一、塑件的孔结构设计

塑件上常见的孔有通孔、不通孔、异形孔（形状复杂的孔）和螺纹孔等。这些孔均应设置在不易削弱塑件强度的地方，且在孔与孔之间、孔与边壁之间应留有足够的距离。两孔之间及孔与边壁之间的关系见表 6-1，当两孔直径不一样时，按小的孔径取值。塑件上的孔周围可设计凸边或凸台，加强孔的强度，如图 6-2 所示。

表 6-1　孔间距与孔边距 b 的关系　　　　　　　　　　（单位：mm）

孔径 d	<1.5	1.5~3	3~6	6~10	10~18	18~30	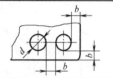
热固性塑料	1~1.5	1.5~2.0	2~3	3~4	4~5	5~7	
热塑性塑料	0.8	1.0	1.5	2	3	4	

　　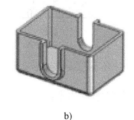　　

a)　　　　　　　　　　b)　　　　　　　　　　c)

图 6-2　孔的加强

（1）通孔　通孔设计时孔深不能太大，通孔深度不应超过孔径的 3.75 倍。通孔用型芯成型，型芯一般有 3 种形式，如图 6-3 所示。在图 6-3a 中，型芯一端固定，这种方法虽然简单，但会出现不易修整的横向飞边，且当孔较深或孔径较小时型芯易弯曲。在图 6-3b 中，用两个型芯来成型，并使一个型芯的径向尺寸比另一个大 0.5~1.0mm，这样即使稍有不同心也不致引起安装和使用上的困难，其特点是型芯长度缩短了一半，稳定性增加。这种成型方式适用于较深的孔且孔径要求不很高的场合。在图 6-3c 中，型芯一端固定，一端导向支承，这种方法使型芯既有较好的强度和刚度，又能保证同心度，较为常用，但导向部分因导向误差发生磨损后，会产生圆周纵向溢料。

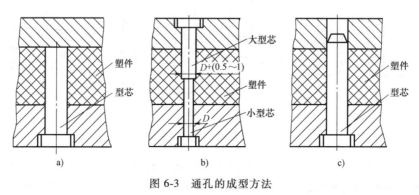

a)　　　　　　　　　　b)　　　　　　　　　　c)

图 6-3　通孔的成型方法

（2）不通孔　不通孔只能用一端固定的型芯来成型，因此其深度应浅于通孔。注射成型或压注成型时，孔深不应超过孔径的 4 倍；压缩成型时，孔深应浅些，平行于压制方向的孔深一般不超过孔径的 2.5 倍，垂直于压制方向的孔深一般不超过孔径的 2 倍。直径小于 $\phi1.5\text{mm}$ 的孔或深度太大（大于以上值）的孔最好在成型后用机械加工的方法获得。

（3）异形孔　当塑件孔为异形孔（斜孔或复杂形状孔）时，常常采用拼合的方法来成型，这样可以避免侧向抽芯。图 6-4 所示为型芯拼合成型异形孔的典型示例。

（4）自攻螺钉孔　自攻螺钉孔设计时，对于切割螺纹的螺钉孔，其孔径等于螺钉的中径；旋压螺纹螺钉孔的孔径等于螺钉中径的 80%。为保证足够的联接强度，螺钉旋入的最小深度必须等于或大于螺钉外径的 2 倍。自攻螺钉的孔一般设计成圆管状，如图 6-2c 所示，为承受旋压产生的应力和变形，圆管外径约为内径的 3 倍，高度为圆管外径的 2 倍，孔深应超过螺钉的旋入长度。

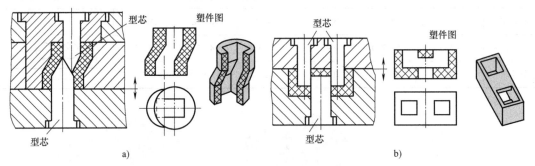

图 6-4　用拼合型芯成型异形孔

需要注意的是，孔结构要尽量避免设计在塑件的侧面中间部位，否则需要设计复杂的侧抽芯机构，相关内容将在下一项目中介绍。

二、嵌件设计

在塑件中嵌入其他零件形成不可拆卸的连接，所嵌入的零件称为嵌件（也称镶件）。塑件中嵌入嵌件的目的是为了提高塑件的强度、硬度、耐磨性、导电性、导磁性等。嵌件材料可以是金属，也可以是玻璃、木材和已成形的塑件等非金属材料，其中金属嵌件的使用最为广泛。

金属嵌件的设计原则如下：

（1）嵌件的止转与防脱　为防止嵌件受力时在塑件内转动或脱出，嵌件表面必须设计有适当的凹凸形状。可采用开槽、表面滚花、板件折弯、管件局部砸扁等方法固定，如图 6-5 所示。

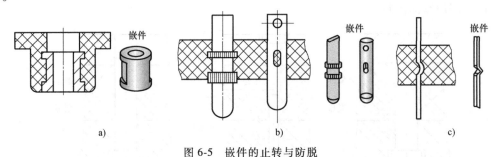

图 6-5　嵌件的止转与防脱

（2）模具中嵌件应定位可靠　模具中的嵌件在成型时要受到高压熔体流的冲击，可能发生位移和变形，同时熔料还可能挤入嵌件上预制的孔或螺旋线中，影响嵌件的使用，因此嵌件必须在模具中可靠定位。一般情况下，注射成型时，嵌件与模板安装孔的配合为 H8/f8；压缩成型时，嵌件与模板安装孔的配合为 H9/f9。图 6-6 分别为外/内螺纹嵌件在注射模内的固定方法。

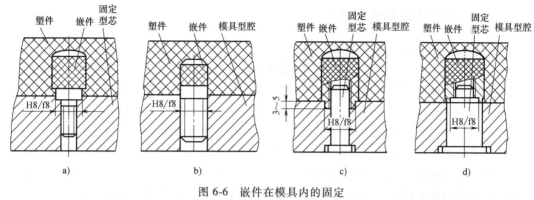

图 6-6　嵌件在模具内的固定

（3）嵌件周围的壁厚应足够大　由于金属嵌件与塑件的收缩率相差较大，致使嵌件周围的塑料存在很大的内应力，如果设计不当，则会造成塑件的开裂；而保持嵌件周围适当的塑料层厚度可以减少塑件的开裂倾向（或顶部鼓泡）。对于酚醛塑料及与之相类似的热固性塑料中的金属嵌件，其周围塑料层厚度可参见表 6-2。另外，热塑性塑料注射成型时，应将大型嵌件预热到接近物料温度。对于应力难以消除的塑料，可在嵌件周围覆盖一层高聚物弹性体或在成型后进行退火。

表 6-2　金属嵌件周围塑料层厚度

图　　例	金属嵌件直径 D/mm	周围塑料层最小厚度 C/mm	顶部塑料层最小厚度 H/mm
	≤4	1.5	0.8
	4~8	2.0	1.5
	8~12	3.0	2.0
	12~16	4.0	2.5
	16~25	5.0	3.0

知识点② 双分型面注射模结构总体方案的拟订

● 教学目标

通过本节的学习，了解双分型面注射模的典型结构，了解有开模行程校核、中小型标准模架派生型的选用，进一步巩固上一节所学知识，具有确定某些有特殊要求的塑件的注射模总体结构方案的能力。

● 教学重、难点

重点：双分型面注射模典型结构；双分型面注射模开模行程的校核。

难点：双分型面注射模典型结构。

● 问题导入

双分型面注射模是实际中应用较多的一类模具，对于某些浇口痕迹要求严格或结构特殊的塑件往往需要采用这种注射模来实现。要确定塑件注射模的结构方案，必须对可能实现其工艺的注射模结构及其特别之处有充分的认识。

本节的任务正是在掌握双分型面注射模的相关知识后，确定鼠标上盖注射模结构总体方案。

一、双分型面注射模典型结构

1. 点浇口与双分型面注射模概述

许多塑料制品要求外观平整、光滑，不允许有较大的浇口痕迹，因此采用单分型面注射模中介绍的各种浇口形式不能满足制品的要求，这就需要采用一种特殊的浇口——点浇口。点浇口是一种非常细小的浇口，又称为针浇口。它在制件表面只留下针尖大的一个痕迹，不会影响制件的外观。图6-7所示为采用点浇口的塑料制件，其外观要求较高。

另外，对于大型塑料制件，如汽车门的内衬板，其制品面积非常大，因此每模只能成型一个制件，如果采用单分型面注射模，侧浇口的位置无法摆放。如果采用中间直浇口，则从制件中心到制件边缘的距离较远，塑料流动困难不利于成型，因此要采用多浇口成型，这也必须借助于点浇口。图6-8所示为汽车门的内衬板制件及浇注系统。

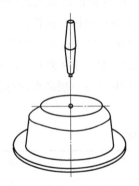

图6-7　点浇口的塑料制件

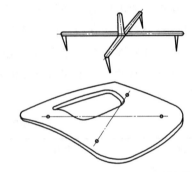

图6-8　汽车内衬板制件及浇注系统

由于点浇口的进料平面不在分型面上，而且点浇口为一倒锥形，所以模具必须专门设置一个分型面用于取出浇注系统凝料，因此出现了双分型面注射模。

2. 双分型面注射模结构

双分型面注射模泛指浇注系统凝料和制品由不同分型面取出的注射模，也称为三板式注射模。与单分型面注射模相比，在定模边增加了一块可以往复移动的型腔中间板，简称为中间板，也可称为流道板。图6-9为双分型面注射模。A—A为第一分型面，B—B为第二分型面。双分型面注射模结构由以下部分组成：

（1）成型零部件　包括型芯（凸模）12、中间板7。

（2）浇注系统　包括浇口套15、中间板7。

（3）导向部分　包括导柱19、导套17、导柱18和中间板7与拉料板9上的导向孔。

（4）推出装置　包括推杆23、推杆固定板24和推板25。

（5）二次分型部分　包括定距拉板3、限位销6、销钉8、拉杆4和限位螺钉11。

（6）结构零部件　包括动模座板1、垫块2、支承板5、型芯固定板16和定模座板10等。

双分型面注射模与单分型面注射模相比具有如下特点：

1）采用点浇口的双分型面注射模可以在模内分离制品和浇注系统凝料，为此应该设计浇注系统凝料的脱出机构，保证将点浇口拉断，还要可靠地将浇注系统凝料从定模板或型腔中间板上脱离。

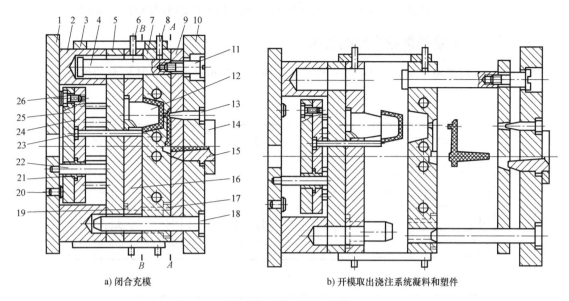

a) 闭合充模　　　　　　　　　　　　　b) 开模取出浇注系统凝料和塑件

图 6-9　双分型面注射模

1—动模座板　2—垫块　3—定距拉板　4—拉杆　5—支承板　6—限位销　7—中间板　8—销钉　9—拉料板
10—定模座板　11—限位螺钉　12—型芯　13—拉料杆　14—定位圈　15—浇口套　16—型芯固定板
17、21—导套　18、19、22—导柱　20—挡钉　23—推杆　24—推杆固定板　25—推板　26—螺钉

2）为保证两个分型面的打开顺序和打开距离，要在模具上增加必要的辅助装置，因此模具结构比较复杂。

双分型面注射模工作过程为：开模时，注射机开合模系统带动动模部分后移，模具首先在 A—A 分型面分型，中间板 7 随动模一起后移，主浇道凝料随之拉出。当动模部分移动一定距离后，固定在中间板 7 上的限位销 6 与定距拉板 3 后端接触，使中间板停止移动，如图 6-9b 所示。动模继续后移，B—B 分型面分型，因塑料件包紧在型芯 12 上，这时浇注系统凝料在浇口处自行拉断，然后在 A—A 分型面之间自行脱落或人工取出。动模继续后移，当注射机的推杆接触推板 25 时，推出机构开始工作，在推杆 23 的推动下将塑件从型芯 12 上推出，塑件在 B—B 分型面之间自行落下。

二、双分型面注射模开模行程的校核

对于图 6-10 所示的双分型面注射模，为了保证开模后既能取出塑件又能取出浇注系统凝料，需要在开模距离中增加定模板与中间板制件的分开距离 a，a 的大小应保证可以方便地取出浇注系统凝料。此时，要区分两种情况：

1）当注射机的最大开模行程与模具厚度无关时，开模行程可按下式校核

$$s \geqslant H_1 + H_2 + a + (5 \sim 10)\,\text{mm}$$

2）当注射机的最大开模行程与模具厚度有关时，开模行程可按下式校核

$$s \geqslant H_\text{m} + H_1 + H_2 + a + (5 \sim 10)\,\text{mm}$$

式中，s 是注射机的最大开模行程（mm）；H_m 是模具厚度（mm）；H_1 是推出距离（脱模距离）（mm）；H_2 是

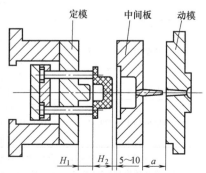

图 6-10　双分型面注射模的开模行程

包括浇注系统在内的塑件高度（mm）；a 是定模板与中间板制件的分开距离（mm）。

三、中小型标准模架派生型的选用

中小型标准模架派生型分为 P1～P9 共九个品种，如图 6-11 所示，其模架的组成，功能及用途见表 6-3。

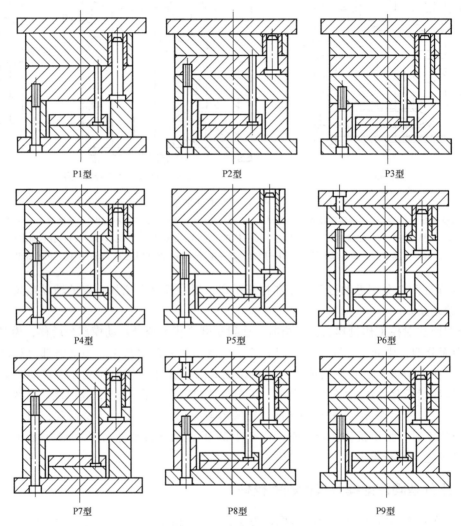

图 6-11　中小型标准模架派生型

表 6-3　中小型标准派生型模架的组成、功能及用途

型　　号	组成、功能及用途
中小型模架 P1～P4 型 （大型模架 P3、P4 型）	P1～P4 型由基本型 A1～A4 型对应派生而成，结构形式上的不同点在于去掉了 A1～A4 型定模板上的固定螺钉，使定模部分增加了一个分型面，多用于点浇口形式的注射模。其功能和用途符合 A1～A4 型的要求
中小型模架 P5 型	由两块模板而成，主要适用于直浇口、简单整体型腔结构的注射模
中小型模架 P6～P9 型	其中 P6 与 P7、P8 与 P9 是互相对应的结构，P7 和 P9 相对应于 P6 和 P8 只是去掉了定模座板上的固定螺钉。这些模架均适用于复杂结构的注射模，如定距分型自动脱落浇口式注射模等

注：1. 派生型 P1～P4 型模架组合尺寸系列和组合要素均与基本型相同。
　　2. 这九种模架结构以点浇口、多分型面为主，适用于多动作的复杂注射模。
　　3. 扩大了模架应用范围，增大了模架标准的覆盖面。

知识点③　分型面特殊部位的处理

● **教学目标**

通过本节的学习，了解带有孔位、带有圆角、带有倒角的塑件的分型要点，掌握此类塑件的分型处理方法，在塑件分型时具有处理此类特征的能力，并进一步熟悉塑件的分型流程和成型零件的结构设计。

● **教学重、难点**

重点：特殊孔位的塑件分型面设计；塑件上带有圆角、倒角时分型面位置的选择。

难点：带有孔位、圆角、倒角塑件分型要点的实际运用。

● **建议教学方法**

本节内容难度一般，主要是设计的一些概念和要点，关键在于如何灵活运用这些知识，在实际中又是如何处理的。因此，建议在简单地采用讲授法教学后，通过现场操作演示法了解其实际运用过程。

● **问题导入**

特殊孔位和带有圆角、倒角的塑件在分型时如果处理得当，往往不仅能够满足客户的要求，而且可以使模具结构简化，这些细节的处理甚至影响到模具的加工难度。

本节的任务是掌握特殊孔位和带有圆角、倒角的塑件的分型要点，结合上一节所学的知识，完成鼠标上盖分型面和成型零件的结构设计。

一、特殊孔位和特殊部位的分型面设计

通常若塑件上有直通孔、侧面缺口或侧孔，在分型时需要综合考虑模具加工、模具的研配等方面以及模具的安全耐用。一般的原则是：尽量不使模具结构复杂，如采用抽芯机构来实现孔的成型。在设计塑料件时可使这些部位的分型面带有一定的斜度，以防止溢料，减少模具的磨损从而提高模具的使用寿命。

1. 孔的碰穿

直通孔的分型面是垂直于开模方向的，通过孔位处前后模端面的紧密接触实现直通孔的成型，即所谓的碰穿，根据其端面接触位置的不同，碰穿分型可以分为以下三种方案：

（1）前模碰穿方案　通常在分模过程中前模与后模的碰穿位置设置在前模上，后模采用原装或镶嵌方式设计型芯，如图 6-12 方案 1 所示。此方案的优点是：塑件由于塑料的热胀冷缩容易留在后模板即动模板，方便塑件从模具上脱出；其缺点是：塑件在分型面处将出现明显的分模线痕迹，影响到外观。在设计过程中需要注意塑件的脱模斜度是否允许采用此方案。

（2）后模碰穿方案　通常在分模过程中前模与后模的碰穿位置设置在后模上，前模采用原装或镶嵌方式设计型芯，如图 6-12 方案 2 所示。此方案的优点是：塑件成型后碰穿位表面没有影响外观要求的痕迹，通常塑件的外观要求较高时采用这种方案；其缺点是：塑件容易留在前模上，脱模取出塑件不是很方便。同样的在设计过程中需要注意塑

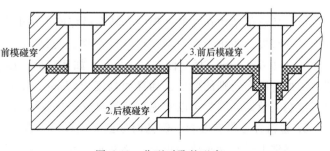

图 6-12　分型时孔的碰穿

件的脱模斜度是否允许采用此方案。

（3）前、后模碰穿方案 此方案是在脱模斜度允许的情况下在前、后模各设计出一部分直通孔的型芯，也简称对碰，如图 6-12 方案 3 所示。此方案的优点是：在塑件分型线痕迹不允许留在前模和后模的情况下，可以使分型线痕迹巧妙地留在碰穿位中间位置上，避免了前述两种方案的缺点；但这种方案也有其本身的缺点：碰穿位的研配精度要求较高，否则塑件在此位置容易出现溢料，从而产生需要处理的毛刺。

侧面缺口的分型面垂直于开模方向，一般也采用碰穿方案，在允许的情况下最好通过延长侧面缺口的边线设计出所谓枕位碰穿，从而增强此处成型部位的强度，并更好地实现封胶，如图 6-13 所示。枕位的延伸长度通常为 8~20mm，具体尺寸可根据缺口大小和位置等因素来确定。

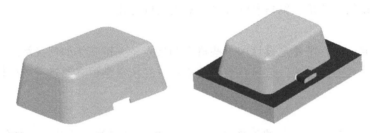

图 6-13　侧面缺口的枕位碰穿

2. 孔的插穿

在成型直通孔时，有时候为了增强孔型芯的强度、刚度，提高孔的同轴度，减少碰穿方案调试模具即所谓飞模（fit mold）时的工作量，防止飞边的产生，往往可以采用侧面进行封胶的方法，也称之为孔的插穿，如图 6-14 所示。

对于侧孔，其分型面平行于开模方向，也是通过前、后模的侧面紧贴来实现孔的分型，即插穿，如图 6-15 所示。

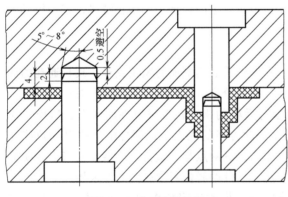

图 6-14　直通孔的插穿

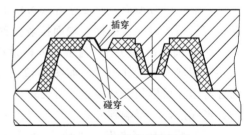

图 6-15　侧孔的插穿处理

由于插穿位结构在注射过程中容易在插穿面出现毛刺等情况，为了保证插穿位的强度，减少模具的磨损，防止出现毛刺，在设计塑件此类结构时最好保证插穿面间隙 $L \geqslant 0.25\text{mm}$，或插穿面高度 $H \leqslant 3\text{mm}$，插穿面斜度 $\alpha \geqslant 3°$，如插穿面高度 $H > 3\text{mm}$，则插穿面斜度 $\alpha \geqslant 2°$，如果塑件脱模斜度有特别的要求，插穿面高度 $H > 5\text{mm}$，则可允许插穿面斜度 $\alpha \geqslant 1°$，原则上插穿面斜度越大越好，因为可以实现更好的封胶，具体结构如图 6-16 所示。

3. 塑料件上带有圆角、倒角时分型面位置的选择

塑料件上带有圆角或倒角时，分型面位置必须设置在圆角或倒角的最大尺寸处，这是遵循

最大外形为分型面设置处的原则，如图 6-17 所示。

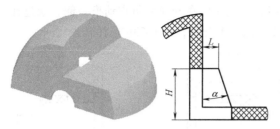
图 6-16　分型面的插穿要求

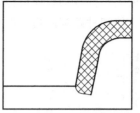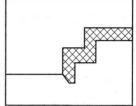
图 6-17　带有圆角、倒角时的分型

二、分型面的选择原则

分型面的选择应遵循如下原则：

（1）分型面应选在塑件外形的最大轮廓处　如图 6-18 所示，在 A—A 处设置分型面，塑件可顺利脱模；在 B—B 处设置，塑件无法脱模。这是最基本的选择原则。

（2）分型面的确定尽量适应较小的锁模力　分型面的位置选择需要充分考虑锁模力是否能满足设计要求。如图 6-19 所示，塑件在模具的放置位置有两种方案，方案 a 的塑件在模具开模方向上的投影面积较大，所需锁模力也较大，方案 b 的塑件则在开模方向上的投影面积较小，因而只需要较小的锁模力，能够保证锁模的安全性。

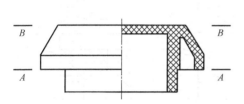
图 6-18　分型面取在最大轮廓处

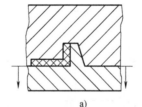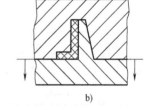
a)　　　　　　　b)
图 6-19　分型面设计的锁模力要求

（3）综合考虑塑件的外观要求设置分型面　通常塑件的分型面有多种设计方案可供选择时，需要综合考虑塑件的外观要求，尽量选取塑件成型后可隐藏或减少模具分型线的方案。如图 6-20a 所示的分型面方案较合理，如果用图 6-20b 的形式在圆弧处分型会影响外观，应尽量避免。

（4）分型面的选择应有利于成型零件的加工制造　如图 6-21a 所示的斜分型面，凸模与凹模的倾斜角度一致，加工成型较方便，而图 6-21b 的形式较难加工。

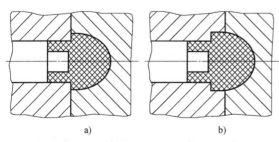
a)　　　　　　　b)
图 6-20　考虑塑料件外观要求的分型面设置

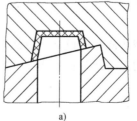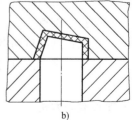
a)　　　　　　　b)
图 6-21　分型面应有利于成型零件加工

（5）分型面应有利于型腔排气　如图 6-22a 中，排气不畅，分型面选择不合理；图 6-22b 中塑料熔体的料流末端在分型面上，排气顺畅，分型面选择合理。

（6）分型面应使塑件留在动模部分　由于注射机动模设有推出装置，分型面选择时应将型芯设置在动模部分，依靠塑件冷却收缩后包紧型芯，使塑件在开模后留在动模一侧，通过在动模部分设置推出机构，使塑件顺利脱模。图 6-23a 选择不合理，图 6-23b 选择合理。

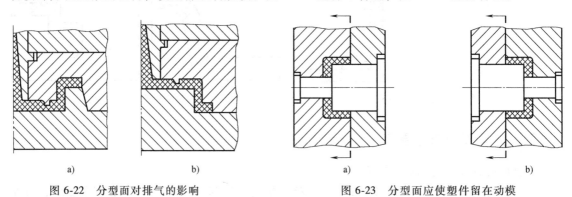

图 6-22　分型面对排气的影响　　　　　　图 6-23　分型面应使塑件留在动模

（7）分型面应有利于保证塑件精度　对于受分型面影响的高精度尺寸，为避免注射时分型面涨开趋势的影响，应放在分型面的同一侧。图 6-24a 设置不合理，图 6-24b 合理。

塑件有同轴度要求时，为防止两部分错型，一般将型腔放在模具的同一侧，如图 6-25a 所示，图 6-25b 的形式不妥。

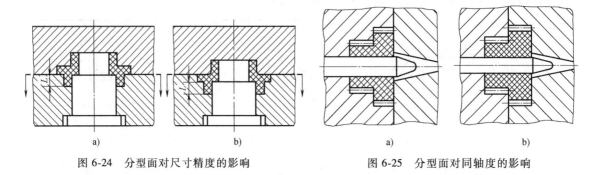

图 6-24　分型面对尺寸精度的影响　　　　图 6-25　分型面对同轴度的影响

知识点④　双分型面注射模功能系统的设计

● **教学目标**

通过本节的学习，了解点浇口和潜伏浇口的概念、特点和设计，了解点浇口流道推出机构的类型和结构原理，具有设计双分型面注射模功能系统的能力。

● **教学重、难点**

重点：点浇口和潜伏浇口的设计；点浇口流道推出机构的设计。

难点：潜伏浇口的形象理解；点浇口和潜伏浇口以及相应的流道推出机构设计要点的实际运用。

● **建议教学方法**

本节的内容主要是相关概念和设计要点的介绍，关键在于实际运用。因此，建议在采用讲授法教学后，再采用三维软件进行现场演示法教学，以对所学内容的认识更为清晰。

● **问题导入**

现实中，有些塑件很难发现塑料熔体的注射位置，因为其浇口痕迹很小，这就是点浇口或其变化形式——潜伏浇口，可以查看一下周围的塑件，看看其浇口位置在何处。

双分型面注射模的功能系统相比于单分型面注射模的功能系统的最大区别在于浇注系统和推出机构。本节的任务就是通过掌握这方面的知识，完成鼠标上盖注射模系统的设计。

一、点浇口和潜伏浇口的设计

双分型面注射模具使用的浇注系统为点浇口浇注系统。

1. 点浇口浇注系统

（1）点浇口的形式　点浇口又称针点浇口，是一种截面尺寸很小的浇口。点浇口由于截面尺寸小，具有许多明显的优点：

1）由于浇口尺寸小，熔料流经浇口的速度明显增加，这使得熔料受到的剪切速率提高，熔体表观黏度下降。同时，由于高速摩擦生热，熔体温度升高，黏度下降，这使熔体的流动性提高，有利于型腔的充填。

2）便于控制浇口凝固时间，即保证补料，又防止倒流，保证了产品质量，缩短了成型周期。

3）点浇口浇注系统脱模时，浇口与制品自动分开，便于实现塑件生产过程的自动化。

4）浇口痕迹小，容易修整，制品的外观质量好。

但是，点浇口也有一些不足之处，如对注射压力要求高，模具结构复杂，不适合高黏度和对剪切速率不敏感的塑料熔体等。

点浇口的形式有许多种，如图 6-26 所示。其中图 6-26a 为直接式点浇口，直径为 d 的圆锥形小端直接与塑件相连。这种结构加工方便，但模具浇口处的强度差，而且在拉断浇口时容易使塑件表面损伤。图 6-26b 为圆锥过渡式点浇口，其圆锥形的小端有一段直径为 d，长度 l 为的浇口与塑件相连，但这种形式的浇口直径 d 不能太小，浇口长度 l 不能太长，否则脱模时浇口凝料会因断裂而堵塞浇口，影响注射的正常进行。图 6-26c 为带圆角的圆锥过渡式的点浇口，其结构为圆锥形的小端带有圆角的形式，因此小端的截面积相应增大，塑料冷却速度减慢，有利于熔料充满模腔。图 6-26d 为圆锥过渡凸台式的点浇口，其特点为点浇口底部增加了一个小凸台，作用是保证脱模时浇口断裂在凸台小端处，使塑件表面不受损伤，但塑件表面留有凸台，影响表面质量，为了防止这种缺陷，可在设计时让小凸台低于塑件表面，如图 6-26e 所示。

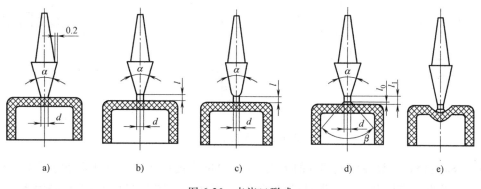

图 6-26　点浇口形式

点浇口按使用位置关系可分成两种，一种是与主流道直接接通，如图 6-26 中所示的点浇口，这种浇口也称为菱形浇口或橄榄形浇口。由于熔体由注射机喷嘴很快进入型腔，只能用于对温度稳定的物料，如 PE 和 PS 等。使用较多的是经分流道的多点进料的点浇口，如图 6-27 所示。

（2）点浇口尺寸　点浇口的尺寸如图 6-26 所示。

$d = 0.5 \sim 1.5\text{mm}$　最大不超过 2mm；$\alpha = 6° \sim 35°$　$\beta = 60° \sim 120°$；

$l = 0.5 \sim 2\text{mm}$　常取 1.0 ~ 1.5mm；$l_0 = 0.5 \sim 1.5\text{mm}$　$l_1 = 1.0 \sim 2.5\text{mm}$

点浇口的直径也可以用经验公式计算

$$d = (0.14 \sim 0.20)\sqrt[4]{\delta^2 A}$$

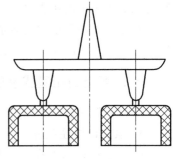

图 6-27　多点进料点浇口

式中，d 是点浇口直径（mm）；δ 是塑件在浇口处的壁厚（mm）；A 是型腔表面积（mm^2）。

表 6-4 列出了不同塑料按塑件平均壁厚确定的点浇口直径尺寸，点浇口的直径可查此表选择。

表 6-4　点浇口直径尺寸　　　　　　　　　　　　（单位：mm）

塑料种类　＼　壁厚	<1.5	1.5 ~ 3	>3
PS、PE	0.5 ~ 0.7	0.6 ~ 0.9	0.8 ~ 1.2
PP	0.6 ~ 0.8	0.7 ~ 1.0	0.8 ~ 1.2
HIPS、ABS、PMMA	0.8 ~ 1.0	0.9 ~ 1.8	1.0 ~ 2.0
PC、POM、PPO	0.9 ~ 1.2	1.0 ~ 1.2	1.2 ~ 1.6
PA	0.8 ~ 1.2	1.0 ~ 1.5	1.2 ~ 1.8

2. 潜伏浇口

（1）潜伏浇口的形式　潜伏浇口又称剪切浇口、隧道浇口，它是由点浇口演变而来，这种浇口具备点浇口的一切优点，因而已获得广泛应用。而且潜伏浇口的分流道位于模具的分型面上，浇口潜入分型面一侧，沿斜向进入型腔，这样在开模时不仅能自动剪断浇口，而且其位置可设在制品的侧面、端面或背面等隐蔽处，使制品的外表面无浇口痕迹。

图 6-28 所示为常见的潜伏浇口的形式。

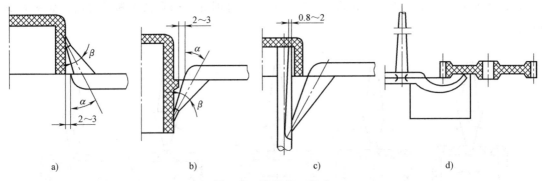

图 6-28　潜伏浇口形式

图 6-28a 为浇口开设在定模部分的形式；图 6-28b 为浇口开设在动模部分的形式；图 6-28c 为潜伏浇口开设在推杆上部，而进料口在推杆上端的形式；图 6-28d 为圆弧形潜伏浇口（俗称牛角式浇口）。在潜伏浇口形式中，图 6-28a、b 两种形式应用最多；图 6-28c 的浇口在塑件内部，因此其外观质量好；图 6-28d 用于高度比较小的制件，其浇口加工比较困难。

（2）潜伏浇口尺寸　潜伏浇口一般为圆锥形截面，其尺寸设计可参考点浇口。如图 6-28

所示，潜伏浇口的引导锥角 β 应取 $10° \sim 20°$，对硬质脆性塑料 β 取大值，反之取小值。潜伏浇口的方向角 α 越大，越容易拔出浇口凝料，一般 α 取 $45° \sim 60°$，对硬质脆性塑料 α 取小值。推杆上的进料口宽度为 $0.8 \sim 2\text{mm}$，具体数值应根据塑件的尺寸确定。

采用潜伏浇口的模具结构，可将双分型面模具简化成单分型面模具。潜伏浇口由于浇口与型腔相连时有一定角度，形成了切断浇口的刃口，这一刃口在脱模或分型时形成的剪切力可将浇口自动切断。不过，较强韧的塑料则不宜采用。

二、点浇口流道推出机构的设计

1. 点浇口浇注系统凝料的推出机构

（1）利用分流道斜孔拉断点浇口凝料的推出机构　图 6-29a 所示为利用分流道末端的斜孔将点浇口拉断，并使点浇口凝料推出的结构。模具打开时，由于塑件包紧型芯，点浇口被拉断，同时由于主流道拉料杆的作用使主流道凝料从主流道 7 中脱出。模具继续打开，拉料杆 1 的球头被型腔板 2 从主流道凝料中脱出，由于斜孔中凝料的拉力，使分流道凝料从型腔板 2 中被拉出。浇注系统凝料靠自重掉落。

图 6-29b 所示为分流道末端斜孔的尺寸。

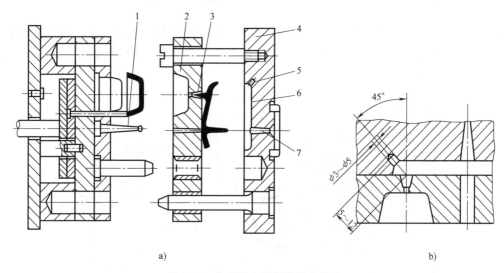

a)　　　　　　　　　　　　　　　　　　b)

图 6-29　分流道末端斜孔推出机构

1—主流道拉料杆　2—型腔板　3—点浇口凝料　4—定模座板　5—分流道斜孔　6—分流道　7—主流道

（2）利用拉料杆拉断点浇口凝料的推出机构　图 6-30 所示是利用设置在点浇口处的拉断杆拉断点浇口凝料的结构。模具打开时，首先由动模部分与型腔板 2 处的 A—A 分型面脱开，点浇口被拉断。当型腔板 2 的移动受到拉板 7 的限制停止后分型面 B—B 打开，由于主流道和分流道凝料的脱模阻力，再加上在定模座板 5 上设置有分流道拉料杆 4，使点浇口凝料被滞留在定模部分的分流道推件板 6 上。

当拉杆 1 拉动分流道推件板 6 时，使凝料脱出主流道孔和分流道拉料杆 4，让其依靠自重而坠落。对于聚苯乙烯等一些塑料，其主流道凝料与注射机喷嘴脱离时，经常有拉丝现象，妨碍了点浇口凝料的掉落，可采用增设压缩弹簧 8 和顶销 9 的方法把细丝拉断，如图 6-30 中的 C 部放大图所示。

（3）利用分流道推件板的自动推出机构　在图 6-31 所示的单型腔点浇口模具中，利用分流道推件板 5 自动推出浇注系统凝料。模具打开时，由 A—A 分型面首先分型，塑件包紧在型

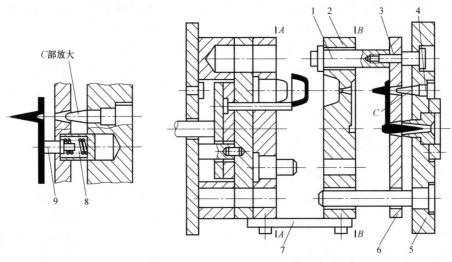

图 6-30 拉料杆推出机构

1—拉杆 2—型腔板 3—限位螺钉 4—分流道拉料杆 5—定模座板

6—分流道推件板 7—拉板 8—压缩弹簧 9—顶销

芯上，点浇口被拉断。模具继续打开，链条 3 被拉紧后，型腔板 2 停止运动，与分流道推件板 5 分开，点浇口凝料被粘留在主流道孔中。当定距拉杆 4 使分流道推件板 5 停止运动时，点浇口凝料被从主流道孔中拉出，靠自重掉落。

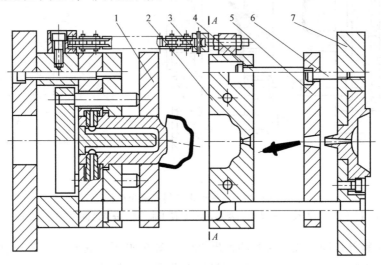

图 6-31 分流道推件板推出机构

1—推件板 2—型腔板 3—链条 4—定距拉杆 5—分流道推件板 6—限位螺钉 7—定模座板

（4）利用定模推件板的自动推出机构 图 6-32 所示为利用定模推件板推出多型腔浇口浇注系统凝料的结构。图 6-32a 所示为模具闭合、注射状态；图 6-32b 所示为模具打开状态。模具打开时，首先定模座板与定模推件板分型，浇注系统凝料随动模部分一起移动，从主流道中拉出。当定模推件板的运动受到限位钉的限制后停止运动，型腔板继续运动使得点浇口被拉断，并且凝料由型腔板中脱出，随后浇注系统凝料靠自重自动落下。

2. 潜伏浇口浇注系统凝料推出机构

采用潜伏浇口的模具其推出机构必须分别设置，即在塑件上和在流道凝料上都设计推出装

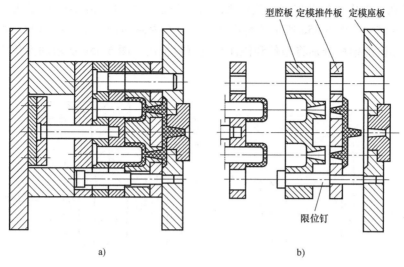

型腔板　定模推件板　定模座板

限位钉

a)　　　　　　　　　　　b)

图 6-32　定模推件板推出机构

置，在推出过程中，浇口被剪断，塑件与浇注系统凝料被各自的推出机构推出。根据进料口位置的不同，潜伏浇口可以开设在定模，也可以开设在动模。开设在定模的潜伏浇口一般只能开设在塑件的外侧；开设在动模的潜伏浇口，既可以开设在塑件的外侧，也可以开设在塑件内部的型芯上或推杆上。

（1）开设在定模部分的潜伏浇口浇注系统凝料的推出机构　图 6-33 所示为潜伏浇口开设在定模部分塑件外侧时的模具结构，模具打开时，主流道拉料杆 1 和流道推杆 2 将浇注系统凝料拉向动模一侧，塑件包紧在型芯 3 上，潜伏浇口被定模镶块 5 切断。模具推出时，推杆 4 推出塑件，流道推杆 2 将浇注系统凝料从主流道拉料杆 1 的球头上推出。

（2）开设在动模部分的潜伏浇口浇注系统凝料的推出机构　图 6-34 所示为潜伏浇口开设在动模部分塑件外侧的结构形式。模具打开时，塑件包紧在型芯 3 上，浇注系统凝料全部留在动模一侧。推出时，推杆 2 与流道推杆 1 分别推出塑件和浇注系统凝料，潜伏浇口被动模板 4 切断。

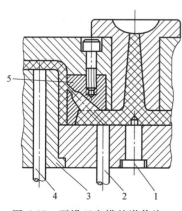

图 6-33　开设于定模的潜伏浇口

1—主流道拉料杆　2—流道推杆　3—型芯

4—推杆　5—定模镶块

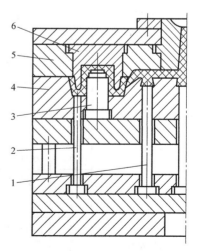

图 6-34　开设于动模的潜伏浇口

1—流道推杆　2—推杆　3—型芯　4—动模板

5—定模板　6—定模型芯

（3）开设在塑件内侧的潜伏浇口浇注系统凝料的推出机构　图6-35所示为开设在塑件内侧的潜伏浇口的结构。图6-35a所示的潜伏浇口开设在内侧的推杆上，推出时，推杆将潜伏浇口切断，推杆和流道推杆分别将塑件和浇注系统凝料推出。图6-35b所示的潜伏浇口开设在模具型芯上。

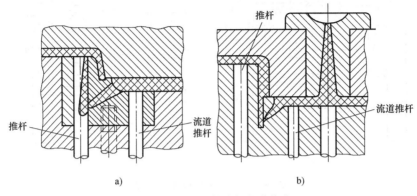

图6-35　开设于塑件内侧的潜伏浇口

项目实施及评价

项　　　目	序号	技术要求	配分	评分标准	得分
产品成型工艺分析 （15%）	1	成型工艺分析合理	5	不合理每处扣1分	
	2	技术要求分析合理	5	不合理每处扣1分	
	3	结构工艺分析合理	5	不合理每处扣1分	
模具总体结构方案拟订 （15%）	1	注射模总体结构方案合理	5	不合理每处扣1分	
	2	注射机选用合理	5	不合理每处扣1分	
	3	模具材料的选用合理	2	不合理每处扣1分	
	4	标准模架的选用合理	3	不合理每处扣1分	
分型面和成型零部件设计 （25%）	1	分型面设计合理	15	不合理每处扣1分	
	2	成型零部件结构合理	5	不合理每处扣1分	
	3	成型零部件尺寸准确	5	不正确每处扣1分	
功能系统设计 （35%）	1	浇注系统设计合理	10	不合理每处扣1分	
	2	排气与引气系统设计合理	5	不合理每处扣1分	
	3	推出机构设计合理	5	不合理每处扣1分	
	4	冷却系统设计合理	5	不合理每处扣1分	
	5	注射机有关工艺参数校核合理	5	不合理每处扣1分	
	6	总装图和零件图的绘制准确	5	不正确每处扣1分	
相关知识及职业能力 （10%）	1	理论知识	2	视情况酌情给分	
	2	图样整洁性和报告撰写能力	2		
	3	自学能力	2		
	4	表达沟通能力	2		
	5	合作能力	2		

拓展训练

一、从日常生活中寻找表面带孔且为曲面分型的塑件，分析讨论其分型方案。

二、讨论如题图 6-1 产品的分型和注射模功能系统的设计方案。

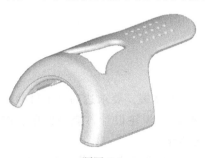

题图 6-1

三、进行双分型面注射模的装配及在注射机上进行装卸实训，具体步骤参考项目 5 的拓展训练。

项目 6　扩展任务——非回转体塑件注射模成型零件的制造

项目7 盒形面壳侧向分型抽芯注射模具的设计与制造

项目目标

通过本项目的实施和相关知识的掌握，要求达到以下目标：

1）了解塑件的形状设计、螺纹和齿轮设计，能够根据塑件的结构判断是否需要侧抽芯，具备修改塑件以避免复杂侧抽芯的能力。

2）了解侧向分型与抽芯注射模典型结构、开模行程的校核、大型标准模架的选用，具备根据塑件的工艺性分析选择正确的注射机和模架、确定其注射模结构总体方案的能力。

3）了解带内、外侧抽芯塑件的分型面设计以及分型时若干细节的处理技巧，能够对带内、外侧抽芯塑件进行合理的分型。

4）了解注射模侧向分型与抽芯机构以及复杂推出机构的类型、结构、应用特点和具体的设计，能够合理设计侧向分型与抽芯注射模的功能系统。

5）了解电极的基本知识和电极拆分的原则，结合所学知识，能够对复杂非回转体注射模工作零件编制合理的加工工艺。

项目分析

盒形面壳为矩形，侧面和顶面均带有孔，图 7-1 所示为零件的三维图。材料为黑色聚碳酸酯，收缩率为 0.8%，壁厚为 1.2mm，大批量生产。该项目要求制订出该塑件的合理成型工艺方案，设计出相应的注射模具。

图 7-1 盒形面壳零件图

知识链接

知识点① 塑件特殊结构的工艺性

● **教学目标**

通过本节的学习，了解塑件的形状设计、螺纹和齿轮设计，对于一般塑件能够判断其是否需要侧抽芯机构，并清楚如何通过修改塑件结构形状尽量避免侧抽芯结构。

● **教学重、难点**

重点：塑件形状设计。

难点：各设计要点的实际运用。

● **建议教学方法**

本节内容主要是设计的若干要点，建议以讲授法教学为主，中间穿插启发性问答教学以引导思维；教学的总结部分采用分组讨论法对若干案例进行分析，以强化实际运用各设计要点的能力。

● 问题导入

对于某些塑件，由于其形状的特殊性，塑件在与脱模方向不相同的方向上有孔或凸凹的情况下需要采用侧抽芯机构。试判断图 7-2 所示两个塑件如何脱模？

图 7-2　塑件

当然，在允许的情况下如果能对塑件的结构形状进行修改，则可能避免侧抽芯。本节的任务正是通过掌握正确的塑件形状设计，判断塑件是否需要侧抽芯以及如何修改以避免，并结合已学相关内容，完成盒形面壳注射成型的工艺性分析。

一、螺纹和齿轮设计

1. 塑件螺纹设计

塑件上的螺纹可以直接模塑成型，也可以用机械加工方法制成。经常装卸或受力较大部位的螺纹，宜采用金属的螺纹嵌件。直接模塑成型的螺纹，生产方便，但它的螺纹强度要比金属螺纹小 5~10 倍，所以，螺纹直径不宜太小，常用在螺距较大、精度低的场合。

1）为了便于脱模以及在使用中有较好的旋合性，塑件螺纹大径大于 3mm，螺纹的螺距应大于等于 0.75mm，螺纹配合长度小于 12mm，超过宜采用机械加工。

2）塑料螺纹与金属螺纹，或与异种塑料螺纹相配合时，螺牙会因收缩不均互相干涉，产生附加应力而影响连接性能。解决办法有：

① 限制螺纹的配合长度，其值小于或等于 1.5 倍螺纹直径。

② 增大螺纹中径上的配合间隙，其值视螺纹直径而异，一般增大的量为 0.1~0.4mm。

③ 塑料螺纹的第一圈易碰坏或脱扣，应设置螺纹的退刀尺寸（如图 7-3 所示，尺寸见表 7-1）。

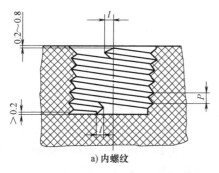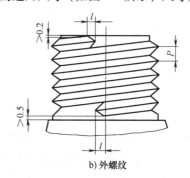

a) 内螺纹　　　　　　　　　　　b) 外螺纹

图 7-3　螺纹始端和末端的过渡结构

表 7-1　塑件上螺纹始末端部分长度　　　　　　　　　（单位：mm）

螺纹直径	螺距 P		
	<0.5	>0.5	>1
	始末部分长度尺寸 l		
≤10	1	2	3
>10~20	2	2	4

（续）

螺纹直径	螺距 P		
	<0.5	>0.5	>1
	始末部分长度尺寸 l		
>20~34	2	4	6
>34~52	3	6	8
>52	3	8	10

④ 为了便于脱模，螺纹的前后端都应有一段无螺纹的圆柱面。

⑤ 同一制品上前后两段螺纹的螺距应相等，旋向相同，目的是便于脱模，如图 7-4a 所示。若不相同，其中一段螺纹则应采用组合型芯成型，如图 7-4b 所示。

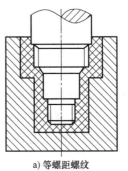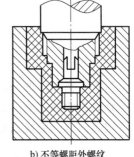

a) 等螺距螺纹　　　　　　b) 不等螺距外螺纹

图 7-4　具有两段同轴螺纹的塑件

2. 塑件齿轮设计

塑件齿轮早已应用在机械工业中，但以前大多是用酚醛压层塑料板坯，经机械加工而成，用于低噪声、小振动要求的场合。随着新型工程塑料的不断出现、电子仪表工业的发展，直接模料成型的塑料齿轮已在仪器仪表行业大量使用。用增强塑料制成的一些齿轮，还可在机械结构中作为承受一定负荷的传动件。

从齿面摩擦情况来看，塑料齿轮最好和钢制齿轮相互啮合工作。塑料齿轮的成型工艺以注射成型为好。根据注射成型的工艺特性，对塑件的各部分尺寸，建议参照表 7-2 选用，以保证轮缘、辐板和轮毂能保持必要的厚度。

表 7-2　塑料齿轮的形状和尺寸

	轮缘宽度 t_1	$\geqslant 3t$
	辐板厚度 H_1	$\leqslant H$
	轮毂厚度 H_2	$\geqslant H$
	轮毂外径 D_1	$\geqslant (1.5 \sim 3)D$

考虑到成型后的脱模问题，塑料圆柱齿轮的结构，最好是直齿形。如若因工作需要，必须采取斜齿结构时，则其螺旋角尽量控制在 18° 以下，否则模具的脱模机构结构复杂，制造困难。为了防止应力集中及收缩率变化的影响，对塑料齿轮也应尽量避免截面的突然变化，所以要尽可能加大截面变化处的圆角和过渡弧线。齿轮孔与轴装配时，尽量不采用过盈配合，而采用过渡配合。图 7-5a 所示为齿轮和轴用两个销钉固定，图 7-5b 所示为孔与轴采用月形孔配合，后者较为理想。

对于薄型齿轮，厚度不均匀能引起齿形歪斜。宜用整体厚薄一致的形状。若轮辐板上有大孔时，如图 7-6a 所示，因孔在成型后很少向中心收缩，结果引起齿轮歪斜。而采用图 7-6b 的形式，即轮缘之间采用薄筋时，则能保证轮缘均匀向中心收缩。在工作中持续运转的尼龙、聚甲醛等塑料齿轮，由于热膨胀量比断续工作的齿轮大，设计时应适当修整齿高、齿厚，以免工作中因热膨胀而被挤坏。

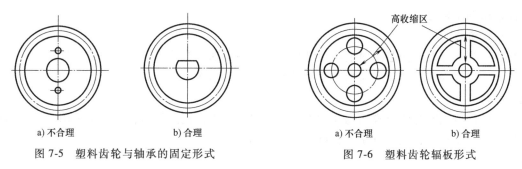

<table>
<tr><td align="center">a) 不合理</td><td align="center">b) 合理</td><td></td><td align="center">a) 不合理</td><td align="center">b) 合理</td></tr>
</table>

图 7-5　塑料齿轮与轴承的固定形式　　　　　图 7-6　塑料齿轮辐板形式

二、塑件形状设计

　　塑件内外表面的形状设计在满足使用性能的前提下，应尽量使其有利于成型，尽量不采用侧向抽芯机构。因此，进行塑件设计时应尽可能避免侧向凸凹或侧孔，某些塑件只要适当地改变其形状，即能避免使用侧向抽芯机构，使模具设计简化。

　　塑件内侧凹陷或凸起较浅并允许有圆角时，可以采用整体式凸模并采取强制脱模的方法。这种方法要求塑件在脱模温度下应具有足够的弹性，以保证塑件在强制脱模时不会变形。

　　表 7-3 为改变塑件形状以利于塑件成型的典型实例。

表 7-3　改变塑件形状以利于塑件成型的典型实例

序号	不合理	合理	说　明
1			改变塑件形状后,则不需要采用侧抽式或瓣合分型的模具
2			应避免塑件表面横向凸台,以便于脱模
3			塑件外侧凹,必须采用瓣合凹模,使塑料模具结构复杂,塑件表面有接痕
4			塑件内侧凹,抽芯困难
5			将横向侧孔改为垂直向孔,可免去侧抽芯机构

知识点②　侧向分型抽芯注射模结构总体方案的拟订

●教学目标

　　通过本节的学习，了解侧向分型与抽芯注射模的典型结构及其开模行程的校核和大型标准模架的选用方法，能够结合所学知识，提出塑件注射模的侧向抽芯方案，确定带侧向分型和抽芯的注射模的结构总体方案。

- **教学重、难点**

  重点：侧向分型与抽芯注射模典型结构；可对侧向抽芯机构时开模行程进行校核。

  难点：透彻理解侧向分型与抽芯注射模典型结构和动作原理。

- **建议教学方法**

  本节的内容主要是注射模结构和动作原理，建议采用讲授法教学，教学中采用三维动画仿真来辅助以利于理解，如果有条件，可以结合实物示范讲解。

- **问题导入**

  确定带侧向分型和抽芯注射模的结构总体方案的前提是了解此类注射模的典型结构和动作原理，以及与其他类型注射模的不同之处。本节的内容正是通过掌握带侧向分型和抽芯注射模的典型结构，结合已学知识，初步确定盒形面壳注射模结构总体方案。

一、侧向分型与抽芯注射模典型结构

（1）外侧分型和抽芯典型机构　当塑件的侧壁有孔、凹槽或凸台时，就需要有侧向的凸模或成型块成型。在塑件被推出之前，必须先抽出侧向型芯或侧向成型块，然后才能顺利脱模。带动侧向型芯或侧向成型块移动的机构称为侧向分型和抽芯机构。如图 7-7 中的锁紧块 6、弹簧 3、拉杆 4、侧滑块 5、斜导柱 7 和 11、侧型芯 8、挡块 2 和 14。

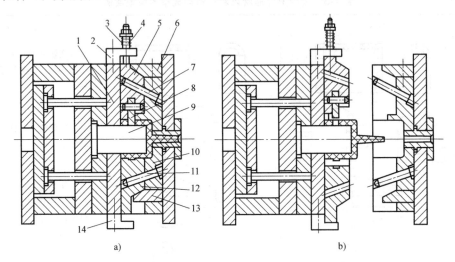

a)　　　　　　　　　　　　　　　　　b)

图 7-7　斜导柱侧向分型与抽芯注射模

1—推件板　2、14—挡块　3—弹簧　4—拉杆　5—侧滑块　6、13—锁紧块

7、11—斜导柱　8—侧型芯　9—凸模　10—定模板　12—侧向成型块

（2）内侧分型和抽芯典型机构　图 7-8 为斜滑块内侧抽芯机构的示例。滑块型芯的上端为侧向型芯，它安装在型芯固定板的斜孔中，开模后，推杆推动滑块型芯向上运动，由于型芯固定板上的斜孔作用，斜滑块同时还向内侧移动，从而在推杆推出塑件的同时，滑块型芯完成内侧抽芯的动作。

二、具有侧向抽芯机构时开模行程的校核

对于图 7-9 所示的带有侧向抽芯机构的单分型面注射模，开模行程的校核应考虑到侧向抽

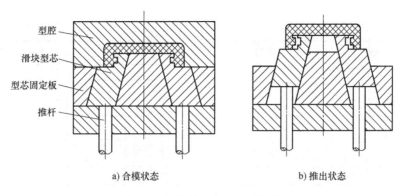

a) 合模状态　　　　　　　　　　b) 推出状态

图 7-8　斜滑块的内侧分型机构

芯所需的开模行程。

1) 当注射机的最大开模行程与模具厚度无关时，开模行程可按下式校核

当 $H_c > H_1 + H_2$ 时，$s \geqslant H_c + (5 \sim 10)\,\text{mm}$

当 $H_c \leqslant H_1 + H_2$ 时，$s \geqslant H_1 + H_2 + (5 \sim 10)\,\text{mm}$

2) 当注射机的最大开模行程与模具厚度有关时，开模行程可按下式校核

当 $H_c > H_1 + H_2$ 时，$s \geqslant H_c + H_m + (5 \sim 10)\,\text{mm}$

当 $H_c \leqslant H_1 + H_2$ 时，$s \geqslant H_1 + H_2 + H_m + (5 \sim 10)\,\text{mm}$

式中，s 是注射机的最大开模行程（mm）；H_1 是推出距离（脱模距离）（mm）；H_2 是包括浇注系统在内的塑件高度（mm）；H_c 是侧向抽芯所需的开模行程（mm）；H_m 是模具厚度（mm）。

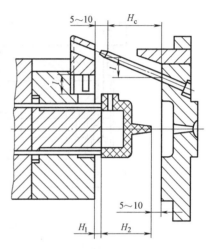

图 7-9　侧向抽芯机构的开模行程

三、大型标准模架的选用

大型模架标准中规定的周界尺寸范围为 630mm×630mm～1250mm×2000mm，适用于大型热塑性塑料注射模。模架品种有基本型 A 型、B 型（图 7-10）以及派生型 P1～P4（图 7-11），共 6 个品种。A 型同中小型模架中的 A1 型、B 型同中小型模架中的 A2 型。大型模架的组成、功能及用途可参照中小型标准模架的基本型和派生型。

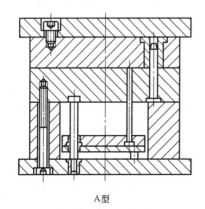

A 型

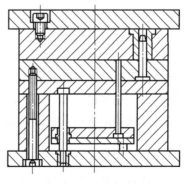

B 型

图 7-10　大型标准模架基本型

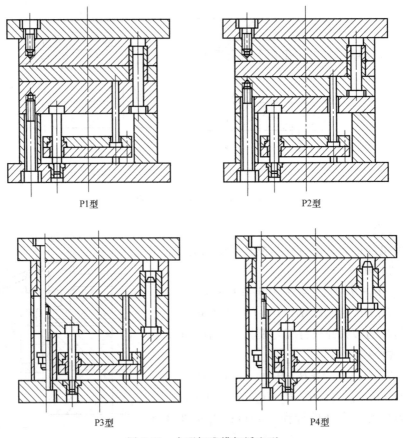

图 7-11　大型标准模架派生型

知识点③　侧向分型面的设计

- **教学目标**

通过本节的学习，了解带外侧凹或侧孔塑件的分型面设计、带内侧凹或倒扣塑件的分型面设计，掌握分型面常见的处理方法，能够对塑件进行内、外抽芯的分型面设计。

- **教学重、难点**

重点：带外侧凹或侧孔塑件的分型面设计；带内侧凹或倒扣塑件的分型面设计；分型面常见的处理方法。

难点：内、外抽芯分型的实际运用。

- **建议教学方法**

本节的内容具有实践性强的特点，主要是内、外抽芯分型的若干设计原则和分型中的细节处理原则，关键则在于这些设计原则的实际运用。因此，建议在采用讲授法教学后，通过模具设计的专业软件进行现场演示教学法来强化对所学内容实际运用能力。

- **问题导入**

对于带内、外侧抽芯塑件的分型，一般在进行主分型面的设计后，还需要对塑件的内、外侧抽芯进行分型，所有的分型结束后，就可以得到包括抽芯机构在内的成型模具零件的大致结构，在此基础上再对结构和细节进行完善和处理，就可以获得最终的成型模具零件。

本节的任务是在掌握内、外侧抽芯分型及若干分型细节的处理知识的基础上，结合已学内容，完成盒形面壳分型面和成型零件结构设计。

一、带侧凹或侧孔塑件的分型面设计

1）塑件有侧凹或侧孔时，侧向滑块型芯宜放在动模一侧以便于抽芯，使模具结构变得简单；而且，侧滑块安置在动模体内，斜导柱和楔块安置在定模一侧也便于加工和研合，如图7-7所示。

对于斜导柱安装在动模、滑块安装在定模的结构，由于在开模时一般要求塑件包紧于动模部分的型芯上留于动模，而侧型芯则安装在定模，这样就会产生以下几种情况：

一种情况是侧抽芯与脱模同时进行，由于侧型芯在合模方向的阻碍作用，使塑件从动模部分的凸模上强制脱下而留于定模型腔，侧抽芯结束后，塑件就无法从定模型腔中取出。

另一种情况是由于塑件抱紧动模、凸模的力大于侧型芯使塑件留于定模型腔的力，则可能会出现塑件被侧型芯撕破或细小侧型芯被折断的现象，导致模具损坏或无法工作。

从以上分析可知，斜导柱安装在动模、滑块安装在定模结构的模具特点是脱模与侧抽芯不能同时进行，两者之间要有一个滞后的过程。因此，必须采取一定的措施如采用顺序定距分型机构或者应用某种特殊的模具结构（图7-12）以实现这一滞后过程。

图7-12为先侧抽芯后脱模的结构，为了使塑件不留在定模，该设计的特点是凸模13与动模板10之间有一段可相对运动的距离，开模时，动模部分向下移动，而被塑件紧包住的凸模13不动，这时侧型芯滑块14在斜导柱12的作用下开始侧抽芯，侧抽芯结束后，凸模13的台肩与动模板10接触。继续开模，包在凸模上的塑件随动模一起向下移动从型腔镶件2中脱出，最后在推杆9的作用下，推件板4将塑件从凸模上脱下。在这种结构中，弹簧6和顶销5的作用是在刚开始分型时把推件板压靠在型腔镶件2的端面，防止塑件从型腔中脱出。

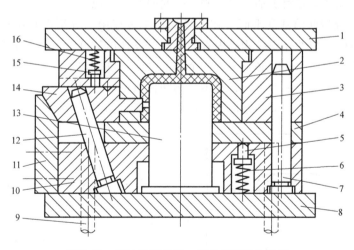

图 7-12　斜导柱在动模、滑块在定模的结构

1—定模座板　2—型腔镶件　3—定模板　4—推件板　5—顶销　6—弹簧　7—导柱　8—支承板　9—推杆
10—动模板　11—楔紧块　12—斜导柱　13—凸模　14—侧型芯滑块　15—定位顶销　16—弹簧

2）侧向型芯放在动模一侧时，模具结构简单、制造方便。此外，由于模具侧向分型多由机械式分型机构完成（液压抽芯机构除外），抽拔距离较小，选择分型面时应以浅的侧向凹孔或短的侧向凸台作为抽芯方向，而将较深的凹孔或较高的凸台放置在开合模方向。图7-13a、c设计合理，图7-13b、d设计不合理。

3）当投影面积较大而又需侧向分型抽芯时，由于侧向滑块合模时的锁紧力较小，这时应

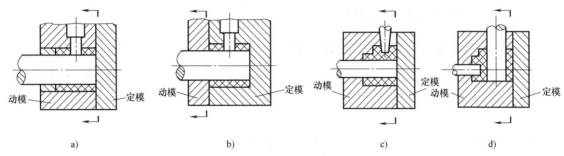

图 7-13　分型面对侧向分型与抽芯的影响

将投影面积较大的分型面设在垂直于合模方向上，如图 7-14a 所示，如采用图 7-14b 形式则会由于侧滑块锁不紧而产生溢料。

　　上面阐述了带有侧孔或侧凹塑件选择分型面的一般原则及部分示例，但在实际设计时不可能全部满足上述原则，应抓住主要矛盾，从而较合理地确定分型面。

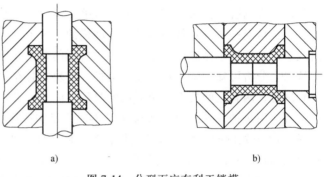

图 7-14　分型面应有利于锁模

二、分型面常见的处理方法

　　同一塑件的分型方案可以很多，在设计分型面时采取某些处理方法和技巧，可以使模具在加工、研配过程中或其他方面更加准确，避免一些问题的出现。

　　（1）设置模具分型面的基准平面　在模具的加工过程中，分型面常用作加工的基准。通常在设计分型面时由于塑件外观结构等因素的影响，设计出的分型面可能不在同一平面上，如台阶分型面和曲面分型面，此时必须设置一个基准平面，以便加工时取得高度数据。

　　当遇到分型面不在同一平面上时，在不影响塑件质量的情况下，可以根据结构要求将分型面设计在同一平面上，即采用同一基准平面作加工参照，如图 7-15 所示。

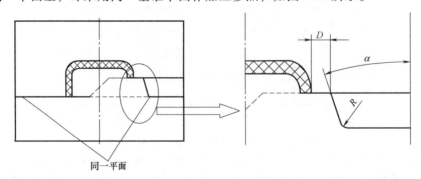

图 7-15　同一基准面参数

　　（2）分型面转折位置的处理　如图 7-15 所述，对于与基准平面不在同一高度上的分型面来说，为了与基准平面相连接，必须在转折位置设置台阶斜面。由于此面通常不参与成型塑件封胶，在设计中为使模具的加工和研配等方便，一般台阶面要求尽量是平面，台阶斜度 α 应大于 $10°$，并在允许的情况下合模时可避空此位置；将转折处设计成圆角，主要是为了便于加工、装配，转角处的 R 尺寸的大小应该考虑到加工刀具的半径，以便模具可采用现有的刀具进行加工。

（3）在允许的情况下应使主流道处为平面分型面　设计分型面时，应使主流道处为平面分型面，如果主流道附近的分型面有高度上的差异，应考虑采用平面方式进行连接，平面的宽度应大于主流道的宽度，如图 7-16 所示。

（4）分型的设置要保证封胶的要求　封胶距离是指塑件胶位处基准以外的一段距离，如图 7-15 所示 D 即为封胶距离。在模具分型面设计中需要保证同一平面或同一曲面上有一段保证封胶的距离。通常封胶距离依据塑件的大小尺寸而定，封胶距离至少应保证大于 3~5mm。

（5）分型面的设计应保证模具注射时的受力平衡　对于某些结构的塑件，型腔产生的侧向压力不能依靠自身来平衡，容易引起前、后模在侧向的错动，通常需要增加斜面锁紧，锁紧斜面在合模时要求完全配合，如图 7-17 所示。一般角度 $\alpha = 10°$，以便于模具的加工和研配，角度越大斜面的锁紧效果越差。

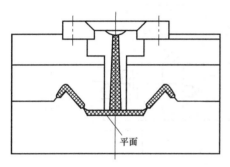

图 7-16　分型面设计保证浇注系统的措施

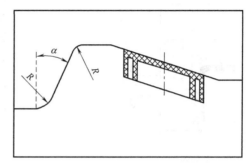

图 7-17　分型面设计保证模具注射时受力平衡的措施

知识点④　侧向分型抽芯注射模功能系统的设计

- **教学目标**

　　通关过本节的学习，了解注射模侧向分型与抽芯机构的设计和复杂推出机构的设计，对于一般带侧向分型与抽芯机构和复杂推出机构的注射模的功能系统能够独立进行设计。

- **教学重、难点**

　　重点：注射模侧向分型与抽芯机构的设计。

　　难点：实际进行注射模侧向分型与抽芯机构的设计和复杂推出机构的设计。

- **建议教学方法**

　　本节的内容是介绍侧向抽芯机构和复杂推出机构的类型和结构、应用特点以及设计要点，内容较多，建议以讲授法教学为主，在应用特点和设计要点的讲授中穿插启发性问答教学法，以引导思维，提高学习的积极性和主动性。

- **问题导入**

　　注射模侧向分型与抽芯机构和复杂推出机构的种类繁多，各种结构具有自身的特点，只有了解了这方面的知识，才能对此进行合理的设计。

　　本节的任务正是在掌握上述知识后，结合已学内容，完成盒形面壳注射模系统的设计。

一、注射模侧向分型与抽芯机构的设计

1. 侧向分型与抽芯机构分类

根据侧向抽芯力的来源不同，侧向分型与抽芯机构可分为手动、液压（或气动）和机动

等类型。

（1）手动侧向分型与抽芯机构　手动侧向分型与抽芯机构是指在开模前用手工或手工工具抽出侧向型芯的机构，如图 7-18 所示。这类机构操作不方便，劳动强度大，生产效率低，受人力限制难以获得较大抽芯力，但模具结构简单、成本低，常用于产品试制、小批量生产或无法采用其他侧向分型与抽芯机构的场合。

（2）液压（或气动）侧向分型与抽芯机构　液压（或气动）侧向分型与抽芯机构是指借助液压或气动动力，实现侧向型芯的抽芯及插芯，如图 7-19 所示。这类机构动作平稳、灵活，抽拔力大，抽芯距离长，但在模具上需配制专门的液压缸（或气缸），费用较高，适用于大型注射模具或抽芯距离较长、抽拔力较大的模具。

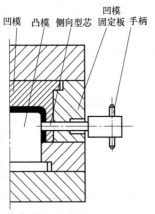

图 7-18　手动侧向分型与抽芯机构

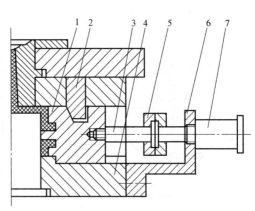

图 7-19　动模部分液压抽芯

1—侧型芯　2—楔紧块　3—拉杆　4—动模板
5—连接器　6—支架　7—液压缸

（3）机动侧向分型与抽芯机构　机动侧向分型与抽芯机构是指借助注射机的开模力或推出力来实现模具的侧向分型、抽芯和插芯。该机构经济性高，适用性强，效率高，动作可靠，故应用最广泛，如图 7-7 所示。

（4）弹簧驱动侧向分型与抽芯机构　当塑件上侧凹、侧凸很浅，侧向成型零件抽芯所需的抽芯力和抽拔距离都较小时，可采用弹簧驱动侧向分型与抽芯机构，如图 7-20 所示。弹性元件可用弹簧，也可用硬橡胶（图 7-21）等。

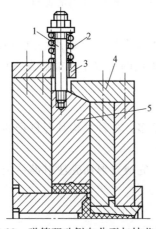

图 7-20　弹簧驱动侧向分型与抽芯机构

1—螺杆　2—弹簧　3—限位挡块　4—楔紧块　5—侧型芯滑块

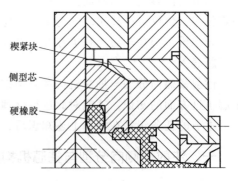

图 7-21　硬橡胶驱动侧向分型与抽芯机构

2. 斜导柱侧向分型与抽芯机构

斜导柱侧向分型与抽芯机构结构紧凑、动作可靠、制造方便，因此在生产中应用最广泛。

（1）斜导柱侧向分型与抽芯机构的组成及工作原理　如图 7-7a 所示为合模状态，侧滑块 5、侧向成型块 12 分别由锁紧块 6、13 锁紧；开模时，动模部分向左侧运动，塑件包在凸模 9 上随着动模一起运动，在斜导柱 7 的作用下，侧滑块 5 带动侧型芯 8 在推件板上的导滑槽内向上作侧向抽芯。在斜导柱 11 的作用下，侧向成型块 12 在推件板上的导滑槽内向下作侧向抽芯。侧向分型结束，斜导柱脱离侧滑块，侧滑块 5 在弹簧 3 的作用下紧贴在限位挡块 2 上，侧向成型块 12 由于自身的重力紧靠在挡块 14 上，以便再次合模时斜导柱能准确地插入侧滑块的斜孔中，迫使其复位，如图 7-7b 所示。

其机构组成主要包括以下部分：

1）侧向成型零件：成型塑件侧向凹凸（或侧孔）形状的零件，包括侧向型芯和侧向成型块等，如图 7-7 中的侧型芯 8、侧向成型块 12。

2）运动零件：开合模时带动侧向成型块或侧向型芯在模具导滑槽内运动的零件，如图 7-7 中的侧滑块 5、侧向成型块 12。

3）传动零件：开合模时带动运动零件作侧向抽芯、插芯的零件，如图 7-7 中的斜导柱 7、11。

4）锁紧零件：防止注射时运动零件受到侧向胀型力而产生后退所设置的零件，如图 7-7 中的锁紧块 6、13。

5）限位零件：为使运动零件在侧向抽芯结束时停留在要求位置，合模时保证传动零件斜导柱顺利、准确插入斜孔，使型芯正确复位而设置的零件，如图 7-7 中的 2、3、4 组成的弹簧拉杆挡块机构和挡块 14。

（2）抽芯力计算　抽芯力（脱模力）的计算公式为

$$F = Ap(\mu\cos\alpha - \sin\alpha)$$

式中，F 是脱模力（推出力）（N）；A 是塑件型芯的面积（m^2）；p 是塑件对型芯单位面积上的抱紧力。一般情况下，模外冷却的塑件，p 取 $(2.4 \sim 3.9) \times 10^7 Pa$，模内冷却的塑件，$p$ 取 $(0.8 \sim 1.2) \times 10^7 Pa$；$\mu$ 是塑件对钢的摩擦因数，一般为 $0.1 \sim 0.3$；α 是脱模斜度（°）。

（3）抽芯距离计算　抽芯后侧向型芯应完全脱离塑件成型表面，并使塑件顺利脱出型腔，如图 7-22 所示。抽芯距离计算公式为

$$S = S' + k$$

式中，S 是抽芯距离（mm）；S' 是塑件上侧凹、侧孔的最大深度或侧向凸台的最高高度（mm）；k 是安全值，按抽芯距离长短及抽芯机构选定，一般取 $5 \sim 10mm$。

（4）斜导柱的设计

1）斜导柱的结构形式。斜导柱的典型结构形式如图 7-23 所示，其中，L_1 为固定于模板内的部分，与模板内安装孔采用 H7/m6 配合；L_2 为完成抽芯的工作部

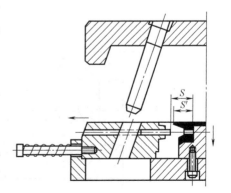

图 7-22　侧向抽芯机构的抽芯距离

分；L_3 为斜导柱端部的导入部分；θ 为导入部分的斜角，通常取 $\theta = \alpha + (2 \sim 3)°$，$\alpha$ 为斜导柱的倾斜角。

2）斜导柱倾斜角 α 的确定。斜导柱的倾斜角 α 与侧型芯开模所需的抽芯力、斜导柱所受弯曲力、抽芯距离和开模行程等有关。α 大则抽芯力大，斜导柱受到的弯曲力也大；但完成抽

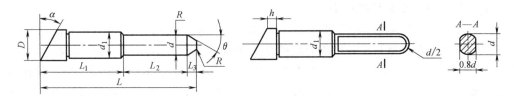

图 7-23　斜导柱的典型结构形式

芯所需的开模行程小，斜导柱的工作长度短。α 通常取 12°～20°，不大于 25°。抽芯距离长时 α 值可取大些，抽芯距离短时，α 值可适当取小些；抽芯力大时 α 值可取小些，抽芯力小时 α 值可取大些。因此，斜导柱倾斜角 α 值的确定应综合考虑。

　　3）斜导柱长度的计算。斜导柱长度的计算如图 7-24 所示，其总长度 L 为

$$L = L_1 + L_2 + L_3 + L_4 + L_5$$

根据三角函数关系得

$$L = \frac{d_2}{2}\tan\alpha + \frac{h}{\cos\alpha} + \frac{d}{2}\tan\alpha + \frac{s}{\sin\alpha} + (5 \sim 10)\,\text{mm}$$

式中，L 是斜导柱总长度（mm）；α 是斜导柱倾斜角（°）；d_2 是斜导柱固定部分大端直径（mm）；h 是斜导柱固定板厚度（mm）；d 是斜导柱工作部分的直径（mm）；s 是侧向抽芯距离（mm）。

　　4）斜导柱直径的计算。斜导柱直径的计算公式为

$$d = \sqrt[3]{\frac{10FH_{\mathrm{w}}}{[\sigma_{\mathrm{w}}]\cos^2\alpha}}$$

式中，d 是斜导柱直径（mm）；F 是抽出侧型芯的抽拔力（N）；H_{w} 是斜导柱弯曲力臂，如图 7-25 所示；$[\sigma_{\mathrm{w}}]$ 是斜导柱所用材料的许用弯曲应力，一般碳钢取 $3\times10^8\,\mathrm{Pa}$；α 是斜导柱的倾斜角（°）。

　　实际模具设计中，由于计算比较复杂，所以常用查表的方法来确定斜导柱的直径，具体参见相关塑料模设计手册。

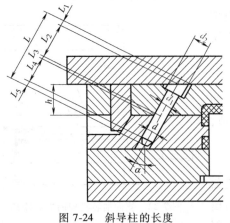

图 7-24　斜导柱的长度　　　　　　　　　图 7-25　斜导柱的弯曲力臂

　　（5）滑块的设计

　　1）侧滑块的结构形式可分为如下两种类型：

　　① 组合式结构。侧滑块与侧向型芯（或侧向成型块）是两块零件，然后装配在一起，称为组合式侧滑块结构，如图 7-26 所示，这是最常用的结构形式。图 7-26a 是 T 形导滑面设计在

滑块底部的形式，常用于较薄的滑块；图 7-26b 是 T 形导滑面设计在滑块中间的形式，适用于较厚的滑块。

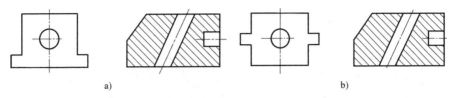

图 7-26　侧滑块的基本形式

② 整体式结构。在侧滑块上直接制出侧向型芯的结构称为整体式侧滑块结构。这种结构仅适用于形状十分简单的侧向移动零件（图 7-27），尤其适用于瓣合式侧向分型机构（图 7-28）。

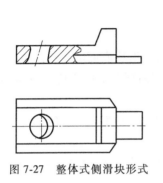

图 7-27　整体式侧滑块形式

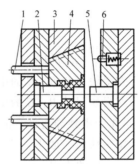

图 7-28　瓣合式侧向分型机构

1—推杆　2—凸模型芯　3—凸模固定板
4—瓣合式斜滑块　5—凹模型芯　6—弹簧顶销

2）滑块与侧向型芯的连接。图 7-29 所示为几种常见的滑块与侧型芯的连接形式，其配合精度为 H7/m6。

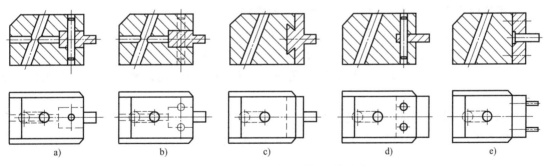

图 7-29　侧型芯与侧滑块的连接形式

3）侧滑块的导滑方式。侧滑块的导滑方式如图 7-30 所示，侧滑块和导滑槽之间的配合采用 H8/f7 或 H8/g7。

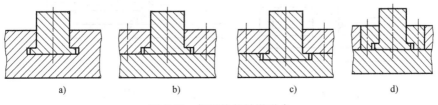

图 7-30　侧滑块的导滑形式

4）侧滑块主要尺寸设计。如图 7-31 所示，滑块各主要尺寸设计如下：

① 滑块宽度 C 和高度 B 的确定。$C = a + (15 \sim 20)\,\text{mm}$，$B = b + (15 \sim 20)\,\text{mm}$。

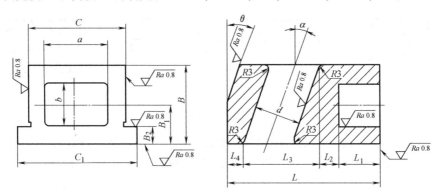

图 7-31　侧滑块主要尺寸

② 滑块尺寸 B_1、B_2 的确定。尺寸 B_1 是侧向抽芯中心到滑块底面的距离。单个侧型芯时，应使型芯中心在滑块尺寸 B、C 的中心；多个侧型芯时，侧向型芯的中心应是各型芯抽芯力中心，此中心应在滑块尺寸 B、C 的中心。

尺寸 B_2 是 T 形滑块导滑部分的厚度。为使滑块运动平稳，一般取 $8 \sim 20\,\text{mm}$，固定板厚时，取大一些；固定板薄时，取小一些。

③ 滑块尺寸 C_1 的确定。$C_1 = C + (8 \sim 20)\,\text{mm}$，中、小型侧抽芯机构取下限值，大型侧抽芯机构取上限值。

④ 滑块长度的确定

$$L = L_1 + L_2 + L_3 + L_4$$

式中，L_2 取 $5 \sim 10\,\text{mm}$；L_4 取 $10 \sim 15\,\text{mm}$。

为使滑块工作时运动平稳，L 还应满足下式要求：$L \geqslant 0.8C$，$L \geqslant B$。

⑤ 滑块内孔直径 d 和倾斜角 α、锁紧角 θ 的确定。

滑块内孔直径：$d = d_1 + (0.5 \sim 1)\,\text{mm}$；锁紧角：$\theta = \alpha + 2° \sim 3°$

式中，d_1 是斜导柱工作段直径（mm）；倾斜角 α 等于斜导柱的倾斜角（°）。

为防止斜导柱进入、导出滑块时因尖角对斜导柱表面的划伤，滑块内孔两端孔口均倒角 $R3\,\text{mm}$。

5）滑块在导滑槽内的导滑长度。如图 7-32 所示，为保证侧滑块在导滑槽内运动平稳、灵活，不被卡死，滑块在导滑槽内的导滑长度应满足下式要求

$$L \geqslant \frac{2}{3}L' + S_{抽}$$

式中，L 是导滑槽最小配合长度（mm）；L' 是滑块实际长度（mm）；$S_{抽}$ 是侧向抽芯距离（mm）。

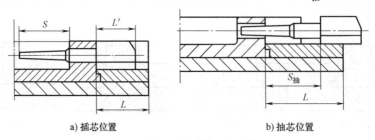

a）插芯位置　　　　　　　　b）抽芯位置

图 7-32　滑块在导滑槽工作段情况

（6）锁紧块的设计　锁紧块的各种结构形式如图 7-33 所示，图 7-33a 是采用销钉定位、螺钉固定的形式，结构简单，加工方便，缺点是承受的侧向力较小，尽量不采用；图 7-33b 是楔紧块配合镶入模板中的形式，其刚度有所提高，承受的侧向力也略大；图 7-33c、d 是双锁紧形式，前者用辅助锁紧块将主锁紧块锁紧，后者采用锁紧锥与锁紧块双重锁紧；图 7-33e 是整体式锁紧形式，牢固可靠、刚性大，适合于侧向力很大的场合，但浪费材料，耗费加工工时，并且加工精度要求很高。

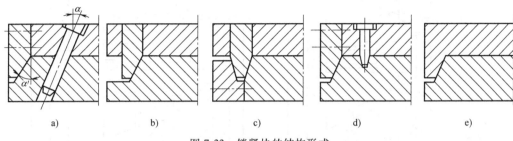

图 7-33　锁紧块的结构形式

锁紧块的锁紧角 α' 与滑块的锁紧角相等。

（7）滑块定位装置的设计　图 7-34 所示为滑块定位装置常见的几种结构形式，图 7-34a、b 为弹簧拉杆挡块式，它适合于任何方位的侧向抽芯，尤其适合于向上方向的侧向抽芯。图 7-34c 所示形式制造简单，调整方便；图 7-34d 适用于向下抽芯的结构形式，抽芯结束后，利用滑块的自重靠在挡块上定位；图 7-34e 为弹簧顶销式，适于水平方向抽芯的场合，也可把顶销换成直径为 $\phi5\sim\phi10\mathrm{mm}$ 的钢球，称为弹簧钢球式。

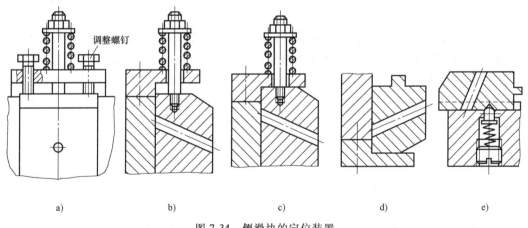

图 7-34　侧滑块的定位装置

3. 斜滑块侧向分型与抽芯机构

（1）斜滑块侧抽芯机构的工作原理及其类型　当塑件的侧凹较浅，所需的抽芯距不大，但侧凹的成型面积较大，因而需较大的抽芯力时，可采用斜滑块机构进行侧分型与抽芯。斜滑块侧分型与抽芯机构（也简称斜滑块侧抽芯机构）的工作原理是利用推出机构的推力驱动斜滑块斜向运动，在塑件被推出脱模的同时由斜滑块完成侧分型与抽芯动作。

通常，斜滑块侧抽芯机构要比斜导柱侧抽芯机构简单得多，一般可分为外侧抽芯和内侧抽芯两种。

1）斜滑块外侧抽芯机构。图 7-35 所示为斜滑块外侧分型抽芯的示例，该塑件为线圈骨架，外侧常有深度浅但面积大的侧凹，斜滑块设计成对开式（瓣合式）凹模镶块，即型腔由两个斜滑块组成。开模后，塑件包在动模型芯上和斜滑块一起随动模部分一起向左移动，在推杆的作用下，斜滑块相对向右运动的同时向两侧分型，分型的动作靠斜滑块在模套的导滑槽内进行斜向运动来实现，导滑槽的方向与斜滑块的斜面平行。斜滑块侧分型的同时，塑件从动模型芯上脱出。限位螺钉是防止斜滑块从模套中脱出而设置的。

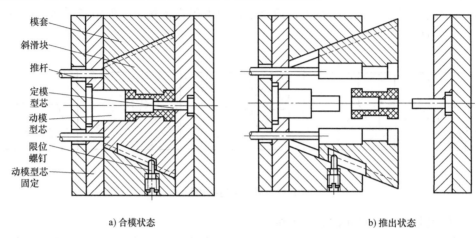

a) 合模状态   b) 推出状态

图 7-35   斜滑块外侧分型与抽芯机构

2）斜滑块内侧抽芯机构。图 7-8 是斜滑块内侧抽芯机构的典型结构。需要强调的是这种结构对于零件上的各种内扣或内凹具有很强的适应性，与斜导柱抽芯机构一样，在实际中应用非常广泛。

（2）斜滑块的导滑形式   斜滑块的导滑形式如图 7-36a～d 所示，其四种形式中斜滑块均没有镶入。

图 7-36a 所示为整体式导滑槽，常称半圆形导滑，加工精度不易保证，又不能热处理，但结构较紧凑，故适宜应用于小型或批量不大的模具，其中半圆形也可制成矩形，成为斜的梯形槽。

图 7-36b 所示为镶拼式，常称镶块导滑或分模楔导滑，导滑部分和分模楔都单独制造后镶入模框，这样就可进行热处理和磨削加工，从而提高了精度和耐磨性。分模楔的位置要有良好的定位，所以用圆柱销连接，为了提高精度，在分模楔上增加销套。

图 7-36c 所示是用斜向镶入的导柱作为导轨，也称圆柱销导滑，因滑块与模套可以同时加工，所示平行度容易保证，但应注意导柱的斜角要小于模套的斜角。

图 7-36d 所示是燕尾式导滑，主要用于小模具多滑块的情况，使模具结构紧凑，但加工较复杂。

图 7-36e 所示是以圆柱孔作为斜滑块的导轨，制造方便，精度容易保证，仅用于局部抽芯的情况。

图 7-36f 所示是用型芯的拼块作为斜滑块的导向件，在内侧抽芯时常常采用。

（3）斜滑块侧抽芯机构设计要点

1）正确选择主型芯位置。主型芯位置选择恰当与否，直接关系到塑件能否顺利脱模。例如，图 7-37a 中将主型芯设置在定模一侧，开模后，主型芯立即从塑件中抽出，然后斜滑块才能分型，所以塑件很容易在斜滑块上粘附某处收缩值较大的部位，因此不能顺利从斜滑块中脱出，如图 7-37b 所示。如果将主型芯位置设于动模（图 7-37c），则在脱模过程中，塑件虽与主型芯松动，但侧分型时对塑件仍有限制侧向移动的作用，所以塑件不会粘附在斜滑块上，因此脱模比较顺利，如图 7-37d 所示。

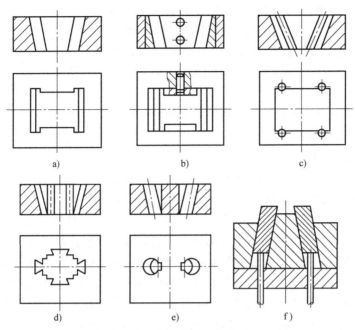

图 7-36　斜滑块的导滑形式

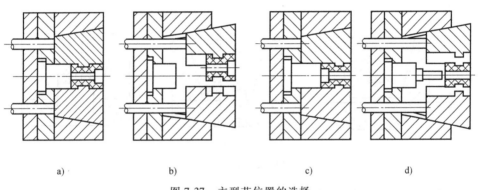

图 7-37　主型芯位置的选择

2）开模时斜滑块的止动。斜滑块通常设置在动模部分，并要求塑件对动模部分的抱紧力大于对定模部分的抱紧力。但有时因为塑件的特殊结构，定模部分的抱紧力大于动模部分或者不相上下，此时，如果没有止动装置，则斜滑块在开模动作刚刚开始之时便有可能与动模产生相对运动，导致塑件损坏或滞留在定模而无法取出，为了避免这种现象发生，可设置弹簧顶销止动装置，如图 7-38 所示。开模后，弹簧顶销 6 紧压斜滑块 4 防止其与动模分离，使定模型芯 5 先从塑件中抽出，继续开模时，塑件留在动模上，然后由推杆 1 推动侧滑块侧分型并推出塑件。

斜滑块止动还可采用如图 7-39 所示的导销止动装置。

图 7-39 中固定于定模板上的导销与斜滑块在开模

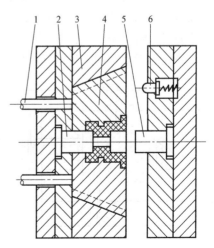

图 7-38　弹簧顶销止动装置

1—推杆　2—动模型芯　3—模套　4—斜滑块
5—定模型芯　6—弹簧顶销

方向有一段配合（H8/f8），开模后，在导销的约束下，斜滑块不能进行侧向运动，所以开模动作也就无法使斜滑块与动模之间产生相对运动，继续开模时，导销与斜滑块脱离接触，最后，动模的推出机构推动斜滑块侧分型并推出塑件。

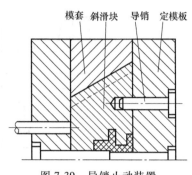

图 7-39　导销止动装置

3）斜滑块的倾斜角和推出行程。由于斜滑块的强度较高，斜滑块的倾斜角可比斜导柱的倾斜角大一些，一般在≤30°内选取。在同一副模具中，如果塑件各处的侧凹深浅不同，那么所需的斜滑块推出行程也不相同，为了解决这一问题，使斜滑块运动保持一致，可将各处的斜滑块设计成不同的倾斜角。斜滑块推出模套的行程，立式模具不大于斜滑块高度的 1/2，卧式模具不大于斜滑块高度的 1/3，如果必须使用更大的推出距离，可使用加长斜滑块导向的方法。

4）斜滑块的装配要求。为了保证斜滑块在合模时其拼合面密合，避免注射成型时产生毛刺，斜滑块装配后必须使其底面离模套有 0.2～0.5mm 的间隙，上面高出模套 0.4～0.6mm（应比底面的间隙略大一些为好），如图 7-40 所示。这样做还有利于修模，当斜滑块与导滑槽之间有磨损之后，通过修磨斜滑块下端面，可继续保持其密合性。

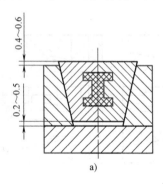
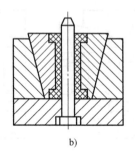
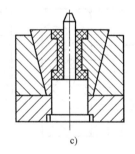

a)　　　　　　　　b)　　　　　　　　c)

图 7-40　斜滑块的装配要求

4. 液压或气动侧向分型与抽芯机构

液压或气动侧抽芯是通过液压缸或气缸活塞及控制系统来实现的，当塑件侧向有很深的孔，例如三通管子塑件，侧抽芯力和抽芯距很大，用斜导柱、斜滑块等侧抽芯机构无法解决时，往往优先考虑采用液压或气动侧抽芯（在有液压或气动源时），如图 7-41 和图 7-42 所示。

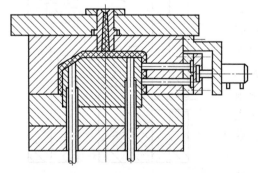
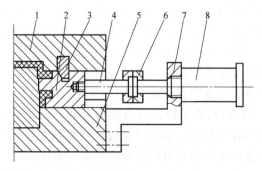

图 7-41　定模部分的液压（气动）侧抽芯机构　　　图 7-42　动模部分的液压（气动）侧抽芯机构

1—定模板　2—侧型芯　3—楔紧块　4—拉杆
5—动模板　6—连接器　7—支架　8—液压缸

图 7-41 所示为液压缸（或气缸）固定于定模、省去了楔紧块的侧抽芯机构，它能完成定模部分的侧抽芯工作。液压缸（或气缸）在控制系统控制下在开模前必须将侧向型芯抽出，然后再开模，而合模结束后，液压缸（或气缸）才能驱使侧型芯复位。

图 7-42 所示为液压缸（或气缸）固定于动模、具有楔紧块的侧抽芯机构，它能完成动模部分的侧抽芯工作。开模后，当楔紧块脱离侧型芯后首先由液压缸（或气缸）抽出侧向型芯，然后推出机构才能使塑件脱模。合模时，侧型芯由液压缸（或气缸）先复位，然后推出机构复位，最后楔紧块锁紧。侧型芯的复位必须在推出机构复位、楔紧块锁紧之前进行。

5. 其他侧向分型与抽芯机构

（1）弯销侧抽芯机构　弯销侧抽芯机构的工作原理和斜导柱侧抽芯机构相似，所不同的是在结构上以矩形截面的弯销代替了斜导柱，因此，弯销侧抽芯机构仍然离不开滑块的导向、注射时侧型芯的锁紧和侧抽芯结束时滑块的定位这三大设计要素。

1）弯销侧抽芯机构的结构特点。通常，弯销及其导滑孔的制造困难一些，但弯销侧抽芯也有斜导柱所不及的优点。

① 强度高，可采用较大的倾斜角。弯销一般采用矩形截面，抗弯截面系数比斜导柱大，因此抗弯强度较高，可以采用较大的倾斜角，所以在开模距相同的条件下，使用弯销可比斜导柱获得较大的抽芯距。由于弯销的抗弯强度较高，所以，在注射熔料对侧型芯总压力不大时，可在其前端设置一个支承块，弯销本身即可对侧型芯滑块起锁紧作用，这样有利于简化模具结构。但在熔料对侧型芯总压力较大时，仍应考虑设置楔紧块，用来锁紧弯销或直接锁紧滑块。

② 可以延时抽芯。由于塑件的特殊或模具结构的需要，弯销还可以延时侧抽芯。如图 7-43 所示，弯销的工作面与侧型芯滑块的斜面可设计成离开一段较长的距离 l，这样根据需要，在开模分型时，弯销可暂不工作，直至接触滑块，侧抽芯才开始。

2）弯销的外侧抽芯。图 7-44 所示是弯销外侧抽芯的典型结构，合模时，由楔紧块 3 或挡块 1 将侧型芯滑块 5 通过弯销 4 锁紧。侧抽芯时，侧型芯滑块 5 在弯销 4 的驱动下在动模板 6 的导滑槽侧抽芯，抽芯结束，侧型芯滑块由弹簧、顶销装置定位。

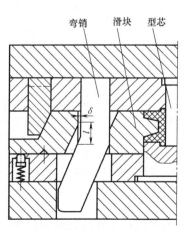

图 7-43　弯销延时抽芯

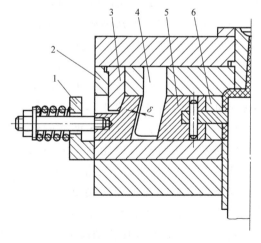

图 7-44　弯销外侧抽芯机构

1—挡块　2—定模板　3—楔紧块　4—弯销

5—侧型芯滑块　6—动模板

3）弯销的内侧抽芯。弯销安装在模内时，可以进行内侧抽芯，如图 7-45 所示。在该图中，塑件内壁有侧凹，模具采用摆钩式顺序分型机构。组合凸模 1、弯销 3、导柱 6 均用螺钉固定于动模垫板。开模时，由于摆钩 11 钩住定模板 13 上的挡块 12，使 A—A 分型面首先分型；接着弯销 3 的右侧斜面驱动侧型芯滑块 2 向右移动进行内侧抽芯；内侧抽芯结束后，摆钩 11 在滚轮 7 的作用下脱钩，B—B 分型面分型；最后推出机构开始工作，推件板 10 在推杆 5 的推动下将塑件脱出组合凸模 1。合模时，弯销 3 的左侧驱动侧型芯滑块复位，摆钩 11 的头部斜面越过挡块 12，在弹簧 8 的作用下将其钩住。

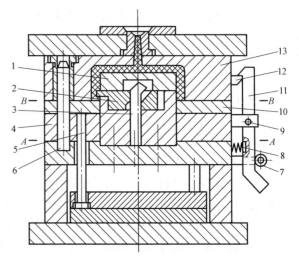

图 7-45　弯销的内侧抽芯机构

1—组合凸模　2—侧型芯滑块　3—弯销　4—动模板
5—推杆　6—导柱　7—滚轮　8—弹簧　9—转轴
10—推件板　11—摆钩　12—挡块　13—定模板

　　这种形式的内侧抽芯，由于抽芯结束时，弯销的端部仍留在滑块中，所以设计时不需用滑块定位装置。另外，由于不便于设置锁紧装置，而是依靠弯销本身抗弯强度来克服注射时熔料对侧型芯的侧向压力，所以只适于侧型芯截面积比较小的场合，同时，还应适当增大弯销的截面积。

　　（2）齿轮齿条侧抽芯机构　齿轮齿条侧抽芯机构是利用传动齿条带动与齿条型芯相啮合的齿轮进行侧抽芯的机构。与斜导柱、斜滑块等侧抽芯机构相比，齿轮齿条侧抽芯机构可获得较大的抽芯力和抽芯距。这种机构不仅可以进行正侧方向和斜侧方向的抽芯，还可以作圆弧方向抽芯和螺纹抽芯。根据传动齿条固定位置的不同，齿轮齿条侧抽芯机构可分为传动齿条固定于定模一侧及传动齿条固定于动模一侧两类。

　　1）传动齿条固定在动模一侧。传动齿条固定在动模一侧的结构如图 7-46 所示。

　　传动齿条 1 固定在专门设计的固定板 3 上，开模时，动模部分向左移动，塑件包在齿条型芯 7 上从型腔中脱出后随动模部分一起向左移动，主流道凝料在拉料杆作用下与塑件连在一起向左移动。当传动齿条推板 2 与注射机上的顶杆接触时，传动齿条 1 静止不动，动模部分继续后退，造成了齿轮 6 做逆时针方向的转动，从而使与齿轮啮合的齿条型芯 7 作斜侧方向抽芯。当抽芯完毕，传动齿条固定板 3 与推板 4 接触，并且推动推板 4 使推杆 5 将塑件推出。合模时，传动齿条复位杆 8 使传动齿条 1 复位。

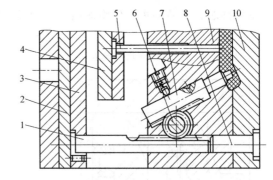

图 7-46　传动齿条固定在动模一侧的结构

1—传动齿条　2—传动齿条推板　3—固定板　4—推板　5—推杆
6—齿轮　7—齿条型芯　8—复位杆　9—动模板　10—定模板

这里，传动齿条复位杆 8 在注射时还起到楔紧块的作用。

　　这类结构形式的模具特点是在工作过程中，传动齿条与齿轮始终保持着啮合关系，这样就不需要设置齿轮或齿条型芯的定位机构。

　　2）传动齿条固定在定模一侧。图 7-47 所示为传动齿条固定在定模上的侧抽芯机构。

　　塑件上的斜孔由齿条型芯 2 成型。开模时，固定在定模板 3 上的导柱齿条 5 通过齿轮 4 带动齿条型芯 2 实现抽芯动作。开模至最终位置时，传动齿条 5 与齿轮 4 脱开。为了保证型芯的准确复位，型芯的最终脱离位置必须定位。弹簧销 8 使齿轮 4 始终保持在导柱齿条 5 的最后脱离位置上。

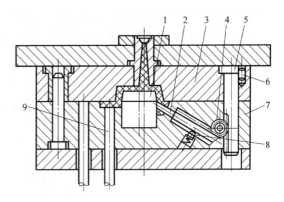

图 7-47　传动齿条固定在定模一侧的结构

1—型芯　2—齿条型芯　3—定模板　4—齿轮　5—导柱齿条
6—销子　7—动模固定板　8—弹簧销　9—推杆

二、复杂推出机构的设计

1. 二次推出机构的设计

有些塑件因形状特殊或生产自动化的需要，在一次推出后塑件难以保证从型腔中脱出或不能自动掉落，这时必须增加一次推出动作，这称为二次推出。为实现二次推出而设置的机构称为二次推出机构。有时为避免使塑件所受推出力过大，产生变形或破裂，也采用二次推出分散推出力，以保证塑件质量。二次推出机构可分为单推板二次推出机构和双推板二次推出机构。

（1）单推板二次推出机构　单推板二次推出机构是指在推出机构中设置了一组推板和推杆固定板，而另一次推出靠一些特殊零件的运动来实现。

这里仅介绍弹簧式二次推出机构。弹簧式二次推出机构通常是利用压缩弹簧的弹力进行第一次推出，然后再由推板推动推杆进行第二次推出。

图 7-48 中所示的塑件，其边缘有一个倒锥形的侧凹，如果直接采用推杆推出，塑件将无法推出，采用图 7-48 所示的弹簧式二次推出机构，就能够顺利地推出塑件。模具闭合时，如图 7-48a 所示。模具注射成型后打开，压缩弹簧 5 弹起，使动模板推出，将塑件脱离型芯 2 的约束，使塑件边缘的倒锥部分脱离型芯 2，如图 7-48b 所示，完成第一次推出。模具完全打开后，推板 6 推动推杆 3 进行第二次推出，将塑件从动模板 4 上推落，如图 7-48c 所示。

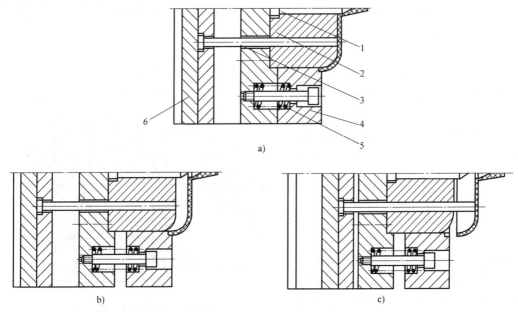

图 7-48　弹簧式二次推出机构

1—小型芯　2—型芯　3—推杆　4—动模板　5—弹簧　6—推板

（2）双推板二次推出机构　双推板二次推出机构是在注射模具中设置两组推板，它们分别带动一组推出零件实现塑件的二次推出。其实现结构形式也有多种，这里仅介绍弹顶式二次推出机构，如图7-49a所示。

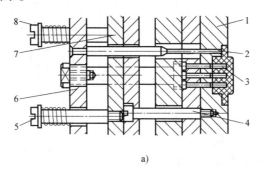

a)

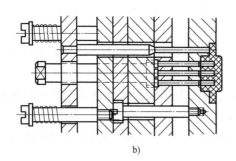

b)

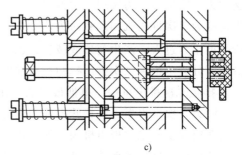

c)

图 7-49　弹顶式二次推出机构

1—动模型腔板　2—推杆　3—型芯　4—推杆　5—限位螺钉　6—推板　7—推板　8—弹簧

由于塑件包紧在一组小型芯上，一次推出其推出力过大，所以采用二次推出机构。推出时，注射机推出装置推动推板7，带动推杆4使动模型腔板1移动，将塑件从型芯3上脱出，完成一次推出，如图7-49b所示。同时，推板7带动限位螺钉5，使弹簧8被压缩，并促使推板6及推杆2同时移动。当弹簧8被压缩到一定程度时，其弹力推动推板6及推杆2，从动模型腔板1上将塑件推出，完成二次推出，如图7-49c所示。

2. 顺序推出机构的设计

在实际生产中，有些塑件因其结构形状特殊，开模后即有可能留在动模一侧，也有可能留在定模一侧，或者塑件就滞留在定模一侧，这样使塑件的推出困难。为此，需采用定、动模双向顺序推出机构，即在定模部分增加一个分型面，在开模时确保该分型面首先定距打开，让塑件先从定模部分脱出，留在动模部分。然后，模具分型，动模部分的推出机构推出塑件。

实现顺序推出的机构类型很多，这里介绍一下弹簧式顺序推出机构。

弹簧式顺序推出机构是采用在定模一侧设置弹簧的方法保证定、动模双向顺序推出，如图7-50所示。开模时，由于弹簧7的作用，定模推板5将塑件由型芯3上脱出，并使塑件停留在动模一侧。模具

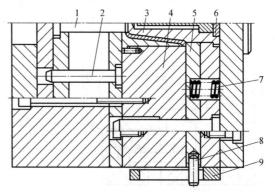

图 7-50　弹簧式顺序推出机构

1—推杆　2—导柱　3—型芯　4—动模型腔板　5—定模推板

6—密封垫　7—弹簧　8—圆柱销　9—限位板

继续打开，限位板 9 拉住圆柱销 8 后，使动模型腔板 4 与定模推板 5 分型，最后推杆 1 将塑件从动模型腔板 4 中推出。

项目实施及评价

项　　目	序号	技术要求	配分	评分标准	得分
产品成型工艺分析 （15%）	1	成型工艺分析合理	5	不合理每处扣 1 分	
	2	技术要求分析合理	5	不合理每处扣 1 分	
	3	结构工艺分析合理	5	不合理每处扣 1 分	
模具总体结构方案拟订 （15%）	1	注射模总体结构方案合理	5	不合理每处扣 1 分	
	2	注射机选用合理	5	不合理每处扣 1 分	
	3	模具材料的选用合理	2	不合理每处扣 1 分	
	4	标准模架的选用合理	3	不合理每处扣 1 分	
分型面和成型零部件设计 （25%）	1	分型面设计合理	15	不合理每处扣 1 分	
	2	成型零部件结构合理	5	不合理每处扣 1 分	
	3	成型零部件尺寸准确	5	不正确每处扣 1 分	
功能系统设计 （35%）	1	浇注系统设计合理	5	不合理每处扣 1 分	
	2	抽芯机构设计合理	10	不合理每处扣 1 分	
	3	排气与引气系统设计合理	2	不合理每处扣 1 分	
	4	推出机构设计合理	5	不合理每处扣 1 分	
	5	冷却系统设计合理	5	不合理每处扣 1 分	
	6	注射机有关工艺参数校核合理	5	不合理每处扣 1 分	
	7	总装图和零件图的绘制准确	3	不正确每处扣 1 分	
相关知识及职业能力 （10%）	1	理论知识	2	视情况酌情给分	
	2	图样整洁性和报告撰写能力	2		
	3	自学能力	2		
	4	表达沟通能力	2		
	5	合作能力	2		

拓展训练

一、讨论若干塑件注射模工作零件的电极拆分方案。

二、进行带侧分型抽芯机构注射模的装配及在注射机上进行装卸实训，步骤可参考项目 5 的拓展训练。

项目 7　扩展任务——电极的拆分和制造

附　　录

附录 A　常用冲压材料

表 A-1　日本 JIS 标准

材料类型	材料牌号	抗拉强度 R_m/MPa	下屈服强度 R_{eL}/MPa	屈强比（%）	伸长率（%）	备　注
热轧钢	SPHC	360	260	73	>27	无退火热轧钢
	SPHD	350	250	71	>30	冲压用
	SPHE	360	250	69	>31	深冲压用
冷轧钢	SPCC	330	228	67	45	一般商业等级钢
	SPCD	320	200	61	46	拉深用钢
	SPCE	310	180	57	47	深拉伸用钢
不锈钢	SUS301-CSP 1/2H	1030	560	74	18	奥氏体系列
	SUS301-CSP 3/4H	1240	820	77	12	
	SUS301-CSP FH	1460	1130	75	9	
	SUS304-CSP 1/2H	860	518	60	—	
	SUS304-CSP 3/4H	1030	734	71	—	
	SUS304-CSP FH	1240	970	78	—	
	SUS316	630	280	44	—	铁素体系列
	SUS430	500	330	66	—	
铜	C1100 R-O	237	58	24	—	一般纯铜
	C2200 R-O	279	104	37	—	9/1 纯铜
	C2600H	453	496	—	21.6	黄铜
	C2680 1/2H	420	250	60	47.0	
	C5191 H	580	490	84	35.6	磷青铜
铝	A1100-H14	128	117	91	12.8	纯铝
	A1050-H14	119	110	92	7.8	
	A1050P-H14	123	115	93	13.8	
	A5005-H34	160	146	91	2.2	铝镁合金

表 A-2　我国国家标准

材料名称	材料牌号	热处理状态	抗剪强度 /MPa	抗拉强度 /MPa	屈服强度 /MPa	伸长率（%）
电工用纯铁 $w(C)<0.025$	DT1,DT2,DT3	已退火	180	230	—	26
电工用硅钢	D11,D21,D31	已退火	190	230	—	26

（续）

材料名称	材料牌号	热处理状态	抗剪强度/MPa	抗拉强度/MPa	屈服强度/MPa	伸长率（%）
碳素结构钢	Q215	未退火	270~340	340~420	220	26~31
	Q235		310~380	380~470	240	21~25
	Q275		400~500	550~620	280	15~19
碳素结构钢	08F	已退火	220~310	280~390	180	32
	08		260~360	330~450	200	32
	10		260~340	300~440	210	29
	20		280~400	360~510	250	25
	45		440~560	550~700	360	16
优质碳素结构钢	65Mn	已退火	600	750	400	12
非合金工模具钢	T7~T12	已退火	600	750	—	10
不锈钢	1Cr13	已退火	320~380	400~470	—	21
	2Cr13		320~400	400~500	—	20
	1Cr18Ni9Ti	热处理退软	430~550	540~700	200	40
纯铝	1060,1050A,1200	已退火	80	75~100	50~80	25
		淬硬后冷作硬化	100	120~150	—	4
铝锰合金	3A21	已退火	70~100	110~145	50	19
硬铝合金	2A12	已退火	105~150	150~215	—	12
纯铜	T1、T2、T3	软态	160	200	7	30
		硬态	240	300	—	3
黄铜	H62	软态	260	300	—	35
		半硬态	300	380	200	20
	H68	软态	240	300	100	40
		半硬态	280	350	—	25

附录 B　冲模零件常用材料及热处理

表 B-1　冲模工作零件常用材料及热处理要求

模具类型		冲压件情况及对模具工作零件的要求	选用材料及热处理		热处理硬度/HRC	
			材料牌号	热处理	凸模	凹模
冲裁模	Ⅰ	形状简单、精度较低、冲裁材料厚度小于或等于 3mm、批量中等	T8A、T10A、9Mn2V	淬火	56~60	60~64
		带台肩的、快换式的凸凹模和形状简单的镶块				
	Ⅱ	材料厚度小于或等于 3mm、形状复杂	9CrSi CrWMn Cr12 Cr12MoV	淬火	58~62	60~64
		冲裁材料大于 3mm、形状复杂的镶块				
	Ⅲ	要求耐磨、高寿命	Cr12MoV	淬火	56~62	60~64
			YG15 YG20	—	—	—
	Ⅳ	冲薄材料用的凹模	T10A	—	—	—

（续）

模具类型		冲压件情况及对模具工作零件的要求	选用材料及热处理		热处理硬度/HRC	
			材料牌号	热处理	凸模	凹模
弯曲模	I	一般弯曲的凸、凹模及镶块	T8A、T10A	淬火	52~62	
	II	形状复杂、高度耐磨的凸、凹模及镶块	CrWMn Cr12 Cr12MoV	淬火	60~64	
		生产批量特别大	YG15	—	—	
	III	加热弯曲	5CrNiMo 5CrNiTi 5CrMnMo	淬火	52~56	
拉深模	I	一般拉深	T10A	淬火	56~60	58~62
	II	形状复杂、高度耐磨	Cr12 Cr12MoV	淬火	58~62	60~64
	III	生产批量特别大	Cr12MoV	淬火	58~62	60~64
			YG15 YG20	淬火 —	—	
	IV	变薄拉深凸模	Cr12MoV	淬火	58~62	
		变薄拉深凹模	Cr12MoV W18Cr4V	淬火		60~64
			YG15 YG20	—		
	V	加热拉深	5CrNiTi 5CrNiMo	淬火 —	52~56	52~56
大型拉深模	I	中小批量	HT200	—		—
			QT600-3	—	197~269HBW	
	II	大批量	镍铬铸铁 钼铬铸铁 钼钒铸铁	淬火	火焰淬火硬度40~45 火焰淬火硬度50~55 火焰淬火硬度50~55	

表 B-2　冲模一般零件的材料及热处理要求

零件名称	选用材料	热处理	硬度/HRC
上、下模板	HT200、HT250	—	—
	ZG270-500、ZG310-570	—	—
	厚钢板加工而成，Q235、Q255		
模柄	45 钢、Q255	—	
导柱	20 钢、T10A	20 钢渗透淬硬	
导套	20 钢、T10A	20 钢渗透淬硬	
凸模、凹模固定板	Q235、Q255		
托料板	Q235	—	
导尺	Q255、45 钢	淬硬	43~48
挡料销	45 钢、T7A	淬硬	43~48(45 钢) 52~54(T7)
导正销、定位销	T7、T8	淬硬	52~56
垫板	45 钢、T8A	淬硬	43~48(45 钢) 54~58(T8A)
螺钉	45 钢	头部淬硬	43~48
销钉	45 钢、T7	淬硬	43~48(45 钢) 52~54(T7)

（续）

零件名称	选用材料	热处理	硬度/HRC
推杆、顶杆	45 钢	淬硬	43~48
顶板	45 钢、Q255	—	
压边圈	T8A	淬硬	54~58
定距侧刃、废料切刀	T8A	淬硬	58~62
侧刃挡板	T8A	淬硬	54~58
定位板	45 钢、T7	淬硬	43~48（45 钢） 52~54（T7）
斜楔与滑块	T8A、T10A	淬硬	60~62
弹簧	65Mn、60SiMnA	淬硬	40~45

附录 C　部分国产冲模钢材牌号与国外牌号的对应

表 C-1　部分国产冲模钢材牌号与国外牌号的对应表

钢号	中国 GB	美国 ASTM	英国 BS	日本 JIS	法国 NF	德国 DIN
碳素工具钢	T7	W1-7	—	SK7,SK6	—	C70W1
	T8	—		SK6,SK5	—	
	T8A	W1-0.8C	—		$1104Y_1 75$	C80W1
	T8Mn			SK5		
	T10	W1-1.0C	D1	SK3		
	T12	W1-1.2C	D1	SK2	Y2 120	C125W
	T12A	W1-1.2C	—	—	XC 120	C125W2
	T13	—		SK1	Y2 140	C135W
合金模具钢	8MnSi					C75W3
	9SiCr	—	BH21	—	—	90CrSi5
	Cr2	L3	—	—	—	100Cr6
	Cr06	W5		SKS8	—	140Cr3
	9Cr2	L			—	100Cr6
	W	F1	BF1	SK21		120W4
	Cr12	D3	BD3	SKD1	Z200C12	X210Cr12
	Cr12MoV	D2	BD2	SKD11	Z200C12	X165CrMoV46
	9Mn2V	02	—		80M80	90MnV8
	9CrWMn	01		SKS3	80M8	—
	CrWMn	07	—	SKS31	105WC13	105WCr6
	3Cr2W8V	H21	BH21	SKD5	X30WC9V	X30WCrV93
	5CrMnMo	—	—	SKT5		40CrMnMo7
	5CrNiMo	L6	—	SKT4	55NCDV7	55NiCrMoV6
	4Cr5MoSiV	H11	BH11	SKD61	Z38CDV5	X38CrMoV51
	4CrW2Si	—	—	SKS41	40WCDS35-12	35WCrV7
	5CrW2Si	S1	BSi	—		45WCrV7
高速工具钢	W18Cr4V	T1	BT1	SKH2	Z80WCV 18-04-01	S18-0-1
	W6Mo5Cr4V2	N2	BM2	SKH9	Z85WDCV 06-05-04-02	S6-5-2
	W18Cr4VCo5	T4	BT4	SKH3	Z80WKCV 18-05-04-01	S18-1-2-5
	W2Mo9Cr4VCo8	M42	BM42	—	Z110DKCWV 09-08-04-02-01	S2-10-1-8

（续）

钢号	中国 GB	美国 ASTM	英国 BS	日本 JIS	法国 NF	德国 DIN
易切削钢	Y12	C1109	—	SUM12	—	—
	Y15	B1113	220M07	SUM22	—	10S20
	Y20	C1120	—	SUM32	20F2	22S20
	Y30	C1130	—	SUM42	—	35S20
	Y40Mn	C1144	225M36	—	45MF2	40S20

附录 D 各种塑料的收缩率

表 D-1 各种塑料的收缩率

塑料种类	收缩率（%）	塑料种类	收缩率（%）
聚乙烯（低密度）	1.5~3.5	尼龙 610	1.2~2.0
聚乙烯（高密度）	1.5~3.0	尼龙 610（30%玻璃纤维）	0.35~0.45
聚丙烯	1.0~2.5	尼龙 1010	0.5~4.0
聚丙烯（玻璃纤维增强）	0.4~0.8	醋酸纤维素	1.0~1.5
聚氯乙烯（硬质）	0.6~1.5	醋酸丁酸纤维素	0.2~0.5
聚氯乙烯（半硬质）	0.6~2.5	丙酸纤维素	0.2~0.5
聚氯乙烯（软质）	1.5~3.0	聚丙烯酸酯类塑料（通用）	0.2~0.9
聚苯乙烯（通用）	0.6~0.8	聚丙烯酸酯类塑料（改性）	0.5~0.7
聚苯乙烯（耐热）	0.2~0.8	聚乙烯醋酸乙烯	1.0~3.0
聚苯乙烯（增韧）	0.3~0.6	氟塑料 F-4	1.0~1.5
ABS（抗冲）	0.3~0.8	氟塑料 F-3	1.0~2.5
ABS（耐热）	0.3~0.8	氟塑料 F-2	2
ABS（30%玻璃纤维增强）	0.3~0.6	氟塑料 F-46	2.0~5.0
聚甲醛	1.2~3.0	酚醛塑料（木粉填料）	0.5~0.9
聚碳酸酯	0.5~0.8	酚醛塑料（石棉填料）	0.2~0.7
聚砜	0.5~0.7	酚醛塑料（云母填料）	0.1~0.5
聚砜（玻璃纤维增强）	0.4~0.7	酚醛塑料（棉纤维填料）	0.3~0.7
聚苯醚	0.7~1.0	酚醛塑料（玻璃纤维填料）	0.05~0.2
改性聚苯醚	0.5~0.7	脲醛塑料（纸浆填料）	0.6~1.3
氯化聚醚	0.4~0.8	脲醛塑料（木粉填料）	0.7~1.2
尼龙 6	0.8~2.5	三聚氰胺甲醛（纸浆填料）	0.5~0.7
尼龙 6（30%玻璃纤维）	0.35~0.45	三聚氰胺甲醛（矿物填料）	0.4~0.7
尼龙 9	1.5~2.5	聚邻苯二甲酸二丙烯酯（石棉填料）	0.28
尼龙 11	1.2~1.5	聚邻苯二甲酸二丙烯酯（玻璃纤维填料）	0.42
尼龙 66	1.5~2.2	聚间苯二甲酸二丙烯酯（玻璃纤维填料）	0.3~0.4
尼龙 66（30%玻璃纤维）	0.4~0.55		

附录 E　常用塑料模具零件材料的选用与热处理方法

表 E-1　塑料模具成型零件常用材料及热处理要求

零件名称	材　料	热处理	硬　度	说　明
型腔(凹模) 型芯 螺纹型芯 螺纹型环 成型镶件 成型推杆等	T8A,T10A	淬火	54~58HRC	用于形状简单的小型芯或型腔
	CrWMn 9Mn2V Cr2Mn2SiWMoV Cr12 Cr4W2MoV	淬火	54~58HRC	用于形状复杂、要求热处理变形小的型腔或镶件
	20CrMnMo 20CrMnTi	渗碳、淬火		
	5CrMnMo 40CrMnMo	渗碳、淬火	54~58HRC	用于高耐磨、高强度和高韧性的大型型芯、型腔等
	3Cr2W8V 38CrMoAl	调质、氮化	1000HV	用于形状复杂、要求耐磨蚀的高精度型腔、型芯等
	45	调质	28~32HRC	用于形状简单、要求不高的型腔、型芯
	45	淬火	43~48HRC	
	20,15	渗碳、淬火	54~58HRC	用于冷压加工的型腔

表 E-2　塑料模具其他工作零件常用材料及热处理要求

零件类别	零件名称	材　料	热处理	硬　度
模体零件	垫板(支承板) 浇口板	45	淬火	43~48HRC
	动、定模板 动、定模座板	45	调质	230~270HBW
	固定板	45	调质	230~270HBW
		Q235	—	—
	推板	T8A,T10A	淬火	54~58HRC
		45	调质	230~270HBW
浇注系统零件	浇口套 拉料杆	T8A,T10A	淬火	50~55HRC
导向零件	导柱 导套	20	渗碳、淬火	56~60HRC
		T8A,T10A	淬火	50~55HRC
	限位导柱 推板导柱、导套	T8A,T10A	淬火	50~55HRC
抽芯机构零件	斜导柱 滑块 斜滑块	T8A,T10A	淬火	54~58HRC
	锁紧楔	T8A,T10A	淬火	54~58HRC
		45		43~48HRC

（续）

零件类别	零件名称	材　料	热处理	硬　度
推出机构零件	推杆 推管	T8A,T10A	淬火	54~58HRC
	推块 复位杆	45	淬火	43~48HRC
	挡板	45	淬火	43~48HRC
	推杆固定板	45,Q235	—	—
定位零件	定位圈	45	—	—
	定位螺钉 限位钉	45	淬火	43~48HRC
支承零件	支承座	45	淬火	43~48HRC
	垫块	45,Q235	—	—
其他零件	加料室 压柱	T8A,T10A	淬火	50~55HRC
	手柄 套筒	Q235	—	—
	喷嘴	45,黄铜	—	—
	吊钩	45	—	—

表 E-3　部分新型塑料模具钢材料及其热处理

钢种	国别	牌号	热处理	应　用
预硬钢	中国 GB	5NiSCa	预硬,不需热处理	用于成型热塑性塑料的长寿命模具
	日本 JIS	SCM445(改进)		
		SKD61(改进)		同 5NiSCa,以及高韧度、精密模具
		NAK55		同 5NiSCa,以及高镜面、精密模具
新型淬火回火钢	日本 JIS	SKD11(改进)	1020~1030℃淬火,空冷,200~500℃回火	同 5NiSCa,以及高硬度、高镜面模具
	美国 AISI	H13+S	995℃淬火,540~650℃回火	同 5NiSCa,以及高硬度、高韧度、精密模具
		P20+S	845~875℃淬火,565~620℃回火	
马氏体时效钢	中国 GB	18Ni(300)	切削加工后,在 470~520℃的温度下进行 3h 左右的时效处理,空冷	用于成型中小型、精密、复杂的热塑性塑料和热固性塑料的长寿命模具以及透明塑件的模具
	日本 JIS	MASIC		
		YAG		
	美国 AISI	18MAR300		
耐腐蚀钢	中国 GB	PCR	—	用于各种具有较高耐腐蚀要求的模具零部件
	日本 JIS	NAK101	预硬,不需热处理	
		STAVAX	调质	
	美国 AISI	P21、420	预硬,不需热处理	用于各种耐腐蚀及需镜面抛光的模具零部件

附录 F　国内外塑料模具钢材牌号对照

表 F-1　国内外塑料模具钢材牌号对照

分类	名称	钢厂编号					比较标准				出厂状态	淬火硬度	主要用途
		瑞典"一胜百"钢	德国"撒斯特"钢	奥地利"百禄"钢	日本"大同"钢	日本"日立"钢	美国 AISI	德国 DIN	日本 JIS	中国 GB			
塑胶模具钢	预硬普通塑胶模具钢	618	GS-638 GS-2311	M201 M202	PX4 PX5	HPM7	P20	1.2311	—	3Cr2Mo	预硬 270~300HBW	52HRC	一般要求的大小塑胶模具,可电蚀加工
	预硬优质塑胶模具钢	718S 718H	GS-2711 GS-2738	M238	PX88	—	P20+Ni	1.2738	—	4Cr2MoNi	预硬 280~330HBW 330~370HBW		高要求的大小塑胶模具,尤其适于电蚀加工
	预硬高硬度镜面塑胶模具钢	—	—	—	NAK55 NAK80	HPM50	P21	—	—	15Ni3Mn	预硬 370~400HBW		高镜面、高精度塑胶模具
	预硬抗腐蚀镜面塑胶模具钢	S136H	GS-2316	M300	PAK90 (S-STAR)	HPM38	420	1.2316	SUS42OJ2	3Cr17NiMnMo	预硬 200~330HBW		放电腐蚀及需镜面抛光的塑胶模具
	抗腐蚀镜面塑胶模具钢	S136	GS-2083	M310	—	—	420	1.2083	SUS42OJ2	4Cr13	退火 215HBW	50~52HRC	放电腐蚀及需镜面抛光的塑胶模具
碳素结构钢	优质碳素结构钢	—	—	—	—	—	1050	1.1210	S50C	50	退火 <220HBW	40~58HRC	模架板、普通零件
	普通碳素结构钢	—	—	—	—	—	A570.Cr.A	1.0037	SS400 SS41	Q235 (A3)	退火 <150HBW	—	普通零件

参 考 文 献

[1] 朱光力. 模具设计与制造实训 [M]. 北京：高等教育出版社，2004.

[2] 田光辉，林红旗. 模具设计与制造 [M]. 北京：北京大学出版社，2009.

[3] 胡成武，胡泽豪. 冲压工艺与模具设计 [M]. 长沙：中南大学出版社，2012.

[4] 朱江峰，童林军，张勇明. 冲压模具设计与制造 [M]. 北京：北京理工大学出版社，2009.

[5] 模具设计与制造技术教育丛书编委会. 模具结构设计 [M]. 北京：机械工业出版社，2005.

[6] 康俊远. 冷冲压工艺与模具设计 [M]. 北京：北京理工大学出版社，2012.

[7] 杨占尧. 模具设计与制造 [M]. 北京：人民邮电出版社，2012.

[8] 罗晓晔. 塑料成型工艺与模具设计 [M]. 杭州：浙江大学出版社，2006.

[9] 陈科安. 注塑模具设计方法与技巧 [M]. 北京：化学工业出版社，2012.

[10] 陈永辉. Pro/ENGINEER 野火中文版 5.0+EMX 6.0 模具分模特训基础与典型范例 [M]. 北京：电子工业出版社，2011.

[11] 梁庆. 模具数控铣削加工工艺分析与操作案例 [M]. 北京：化学工业出版社，2007.

[12] 徐勇军. Pro/ENGINEER Wildfire 4.0 模具与电极设计精解 [M]. 北京：化学工业出版社，2010.

[13] 欧阳波仪. 多工位级进模设计标准教程 [M]. 北京：化学工业出版社，2008.

[14] 孙京杰. 冲压模具设计与制造实训教程 [M]. 北京：化学工业出版社，2009.

[15] 陈智，刘建华. 模具制造工艺与技能训练 [M]. 北京：中国水利水电出版社，2011.

[16] 王文广，田宝善，田雁晨. 塑料注射模具设计技巧与实例 [M]. 北京：化学工业出版社，2004.

[17] 朱光力. 塑料模具设计 [M]. 北京：清华大学出版社，2002.

[18] 齐卫东. 塑料模具设计与制造 [M]. 北京：高等教育出版社，2004.

[19] 张荣清. 模具设计与制造 [M]. 北京：高等教育出版社，2003.

[20] 庞祖高. 塑料成型基础及模具设计 [M]. 重庆：重庆大学出版社，2004.

[21] 王文平，池成忠. 塑料成型工艺与模具设计 [M]. 北京：北京大学出版社，2005.

[22] 屈华昌. 塑料成型工艺与模具设计 [M]. 北京：高等教育出版社，2005.

[23] 朱实践. 注射模分型面的合理设计 [J]. 模具制造，2011，11 (6)：61-64.

[24] 陆龙福，鄢敏. 浅谈塑料模具分型面设计 [J]. 机械工程与自动化，2012 (1)：163-164.

[25] 刘庆东，王利华，陈冠棠. 采用碰穿和插穿工艺的注射模结构分析 [J]. 模具工业，2013 (8)：49-51.

[26] 徐云杰. 注射模分型面设计中靠破孔的研究 [J]. 模具技术，2006 (2)：23-26.